国家出版基金资助项目
Projects Supported by
the National Publishing Fund

"十四五"国家重点
出版物出版规划项目

数字钢铁关键技术丛书|主编　王国栋

长型材数字化技术研发与应用

Research and Application of Digital Technology for Long Products

丁敬国　何纯玉　赵宪明　著

（彩图资源）

U0315585

北　京
冶金工业出版社
2024

内 容 简 介

本书介绍了东北大学轧制技术及连轧自动化国家重点实验室在长型材数字化技术研发及应用方面的研究工作和在生产实际中应用示例，包括我国钢铁发展形势及长型材数字化工作的研究现状、长型材数字化平台的构架框架、长型材生产过程不同工序实现数字化示例、棒材轧制过程温度均匀化智能控制技术等。

本书可供冶金企业、科研院所从事型钢生产，尤其长型材数字化和智能化开发和应用的人员参考，也可供相关领域大专院校师生阅读。

图书在版编目（CIP）数据

长型材数字化技术研发与应用／丁敬国，何纯玉，赵宪明著. -- 北京：冶金工业出版社，2024. 12.
（数字钢铁关键技术丛书）. -- ISBN 978-7-5240-0040-2

Ⅰ. TG335. 6-39

中国国家版本馆 CIP 数据核字第 2024SE3523 号

长型材数字化技术研发与应用

出版发行	冶金工业出版社	电　话	(010)64027926
地　址	北京市东城区嵩祝院北巷 39 号	邮　编	100009
网　址	www. mip1953. com	电子信箱	service@ mip1953. com

策　划　卢　敏　责任编辑　李泓璇　卢　敏　美术编辑　彭子赫
版式设计　郑小利　责任校对　王永欣　责任印制　窦　唯
北京捷迅佳彩印刷有限公司印刷
2024 年 12 月第 1 版，2024 年 12 月第 1 次印刷
787mm×1092mm　1/16；15.25 印张；365 千字；228 页
定价 128.00 元

投稿电话　(010)64027932　投稿信箱　tougao@cnmip. com. cn
营销中心电话　(010)64044283
冶金工业出版社天猫旗舰店　yjgycbs. tmall. com
（本书如有印装质量问题，本社营销中心负责退换）

"数字钢铁关键技术丛书"
总　序

　　钢铁是支撑国家发展的最重要的基础原材料，对国家建设、国防安全、人民生活等具有重要的战略意义。人类社会进入数字时代，数据成为关键生产要素，数据分析成为解决不确定性问题的最有效新方法。党的十八大以来，以习近平同志为核心的党中央高瞻远瞩，抓住全球数字化发展与数字化转型的重大历史机遇，系统谋划、统筹推进数字中国建设。党的十九大报告明确提出建设"网络强国、数字中国、智慧社会"，数字中国首次写入党和国家纲领性文件，数字经济上升为国家战略，强调利用大数据和数字化技术赋能传统产业转型升级。国家和行业"十四五"规划都将钢铁行业的数字化转型作为工作的重点方向，推进生产数据贯通化、制造柔性化、产品个性化。

　　钢铁作为大型复杂的现代流程工业，虽然具有先进的数据采集系统、自动化控制系统和研发设施等先天优势，但全流程各工序具有多变量、强耦合、非线性和大滞后等特点，实时信息的极度缺乏、生产单元的孤岛控制、界面精准衔接的管理窠白等问题交织构成工艺-生产"黑箱"，形成了钢铁生产的"不确定性"。这种"不确定性"严重制约钢铁生产的效率、质量和价值创造，直接影响企业产品竞争力、盈利水平和原材料供应链安全。

　　钢铁行业置身于这个世界百年未有之大变局之中，也必然经历其有史以来的最广泛、最深刻、最重大的一场变革。通过这场大变革，钢铁行业的管理与控制将由主要解决确定性问题的自动控制系统，转型为解决不确定性问题见长的信息物理系统（CPS）；钢铁行业发展的驱动力，将由工业时代的机理驱动，转型为"抢先利用数据"的数据驱动；钢铁行业解决问题的分析方法，将由机理解析演绎推理，转型为以数据/机器学习为特征的数据分析；钢铁过程主流程的控制建模，将由理论模型或经验模型转型为数字孪生建模；钢铁行业全流程的过程控制，必然由常规的自动化控制系统转型为可以自适应、自学习、自组织、高度自治的信息物理系统。

这一深刻的变革是钢铁行业有史以来最大转型的关键战略，它必将大规模采用最新的数字化技术架构，建设钢铁创新基础设施，充分发挥钢铁行业丰富应用场景优势，最大限度地利用企业丰富的数据、诀窍和先进技术等长期积累的资源，依靠数据分析、数据科学的强大数据处理能力和放大、倍增、叠加作用，加快建设"数字钢铁"，提升企业的核心竞争力，赋能钢铁行业转型升级。

将数字技术/数字经济与实体经济结合，加快材料研究创新，已经成为国际竞争的焦点。美国政府提出"材料基因组计划"，将数据和计算工具提升到与实验工具同等重要的地位，目的就是更加倚重数据科学和新兴计算工具，加快材料发现与创新。近年来，日本 JFE、韩国 POSCO 等国外先进钢铁企业，已相继开展信息物理系统研发工作，融合钢铁生产数据和领域经验知识，优化生产工艺、提升产品质量。

从消化吸收国外先进自动化、信息化技术，到自主研发冶炼、轧制等控制系统，并进一步推动大型主力钢铁生产装备国产化。近年来，我们研发数字化控制技术，有组织承担智能制造国家重大任务，在国际上率先提出了"数字钢铁"的整体架构。

在此过程中，我们组成产学研密切合作的研究队伍"数字钢铁创新团队"，选择典型生产线，开展"选矿-炼铁-炼钢-连铸-热轧-冷轧-热处理"全流程数字化转型关键共性技术研究，提出了具有我国特色的钢铁行业数字化转型的目标、技术路线、系统架构和实施路线，围绕各工序关键共性技术集中攻关。在企业的生产线上，结合我国钢铁工业的实际情况，提出了低成本、高效率、安全稳妥的实现企业数字化转型的实施方案。

通过研究工作，我们研发的钢铁生产过程的数字孪生系统，已经在钢铁企业的重要工序取得突破性进展和国际领先的研究成果，实现了生产过程"黑箱"透明化，其他一些工序也取得重要进展，逐步构建了各层级、各工序与全流程CPS。这些工作突破了复杂工况条件下关键参数无法检测和有效控制的难题，实现了工序内精准协调、工序间全局协同的动态实时优化，提升了产品质量和产线运行水平，引领了钢铁行业数字化转型，对其他流程工业的数字化转型升级也将起到良好的示范作用。

总结、分析几年来在钢铁行业数字化转型方面的工作和体会，我们深刻认识到，钢铁行业必须与数字经济、数字技术相融合，发挥钢铁行业应用场景和数据资源的优势，以工业互联网为载体、以底层生产线的数据感知和精准执行为基础、以边缘过程设定模型的数字孪生化和边缘-产线的 CPS 化为核心、以数字驱动的云平台为支撑，建设数字驱动的钢铁企业数字化创新基础设施，加速建设数字钢铁。这一成果，已经代表钢铁行业在乌镇召开的"2022 全球工业互联网大会暨工业行业数字化转型年会"等重要会议上交流，引起各方面的广泛重视。

截至目前，系统论述钢铁工业数字化转型的技术丛书尚属空白。钢铁行业同仁对原创技术的期盼，激励我们把数字化创新的成果整理出来、推广出去，让它们成为广大钢铁企业技术人员手中攻坚克难、夺取新胜利的锐利武器。冶金工业出版社的领导和编辑同志特地来到学校，热心指导，提出建议，商量出版等具体事宜。我们相信，通过产学研各方和出版社同志的共同努力，我们会向钢铁界的同仁、正在成长的学生们奉献出一套有里、有表、有分量、有影响的系列丛书。

期望这套丛书的出版，能够完善我国钢铁工业数字化转型理论体系，推广钢铁工业数字化关键共性技术，加速我国钢铁工业与数字技术深度融合，提高我国钢铁行业的国际竞争力，引领国际钢铁工业的数字化转型和高质量发展。

中国工程院院士 王国栋

2023 年 5 月

前　言

钢铁行业作为国民经济的支柱性产业，在国民经济发展和建设中发挥着重要的支撑作用。然而，随着我国产业结构调整的不断深入，钢铁行业正面临高质量转型。长型材作为钢铁行业的重要产品之一，其产品质量和性能已经不能满足各行业的需求，结合当前钢铁行业面临的绿色低碳、智能化发展要求，探讨长型材生产过程中的数字化、智能化解决方案，对推动钢铁行业从传统产业向现代产业转型升级具有重要意义。为此，本书系统性梳理了长型材数字化技术的研发与应用现状，为长型材领域的技术进步提供理论支撑和实践指导。

全书共分7章。第1章为绪论，介绍了我国钢铁行业的发展现状和面临的挑战，阐述了长型材数字化技术研发与应用的重要性和紧迫性。第2章基于长型材生产流程的特点，以工业互联网为载体、以数字孪生为核心，依托全流程、全场景数字化转型，构建了长型材数字化研发平台的结构框架，介绍了数据采集、数据治理及数学模型开发等平台内容。第3章详细介绍了长型材加热制度建立、温度预报模型的优化与校正、混装坯料温度设定与多目标优化以及加热炉燃烧过程的智能化控制系统。第4章重点分析了长型材轧制过程控制系统的功能，过程控制系统架构、系统功能的实现，长型材轧制过程设定控制功能及基于机器学习的长型材变形抗力建模方法。第5章以高速铁路重轨的在线热处理工艺为例，介绍了重轨的在线热处理的发展现状，基于数据驱动方法对钢轨在线热处理进行工艺模型研究，开发了钢轨热处理自学习工艺模型软件，并对不同规格钢轨的模型应用情况进行了数据统计与分析。第6章以高速线材生产为例，分析了金属氧化失重与脱碳行为理论和实验研究进展，介绍了高速线材生产过程温度场计算，对高速线材典型产品轧制过程再结晶模型开展研究，并建立了线材冷却过程相变模型，基于人工智能的线材组织性能软测量模型开发和性能预报软件的开发。第7章针对建筑用螺纹钢棒材产品的生产，介绍了棒材冷却过程温度场模型、高精度换热系数神经网络学习模型、轧件温度前馈智能控制方法，并基于神经网络方法对棒材生产过程温度均匀化控制进行了实际应用。

　　本书在出版和编写过程中，先后得到国家出版基金、"十四五"国家重点出版物出版规划项目的资助，得到了王国栋院士和各位编委的精心指导与帮助，他们的专业见解和宝贵建议使得本书内容更加深入、完善。在此表示衷心感谢。

　　由于作者水平所限，书中不妥之处，恳请读者批评指正。

作　者

2024 年 9 月

目　　录

1 绪 论

1.1 我国钢铁行业发展现状

钢铁行业一直是国民经济的支柱性产业，随着我国整体经济的快速发展，钢铁生产技术得到了飞速发展，其产量已稳居世界第一。长期以来，钢铁行业的发展一直备受关注，已成为当前的焦点行业。尤其是我国对生产过程绿色化和产品高质化要求不断提高，数字化技术的快速发展对钢铁行业的发展要求越来越高[1]。钢铁行业对国民经济的发展起到了重要的支撑作用，其产品对下游制造业如机械、汽车、能源、船舶、交通和国防等领域都具有重要影响。

目前我国钢材产品面临结构性调整的关键时刻。一方面，国内钢铁企业的主导产品螺纹钢、小型材、线材等普通钢材（长线产品）生产能力严重过剩；另一方面，高附加值和高技术难度的品种（"双高"产品），如不锈钢板和冷轧、热轧薄板、硅片、镀锌板等产品不能满足需求，有的产品无法生产，有的产品质量与国外相比还有一定的差距。我国每年仍需要大量进口钢铁产品，尤其是代表高附加值、高技术含量的板管类产品，板管比低意味着我国钢铁产品结构还处于低档次状况。此外，产品结构还不能完全适应国内经济快速发展的需要，部分高档钢材产品国内市场占有率比较低，有待进一步提高，如高强韧热轧薄板、冷轧薄板、镀锌板、硅钢板的产量还远不能满足市场需求；同时，一般建筑类钢材产能又大于市场需求，供需结构矛盾比较突出[2]。

我国钢铁产品质量有待进一步提高，国内钢铁产品的实物质量水平与国外相比还存在一定的差距。目前，国内只有少部分企业的产品在质量上可以和国外大公司抗衡，而多数企业产品在档次上比较低[3]。我国因企业不能生产或产量低和质量达不到用户要求等原因，每年需从国外进口大量高端钢材，而能生产的大宗钢材品种、产品质量与国外相比也存在一定差距，如钢材纯净度低、有害气体和杂质含量较高、性能的均匀性差。

钢材产品售后服务也是提高产品竞争力的重要因素。由于我国钢铁企业对市场销售服务的重要性认识不足，营销网络刚刚开始建立，同国外成熟的营销体系和服务理念比，存在很大差距。国内市场缺乏统一协调管理，企业产品以价取胜，相互恶性竞争；市场信息反馈速度慢，销售与产品开发不能有效结合，产品开发缺乏市场的引导和内在动力；加工服务中心是完善分销网络不可或缺的一部分，而我国的加工服务中心基本上刚刚起步；在对外出口方面，缺乏生产企业之间广泛的联合，各自进行经营管理，成本高、效益差，同时对开拓国际市场重视不够，与国外产品的竞争能力弱。

随着我国产业结构调整步伐的加快，我国钢材需求也将发生变化，产品结构将继续保持多层次、多样性，并逐步向高层次转变。板带材的产量及比例将保持较强的增长势头，长材的产能比例将逐步下降。随着科技的发展和国家对环保等要求的不断提升，我国在低碳、绿色、智能等方面对钢铁企业生产提出了更高的要求[4]。全面推进绿色低碳发展已经成为共识。

(1)"双碳"计划已经成为国家发展的总目标及建设新型工业化国家的要求，必须坚持用系统理念统筹产业结构调整、污染治理、生态保护、应对气候变化，协同推进降碳、减污、扩绿、增长，尤其是钢铁企业这样污染和排放比较严重的行业。准确把握加快发展方式的绿色转型新举措，构建完善标准、要素配置、技术研发等支撑体系；大力发展绿色低碳产业，通过技术进步带动钢铁行业绿色发展，并有效融合国内国际双循环，形成国际新一轮产业竞争比较新优势。

(2)深入研究钢铁行业减排降碳路径，实现技术与装备的全面提升。以稳步推进企业超低排放改造为基础，探索污染物源头减量、过程控制与末端治理的技术高效协同。在钢铁企业陆续完成超低排放改造的大背景下，需集中发力攻坚高炉煤气精脱硫及深度净化治理、除尘系统优化降碳、脱硫脱硝精益化智能管控、智能管控治一体化系统迭代升级、水系统优化及特种废水处置回用、冶金固废资源化综合利用等重要环保议题，从环保达标向精益环保转变，从粗放的环保管理向卓越环保绩效管理模式过渡，真正实现钢铁行业高质量绿色化快速发展。

(3)积极利用全生命周期评价开发低碳产品。基于产品全生命周期的绿色发展理念，遵循能源资源消耗最低化、生态环境影响最小化、可再生资源最大化原则，开展产品全生命周期绿色评价和制备工作，以产品生命周期评价为依托，建立钢铁产品生命周期数据库，构建低碳节能绿色产品生产体系。打造钢铁绿色产品供应链，大力发展具有高强度、轻量化、长寿命、耐腐蚀、耐磨、耐候等绿色低碳钢铁产品，引导建筑、机械、汽车、家电、造船、集装箱等下游行业绿色制造，形成全社会使用低碳钢铁产品的绿色氛围。

(4)建立健全钢铁行业低碳冶炼技术创新研发基地、产学研平台以及亟需突破的关键核心技术清单。促进低碳冶炼技术研发、中试、工程推广应用，从深挖降碳潜力、技术经济角度持续优化和完善新工艺、新技术。

钢铁工业高质量发展是要实现生产过程的数字化、智能化。对此要从全流程、全产业链角度，做好顶层设计，进行研发、生产管控和供应链全局优化，构建新型智能化钢铁企业，建设服务型企业，"无人车间""黑灯工厂"将是未来最终目标[5-7]。同时，钢铁工业产业集群智能化是钢铁工业结构调整和转型升级的主要路径。以质量、环保、成本大数据分析为工具，实现全行业的产能协作、技术联合、采购联合、销售联合，形成优势产能的集约化运行管理，打造"钢铁产能联合体"，以市场化平台化推动全产业链创效能力提升。

当前，传统钢铁行业正面临产能过剩、生产流程复杂、质量管控难、数据标准缺失、危险场景多等问题，亟需引入新一代信息化技术引导产业转型升级，推动钢铁行业高质量发展[8-12]。

1.2　我国长型材发展现状及发展趋势

我国钢铁行业的主要技术经济指标，如连铸比、吨钢综合能耗、成材率、板管比虽有明显改善，但与发达国家相比仍有差距。钢铁行业还有很大的技术改造与创新空间。总体看来，随着我国经济和技术的快速发展，钢铁行业还将在相当长的一段时间内保持快速发展势头。

在今后若干年内，我国钢铁工业将以市场需求为导向，以结构调整为重点，以经济效益为中心，以科技进步为动力，转变增长方式，建立科技创新体系，加速提高自主技术创新能力和国际竞争力，全面提高钢铁工业的质量和效益。在产量满足需要的前提下，优化生产流程，降低生产成本，在继续提高连铸比的同时，不断提高铁水预处理比与精炼比，使钢质纯净度有较大的提高；同时调整钢材品种结构，开发新的超细晶粒、高纯洁度、高均匀性的新一代钢铁材料，提高国产钢材市场占有率；扩大自主研发的先进装备比重，使大型钢铁企业的技术装备达到国际水平，并在国内建设高品质精品钢材生产基地，加强环保投入，强化排放治理，实现钢铁生产与环境的协调发展。

我国现有合金钢棒材生产线 40 余条，仅有部分产线采用控制轧制与控制冷却技术，使得轴承钢网状碳化物级别达到 2.0 级以下。其余企业采用低温轧制技术或轧后空冷方式生产轴承钢、齿轮钢等产品，该方式存在着产品性能波动偏大、质量控制不稳定的问题。

以轴承为例，作为重要的传动部件，其质量直接决定着机械设备的可靠性、精度、性能以及使用寿命。随着科学技术的发展，轴承的工作环境越来越恶劣，轴承的要求也越来越高，如航空用轴承和高速铁路用轴承等。

瑞典、日本、德国是世界主要轴承钢生产国。对合金钢棒材中夹杂物的含量，瑞典采用 KSF-MR 最新的冶炼技术，使轴承钢氧含量低，碳化物颗粒均匀、细小，氧化物少而分散，SKF 轴承钢的氧含量平均为 8.2×10^{-6}。日本山阳特殊钢公司生产的高碳铬轴承钢氧含量降低到 5×10^{-6}，我国宝钢特钢和大冶等能够达到 10×10^{-6} 以下，但多数合金钢生产企业与先进国家相比还有一定差距。近年来我国合金钢的纯净度已接近世界先进水平，但按国际一般 YJ8Z4 标准交货，满足要求的产品仅占一半，其余都是低质量产品。另外，合金钢棒材带状组织级别较高，造成热处理变形严重，这些问题都严重影响了产品质量的提升。

网状碳化物的控制方面，瑞典、日本等发达国家的热轧退火轴承钢网状碳化物一般为 1.0~1.5 级，我国多数合金钢企业空冷后退火的网状碳化物为 3.5~4.0 级，经过轧后快速冷却的企业一般达到 1.0~2.0 级。对于棒材尺寸公差而言，瑞典 SKF 小型材料标准规定表面脱碳的径向深度不得超过直径的 1%，我国一般表面脱碳为 0.2 mm。我国除了几个轧机装备先进的企业外，80%以上的合金钢生产线控制冷却能力不足，轴承钢的网状碳化物析出严重。对于轴承钢快速冷却后退火材的碳化物颗粒比空冷后退火材的碳化物颗粒细小、均匀，碳化物颗粒平均距离大为降低。大断面 GCr15 轴承钢棒材采用合适的轧后快速冷却工艺，可以降低网状碳化物级别，降低硬度，提高疲劳寿命 12 倍，大大缩短球化退火时间。

合金钢棒材的表面质量，尤其是表面裂纹和脱碳等在很多企业表现突出，反映最为强烈的是裂纹和脱碳，尤其是用于滚子材料的冷拔材。另外，大规格合金钢棒材的质量均匀性较差，对于较大规格棒材内外晶粒度差达到 1.5 级以上，内外晶粒尺寸不均匀严重。例如，某企业发现 49%钢材的实际晶粒度可达 7 级，但 51%钢材的晶粒度表层或 1/2 处为 7 级、心部为 5 级，说明轧制过程变形渗透效果不好，没有达到用户提出的晶粒度不小于 8 级的目标。大规格轴承钢采用热机轧制或轧后快冷，表层 3 mm 处晶粒度可以达到 9 级，但中心的晶粒度只能达到 7.5 级。因此，如何提高我国高端合金钢棒材产品质量、降低生产成本是合金钢企业普遍面临的问题和挑战。

轴承的工作特点是承受强冲击载荷和交变载荷，为此对轴承钢的化学成分、非金属夹杂物含量和类型、碳化物粒度和分布、脱碳程度等指标的要求都非常严格。我国近几年对轴承材料和其性能的研究取得了一系列的科研成果，使得轴承材料具有更高的纯净度、可靠性和疲劳寿命，这是由于冶金工艺的不断进步、炉外精炼技术的普遍采用，以及应用控轧控冷技术的结果，但与工业比较发达的瑞典等国家相比还存在一定的差距。

我国轴承钢材跻身于世界轴承钢生产大国的行列，在数量上已完全满足国内的需求，低档次产品呈供过于求、产能闲置的局面；但高端产品产量不足，尤其是航空等行业不能满足使用要求，急需提升产品质量。

随着各特钢企业技术装备改造的完成，各企业之间的竞争更加激烈，应加强高品质、高附加值产品的开发和生产，增强产品的国际竞争力。同时，应当把发展的重点放在优化产品结构、提高质量，开发高技术含量、高附加值的钢铁产品。这在合金钢棒材领域尤其明显，因此开发和生产高附加值、高技术含量的钢材品种，在质量上缩短与国外产品的差距，对我国的企业发展更具有实际意义。

我国合金钢棒材的生产线很多没有控制冷却和控制轧制的条件，设备、工艺制度不完善；同时，由于合金钢化学成分复杂，其组织转变的影响因素较多，工艺控制过程不稳定。我国对生产过程中的控制轧制和控制冷却研究不足，缺乏必要的设备力量，尤其是对新工艺新技术的了解不够，使企业不愿意首先尝试使用新技术。轧制线自身条件的限制也是重要因素，如原有普碳钢轧线改为生产合金钢，其轧机能力和后续热处理条件不足，需要采用新工艺和新技术实现合金钢的生产。

对于高端合金钢棒材的生产，必须采用新技术和新工艺，明确合金钢组织性能的控制，除了超纯净度冶炼外，在轧制工序中要分析各方面的影响因素，找出控制产品质量的关键环节。在生产设备上，要增加必要的冷却装置，尤其在轧机出口及倍尺剪之后，要满足冷却速率的要求，同时严格控制终冷温度，避免异常组织的产生，冷却工艺所需供水系统的建设要与工艺要求相适应。企业应加大对改造的投入，尤其是在当前产能严重过剩、竞争压力很大的情况下，首先采用新技术提高产品的质量，便能够在激烈的市场竞争中处于有利地位，为企业的长远发展奠定基础。

高速线材生产领域，近十几年我国线材无论是生产能力还是消费水平均得到了快速发展，实际产量已达 1.36 亿吨，线材生产线有近百条，已成为世界上最大的线材生产国，年产量已超过世界线材生产总量的 40%。但是，我国线材产业生产规模不断扩大造成与现有产品结构的不相适应，是我国线材产业处于生产能力相对过剩状态，且高附加值产品实物质量仍落后于国外发达国家的根本原因。我国线材产品的产量居世界第一，但主要集中在低端产品上，高性能高质量的线材还需要大量进口，尤其是下游高端用户需要的线材。虽然我国的高线轧机设备已经比较先进，产品结构也进行了适当的调整，但高强度钢帘线、钢绞线等拔丝材的拉伸性能、强度等还无法满足用户的使用要求。

以子午线轮胎用钢帘线、高强度低松弛预应力钢绞线、气门簧用钢丝、高强度紧固件用冷镦钢丝这 4 种高端金属制品为例，化学成分波动要小，成分分布要均匀，成分偏析尽量减少，否则会出现影响制品性能的有害组织，如马氏体、网状渗碳体等。P、S 是炼钢过程残留的有害成分，应尽量减少。我国线材企业对 P、S 含量的控制已达到相当高的水平，但与世界先进水平相比仍有差距，如 82 级帘线钢盘条，国内先进的控制水平是 P 质量分数为 0.004%、S 质量分数为 0.01%。采用目前的高线生产工艺和装备，对高强度线材产品抗拉强度无法达到用户的要求，如 φ12.5 mm 钢帘线的强度通过斯太尔摩风冷线一般为 1200 MPa 左右，进一步提高强度只能通过增加合金元素的含量实现，但又给后续的深加工增加了难度。

产品内在质量存在较大差距。盘条的内在质量包括显微组织、夹杂物、晶粒度、有无脱碳层等。钢帘线在加工过程中，其单丝直径小至 0.15 mm，从直径 5.5 mm 的线材开始拉拔，长度延伸达 1344 倍，而在随后的双捻中还要经受扭转、弯曲和拉伸等一系列变形，非金属夹杂物的形态、尺寸、数量等对拉拔和捻制会产生重要影响。对气门弹簧来说，在高频动载荷的作用下，夹杂物和钢基体的边界可能成为裂纹源，因此夹杂物控制应为内在质量的控制重点。盘条的表面脱碳会遗留给钢丝，影响钢丝质量，脱碳部位会成为疲劳断裂源。对于冷镦钢丝来说，脱碳影响螺栓的表面强度和硬度，严重影响螺栓的使用性能。

高速线材的夹杂物控制水平还有一定的差距，国内钢厂帘线钢盘条中夹杂物数量均在 3.5 个/mm² 以下，但数量存在较大差距。在夹杂物控制方面，国外工业发达国家达到了较高的水平，日本神户、新日铁盘条中夹杂物数量均在 1.2 个/mm² 以下，而且粒径均小于 3 μm；德国沙斯特盘条中夹杂物虽然数量较多，但大多为 1 μm 以下的微小夹杂；韩国浦项生产的盘条中夹杂物相对较多，数量在 2 个/mm² 以上，并发现了一定数量的较大尺寸夹杂物。国内某厂研制的 LX72A 帘线钢盘条纵向夹杂物粒径平均值为 4.3 μm、最大粒径为 6.0 μm，横向夹杂物粒径为 5.5 μm、最大粒径为 9 μm，虽然该产品满足标准和用户使用要求，但与国际先进水平相比仍存在不小差距。

细化晶粒和减小盘条索氏体组织的片间距是提高帘线钢和预应力钢丝钢绞线用线材强韧性的有效手段，具体方法有控制盘条相变冷却速率和微合金化等，国内外对此进行了深入研究，并成功用于生产，但与先进国家相比还有一定差距，而且国外的标准也比我国的标准更加严格。

我国在高强度帘线钢和预应力钢材的强韧性上与国外高端产品相比也差距明显。如某厂通过提高线材风机风量，生产的帘线钢盘条索氏体片层间距为 0.13~0.18 μm，高于日本同类产品 0.1 μm 的控制水平。国外在开发超高强度帘线钢线材方面取得成功，日本神户开发的牌号 KSC97-UH 碳质量分数高达 0.95%~0.99%，P、S 质量分数分别控制在 0.004% 和 0.003% 以下，钢中加入质量分数 0.23% 的 Cr，钢丝直径 1.58 mm 时抗拉强度达 4190 MPa、断面收缩率 37%，200 d 扭转 43 次。韩国浦项牌号 RD90 直径 5.5 mm 盘条抗拉强度 1147~1274 MPa，拉拔到直径 0.2 mm 时，抗拉强度为 3600 MPa。

国外开发生产高强度预应力钢丝钢绞线用盘条的强度远高于我国现行标准要求。例如，对于 SWRS82B 盘条，新日铁（直径 13.0 mm）和我国某厂（直径 11.0 mm）盘条的抗拉强度分别为 1280 MPa 和 1230 MPa，断面收缩率分别为 44.5% 和 36.0%，索氏体体积分数分别为 92.1% 和 88.6%，索氏体片间距分别为 0.085 μm 和 0.17 μm，马氏体级别分别为 0.5 级和 1.0 级，网状渗碳体级别分别为 0 级和 0.5 级。

目前世界上的非空气介质快速冷却技术主要有新日铁的 DLP 盐浴技术、达涅利的 EDC 水浴技术和东北大学的超快冷技术。其中，新日铁的盐浴技术应用最为成功，为其部分产品在世界上的垄断地位提供了技术设备支持；EDC 技术目前我国鞍钢和兴澄已经在线材上成功使用。在当前吐丝后线材快速冷却技术中，新日铁的 DLP 盐浴技术受到严密保护，其他厂家很难复制其成功经验，而且盐浴技术的污染问题也逐渐受到重视；EDC 技术是达涅利公司近几年开发的技术，其成熟程度尚需市场检验，而且价格昂贵；针对现有的斯太尔摩控冷线改造成具有超快速冷却的控制系统，并进行完善的自动化系统，对吐丝后的线材进行精确的温度控制，可明显提高线材产品的质量。

由于高速线材的性能要求差别非常大，针对不同的产品应当采用不同方式的生产工艺，由于现有的轧线具有一定的控制冷却能力，因此工艺和技术的改进主要在轧后斯太尔摩风冷线上。我国引进了多台（套）先进的轧机设备，目前国内线材生产绝大多数采用斯太尔摩风冷线冷却技术。盘条是在辊道上进行冷却，因此必然会存在盘条不同部位冷却不均的问题，而且该技术采用空气作为冷却介质，其冷却效率不高，只能生产低档次的线材产品，对于高强度、高延伸性的产品无法达到技术要求，因此只能大量进口或添加合金元素来提高性能，失去了市场竞争优势。随着特殊钢线材对于轧后冷却要求的不断提高，斯太尔摩风冷线控冷技术的冷却能力已经不能满足高端特殊钢材的要求。国内高速线材生产线的轧后冷却系统除了鞍钢等个别企业外几乎都是采用斯太尔摩风冷却方式，这种冷却方式冷却能力不足，导致大规格高强度线材产品无法生产。

在连铸过程中，采用重压下技术可使钢材内部的组织得到充分的破碎和变形，尤其是在大方坯连铸过程中有利于打破中间的带状组织，在线材生产中改用该技术将有利于提高产品质量，尤其是控制夹杂物的级别。高线生产过程采用在精轧前控制轧制、在吐丝后采用超快速冷却的技术方案，合理设计冷却系统的结构，采用完善的自动化控制技术对冷却过程进行精确控制，并保证终冷后线材不出现有害组织。

研究现有超快冷设备在不同冷却模式下冷却强度和均匀性，优化设备结构形式，提高冷却能力和控制稳定性；分析不同冷却模式、冷却工艺对高碳钢线材强度、塑性和韧性的影响，通过冷却工艺优化、成分优化来改善高碳钢线材性能。进一步深入研究控轧控冷生产过程中，不同的加热温度、轧制速度、吐丝温度和冷却速率对盘条的晶粒度、索氏体的控制机理，制定合理的轧制工艺参数，避免混晶组织的出现，用组织均匀性保证性能的均匀性。以高碳钢 SWRH82B 盘条为基础，结合超快冷工艺优化成分控制，以降低贝氏体、马氏体组织出现的概率，同时保证盘条的力学性能不降低。

超快冷工艺超强的冷却能力能够满足高强度桥梁缆索钢、免退火或免调质冷镦钢、高性能轴承钢、弹簧钢的冷却要求，实现该类钢种所要求的特殊性能，达到减免钢材加工时的铅浴、退火、调质等工序，节能降耗，减少污染物排放，实现钢材的绿色生产，因此该技术的推广具有巨大的经济和环保意义。

1.3 数字化技术在长型材领域的应用

钢铁生产流程复杂，钢铁产品生产各环节涉及多个生产系统、工业控制系统与供应链层级，体系庞大，存在资源浪费及产能受限的情况。

从数据方面看，钢铁企业存在大量多源异构数据，缺乏统一的数据格式规范。钢铁工厂设备种类和应用场景繁多，各类工业环境及设备具备不同的数据后台，且在生产过程中产生的大量设备管理、市场运行、产品生产等数据格式差异较大，导致钢铁企业不同类型数据难以兼容，从而影响产品的信息化联动，制约行业发展[13]。

　　从设备运行方面看，作为钢铁企业的核心资产，电气设备的平稳运行对企业生产效率、产品质量和经济效益具有至关重要的影响。传统钢铁企业往往采用人工的方式对设备运行状态进行监控，而数字化手段缺失导致人力资源投入大、安全风险高、监控效率低，严重影响企业的经济效益。近年来，随着世界经济一体化进程不断加快，全球钢铁生产布局也发生了重大变化，钢铁生产重心逐步由发达国家向发展中国家转移。随着物联网、大数据、云计算、人工智能等技术的不断发展，全球工业大国相继部署新型制造业发展战略，其核心皆是"智能制造"，如德国的工业4.0战略、美国的工业互联网等。国内制造业数字化、网络化、智能化转型步伐也在加速，"智能运维"概念被正式提出后，已实现从理论研究到实践应用的转变。目前，钢铁行业的数字化发展仍处于初级阶段，钢铁行业正处于重要的战略调整时期，危机与机遇并存。这迫切要求钢铁行业把高质量发展作为当前和今后一段时期确定发展思路、选择发展路径、实施发展举措的根本遵循；充分利用以互联网、大数据、人工智能等为代表的新一代信息技术，不断提升钢铁行业数字化、网络化、智能化水平，以智能制造促进钢铁行业转型升级，推动钢铁行业高质量发展[14]。

　　智能制造是钢铁行业转型升级的现实需要，也是钢铁行业高质量发展的有力保障。目前，钢铁智能制造正处于起步阶段，云计算、大数据等技术将实现大规模应用，工业互联网平台将成为重要的着力点。我国钢铁行业在基础自动化、过程自动化和企业经营管理系统等方面取得很大进步，为钢铁行业智能制造奠定了较好基础。钢铁领域现已打造多家智能制造试点示范企业，智能车间、智慧矿山、大规模定制等试点示范项目取得一定成果。

　　除了转型升级压力倒逼之外，钢铁业走向智能制造是大势所趋。智能制造的许多理念和目标，在钢铁企业中早有探索，且部分企业也已实现。例如，"智能制造"强调的个性化定制，在钢铁行业推进智能制造带来多方面的价值；可提高服务水平，促进安全生产，提高产品质量和资源利用效率，节能减排，降低生产成本。

　　长型材产品涉及基础设施、建筑、机械、交通、能源、环保等重要工业领域，在"一带一路"等国家战略实施中发挥重要作用。开展长型材数字化和绿色化制造关键技术的研究，对实现钢铁工业的可持续发展、国家经济转型升级具有重大现实意义。本书旨在针对长型材制造过程中的共性技术问题，突破一批长型材智能制造的关键技术，实现长型材流程的优质、高效、绿色和低成本生产，通过长型材数字化、智能化制造技术的应用示范，带动我国长型材智能制造的快速发展，推动中国"智"造向国际先进水平迈进[15]。

参 考 文 献

[1] 姚同路，吴伟，杨勇，等."双碳"目标下中国钢铁工业的低碳发展分析[J].钢铁研究学报，2022，34（6）：505-513.

[2] 范铁军.2023年钢铁行业发展趋势分析[J].中国国情国力，2023，6（365）：28-31.

[3] 上官方钦，殷瑞钰，崔志峰，等.钢铁工业低碳化发展[J].钢铁，2023，58（11）：120-131.

[4] 童海华，刘宝亮.钢铁工业谋发展重在创新[N].中国经济导报，2006-06-29.

[5] 王国栋，刘振宇，张殿华，等.钢铁企业创新基础设施及研究进展[J].钢铁，2023，58（9）：2-14.

[6] 白俊丽.钢铁行业智能制造现状及发展途径[J].天津冶金，2020（1）：64-67.

[7] 霍宪刚.工业机器人在钢铁行业的应用研究[J].山东冶金，2018，40（6）：56-60.

[8] 徐可可.何文波：创新不易，但别无选择！[N].中国冶金报，2019-10-18.

[9] 孟凡君. 加快转型升级　钢铁行业高质量发展之路越走越快 [N]. 中国工业报, 2023-12-22.

[10] 姜宏仁. 浅析如何依靠关键技术降低钢铁行业碳排放量 [J]. 经济研究导刊, 2023, 22: 35-37.

[11] 张金元, 程欣, 宋腾飞, 等. 我国钢铁行业发展状况分析及趋势预测 [J]. 冶金经济与管理, 2021 (4): 19-20.

[12] 陈琛, 倪书权, 郝景章, 等. 冶金企业人工智能的发展与应用综述 [C]. 第十四届中国钢铁年会论文集, 2023: 1-7.

[13] 钱申申. 钢铁棒材生产线的智能化调整与质量控制 [J]. 中国金属通报, 2021 (8): 65-66.

[14] 回士旭, 刘志国, 李海斌. 人工智能应用于棒线材生产线的有关设想 [J]. 山西冶金, 2022 (3): 113-114.

[15] 徐言东, 韩爽, 谢再兴. 棒材生产线的智能化改造与探索 [J]. 冶金自动化, 2021, 45 (2): 79-84.

2　长型材数字化研发平台

长型材数字化研发平台是基于长型材生产流程的特点，以工业互联网为载体，以数字孪生为核心，提供数据全生命周期管理，支持数据治理、大数据存储、大数据分析引擎、大数据驱动等数据底座，搭建数据化业务基盘，并构建面向未来的数字化创新应用，依托全流程、全场景数字化转型，软件与硬件协同，发展最新的工业信息通信技术，实现长型材生产的数字化转型。长型材数字化研发平台的结构框架如图 2-1 所示。

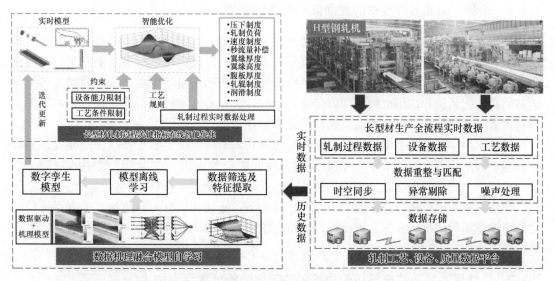

图 2-1　长型材数字化研发平台

长型材数字化研发平台是长型材生产流程的核心。它的主要功能是建立长型材材料的成分设计、制造工艺与其组织、性能、服役表征、外形尺寸、表面质量或其他各种经过数字化处理的非结构化数据表征状态变量之间的关系，即建立钢铁行业信息物理系统的数字孪生，进而进行生产规程计算和优化。

2.1　云-边-端长型材数据采集平台开发

随着数据资源的增加，长型材生产过程面临数据信息分散、数据质量参差不齐、数据标准不统一、开发维护困难等问题，很难满足实时分析和决策的高要求。而大数据平台的开发实现了数据的产生、存储、迁移、使用、归档、销毁等环节的数据生命周期管理。整个长型材数字化研发平台在数据运行流程上可分为云侧、边缘侧和端侧三个不同层级，云-边-端长型材数据采集平台如图 2-2 所示。

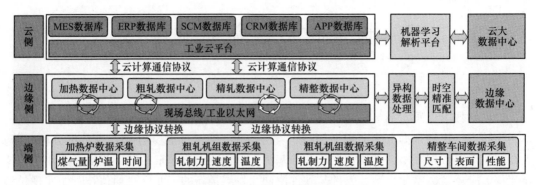

图 2-2 云-边-端长型材数据采集平台

2.1.1 端侧：面向多源数据的数据采集和感知技术

长型材生产过程要采用数字化技术实现数字化转型，首要条件是生产线的各个关键控制环节具有完备、可靠、性能优良的数据采集系统，可以提供精准、齐全的有关材料成分和实时操作的输入数据，以及外形尺寸、组织性能、表面质量等输出数据。同时，各工序的基础自动化系统和执行机构必须以足够的响应性、实时性和控制精度实现过程控制系统与物理系统的实时交互，完成需要的自动化控制任务。

通过面向多源业务数据进行数据采集和感知技术研究，确定源业务系统需要提供的数据内容、通信协议、接口模式、数据周期和时间窗口等需求，在指定、集中的物理平台上，按照接口进行数据交互，实现端侧数据的获取和共享。

构建系统不同层级信息传输的通道，保障业务连续性和信息的一致性，根据系统特性的差别构建不同的接口方案。数据接口支持要求多工序协同管理子系统需要从各生产工序进行数据获取，这就需要在数据获取的定义上有标准的接口模式。

2.1.2 边缘侧：多源数据解析的边缘制造工序数据处理平台构建

在边缘侧建立覆盖长型材制造各工序的大数据平台，实现生产数据、能耗数据、成本数据的全方位采集与集中化存储，自动生成满足各工序需求的生产原始记录表和成本分析报表，摆脱广大管理技术及操作人员的手动统计困局，形成具有长型材特色的过程数据自动分析平台，实现对生产成本、过程能耗等需求的自动分析处理。这里以长型材轧制工序智能分析管控平台为例进行介绍。

2.1.2.1 基于 B/S 架构的长型材生产大数据平台技术架构开发

遵循技术领先、功能完善、操作简便等原则开发 B/S 架构（Browser/Server）的长型材生产大数据平台，其客户端满足主流浏览器访问要求。该平台具有灵活的可配置性及先进性、安全性、可靠性和可扩展性，能够应对复杂的长型材生产环境和长型材各工序个性化的数据报表需求，实现基于长型材轧制工序的大数据分析。

平台的开发语言包括 html、Java 等，平台主数据存储采用 Oracle 数据库，主要软件包括消息服务中间件、数据抽取工具、报表呈现工具。服务器均部署到智能管控中心，方便统一管理，服务器操作系统采用 Windows2018 Server。平台技术架构如图 2-3 所示。

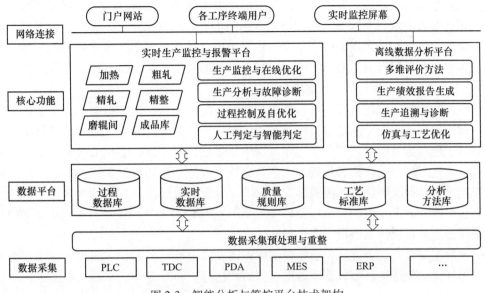

图 2-3　智能分析与管控平台技术架构

2.1.2.2　智能分析与管控平台主要功能设计

A　报表管理模块

平台采用技术成熟、运行稳定、集成性好，且支持复杂报表、数据快速展现的报表系统进行数据展示。报表管理模块与其他各模块相连，可以根据其他模块的数据，能够快速生成各岗位或工序所需的各类报表，通过曲线、柱状图、饼图、报表等多种方式进行展示，同时支持各报表数据的导出，满足各部门或班组日常的数据统计分析需求，为长型材的高效生产提供技术数据支撑。

平台按照岗位和作业区的报表需求划分功能菜单，每个报表模块均提供常用报表功能供用户使用，每个数据展示页面均有相应的查询条件，可根据需求进行数据过滤，需要手动完善的数据均提供修改页面进行数据维护。

为方便数据统计分析，该模块以班组为最小管理单位进行组织划分，实现多层级的组织结构管理，基本信息包括组织名称、描述等，主要功能有组织的增加、修改、删除和查询。以操作界面的按钮为最小权限单元，对平台用户进入系统后能看到的菜单和操作按钮进行控制。可以对具有相同操作的权限划分为操作角色，以角色的方式对用户进行授权。

B　边缘数据采集与解析

按照能采尽采的原则，采集长型材生产各个区域内平台所需要的数据信息，对于需要而又没有相应仪表可采集的数据信息，系统采用提供人工输入界面的方式确保系统数据的完整性。

长型材生产线各生产工序数据采集区域设置现场数据采集设备（PLC、网关等），就近将自动化控制系统及智能仪器仪表数据采集、处理、转换、安全隔离后，通过光纤传输到智能协同管控中心的生产和能源数据采集服务器。

开发多系统数据接口，采用 WebService、数据库中间表等方式与其他系统进行对接，并且支持多系统同时对接。WebService 方式可以由本系统主动调用对方系统的 WebService 接口，传递参数获取所需数据，也可由对方调用本平台的 WebService 接口，本平台接收数据后存储到数据库相关数据表中。数据库中间表方式是在与其他系统通信的过程中，其他系统或本平台可通过开通数据库中间表的形式，通过用户名和密码进行数据访问，支持 Oracle、SQL Server、MySQL 等数据库。

将不同数据源的数据进行收集、整理和转换后加载到一个新的数据源，为数据分析提供统一的数据视图。为了满足数据统计分析的要求并降低运行成本，所有长型材生产区域内已有的过程数据，以及现有各个工序系统中所需进行统计分析的相关数据需要进行抽取和整理，并进行统一的归集和管理。实现数据综合服务平台的数据采集，提供对被交换信息按规则进行转换、装载入库等数据交换服务，完成对数据的整理，确保数据一致性、完整性和正确性。各工序生产数据以及各业务系统通过 ETL 工具与本平台进行数据交换与共享，确保各业务系统独立运行、互不影响。

平台数据源来自多个方面，包括内部数据以及未来可能的第三方数据。各类数据来源的方式多样化，包括关系型数据库数据、实时数据等。面对多种数据接入的需求，平台提供多种针对性的数据接入方式，通过消息队列或实时数据库接入实时数据；通过数据抽取管理工具，全量或定时增量抽取同步关系型数据库；提供图形化的界面定义数据抽取规则，并可与其他工具相结合，完成数据抽取的工作流。

C　数据库设计原则

在设计数据库时，设计一套保证数据完整性、一致性的限制原则。采用类型规定、主键、缺省值、取值规则、触发器等技术手段，使得在非法数据进入时，平台自动进行提示并根据所定义的规则进行纠错处理，保证进入数据库数据的完整性和一致性。

2.1.3　云侧：基于软件定义的云计算平台管理技术

长型材云计算资源可分为云平台和办公云桌面两个子系统。两个系统均通过后台的统一化、专业化运维，将原先散落在机房、用户端手中的计算、存储等资源进行集中化管控、分配，实现 IT 基础系统的专业化管理与标准化服务。

公司云平台系统是以服务器虚拟化为核心技术搭建的服务器资源平台。云平台的使用大大增加了计算资源的整合，有效地将每台服务器的冗余计算资源进行收集与再分配，提升了资产利用率，为企业节省了大量基础投资。同时，利用云平台虚拟化资源漂移技术，实现了工序无中断服务迁移维检模式。利用这一模式，数据中心在不中断信息的情况下可多次完成物理服务器停机检修与维护工作，有力保障信息化服务的连续性。

2.2　长型材生产过程数据治理平台

随着数据资源的爆炸性增加，钢铁企业面临着数据信息分散、数据质量参差不齐、数据标准不统一、开发维护困难等问题，很难满足实时分析和决策的高要求，数据治理实现数据的产生、存储、迁移、使用、归档、销毁等环节的数据生命周期管理。数据治理是钢铁企业开展大数据创新应用，构建工业互联网工业大数据平台，实现其大数据发展战略的重要基础。在工业大数据战略从顶层设计到底层技术实现的"落地"过程中，治理是基础，技术是支撑，分析是手段，应用是目的。数据治理是大数据全链路上不可或缺的关键一环，是钢铁企业从容、持续发力工业大数据的"必修课"。数据治理目的是确保工业大数据的有序、共享和安全，促进工业大数据实现服务创新和价值增值。

钢铁工业数据主要包括操作技术数据（Operation Technology，OT）和信息技术数据（Information Technology，IT）。OT 数据源自生产过程机器设备记录和自动化采集系统等，可分为时序数据和非时序数据，其中包括温度、压力、流量等的时序数据是工业数据的主要部分。非时序数据包括工业系统的日志数据以及生产调控的经验数据。时序数据处理是钢铁工业数据处理的重要组成部分。IT 数据也分为两类，一类是包括财务、客户关系、供应链管理等的企业资源计划（Enterprise Resource Planning，ERP）数据，另一类是包括生产调度、质量管理、人员管理等的制造执行系统（Manufacturing Execution System，MES）数据。与 OT 数据相比，IT 数据一般具有完善的数据库系统，因此数据治理的重点是 OT 系统的数据治理。

钢铁工业数据具有隔离性、多模态、强关联、高通量等特点。隔离性是指数据来自铁—钢—轧—热处理—检测等多道工序的多台设备，设备均独立工作且工序间流通不畅，形成一座座"数据孤岛"。多模态是指数据来源多样，结构复杂，除工业生产中采集的温度、压力、流量等时序数据之外，还包括金相组织图像、火焰温度等红外热成像视频非结构化数据。强关联是指钢铁产品在生产工序的工艺参数如成分—工艺—组织—性能等关联关系，铁—钢—连铸各工序与产品成分、质量的关联关系等。高通量是指钢铁生产过程中众多传感器采集的时序数据具有设备多、测点多、频率高、吞吐量大、连续不间断、储存成本大等特点。以某生产设备为例，数据采样频率为 10 Hz，单台设备每秒产生 16 KB 的传感器数据，20 台设备每年将产生 4.58 TB 的高通量数据。

为此，需要进行数据预处理，实现数据抽取（Extract）、转换（Transform）、加载（Load）的过程（即 ETL 处理）。它是数据治理的关键步骤，也是构建大数据平台的重要环节。ETL 是将钢铁企业生产过程中的海量数据经过抽取、清洗转换之后加载到大数据平台的过程，目的是将钢铁企业中的分散、凌乱、标准不统一的数据整合到一起，为企业的决策提供分析依据。ETL 的设计分三部分：数据抽取、数据的清洗转换、数据的加载，在设计 ETL 时也是从这三部分出发。数据的抽取是将数据从各个不同的数据源抽取到操作型数据存储（Operational Data Store，ODS）中，这个过程也可以做一些数据的清洗和转换，在抽取的过程中需要挑选不同的抽取方法，尽可能地提高 ETL 的运行效率。ETL 的三个部分中，花费时间最长的是清洗、转换"T"（Transform）的部分，一般情况下这部分工作量是整个 ETL 的 2/3，而数据的加载一般在数据清洗之后直接写入大数据平台中。图 2-4 为 ETL 数据预处理逻辑图。

2.2.1 数据抽取

数据抽取需要在调研阶段做大量的工作，首先要搞清楚数据是从哪些控制系统中来，各个控制系统的数据库服务器运行什么数据库管理系统（Database Management System，DBMS），是否存在手工数据，手工数据量有多大，是否存在非结构化数据等，当收集这些

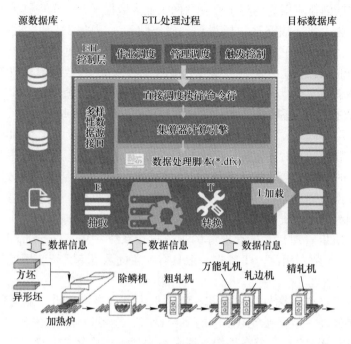

图 2-4 ETL 数据预处理逻辑图

信息之后才可以进行数据抽取的设计。

2.2.1.1 数据源处理方法

（1）对于与大数据平台数据库系统相同数据源的处理方法。这一类数据源在设计上比较容易，一般情况下，DBMS（如 SQLServer、Oracle）都会提供数据库链接功能，在大数据平台数据库服务器和原业务系统之间建立直接的链接关系就可以通过写 Select 语句直接访问。

（2）对于与大数据平台数据库系统不同数据源的处理方法。对于该类数据源，一般情况下也可以通过开放数据库互连（Open Database Connectivity，ODBC）的方式建立数据库链接，如 SQLServer 和 Oracle 之间。如果不能建立数据库链接，可以由两种方法完成，一种是通过工具将源数据导出形成 .txt 或者 .xls 文件，然后再将这些源系统文件导入 ODS 中；另一种是通过程序接口来完成。

（3）对于文件类型数据源处理方法。对于文件类型数据源（.txt，.xls），可以培训业务人员利用数据库工具将这些数据导入指定的数据库，然后从指定的数据库中抽取，或者可以借助工具实现，如 SQLServer 数据库中 SSIS 服务的平面数据源和平面目标等组件导入 ODS 中。

（4）增量更新的问题。对于数据量大的系统，必须考虑增量抽取。一般情况下，控制系统会记录业务发生的时间用来做增量的标志，每次抽取前首先判断 ODS 中记录最大的时间，然后根据这个时间去业务系统抽取大于这个时间的所有记录。也可以利用控制系统的时间戳，一般情况下控制系统没有或者部分有时间戳。

2.2.1.2 数据抽取方式

数据的抽取是从长型材生产全流程各层级控制系统的数据库中把数据抽取出来，为大数据平台提供充足可靠的数据，数据抽取的过程需要关注抽取的方式、时间和周期等情况。数据抽取方式通常分为两种，一种是数据的全量抽取，另一种是数据的增量抽取，如图 2-5 所示。

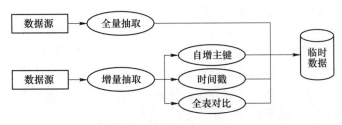

图 2-5 数据抽取方式

全量抽取：类似于数据迁移或数据复制，将数据源中的表或视图的数据原封不动地从数据库中抽取出来，并转换成自己的 ETL 工具可以识别的格式。

增量抽取：只抽取自上次抽取以来数据库中要抽取的表中新增或修改的数据。在 ETL 使用过程中，增量抽取较全量抽取应用更广，如何捕获变化的数据是增量抽取的关键。对捕获方法一般有两点要求：准确性是指能够将业务系统中的变化数据按一定的频率准确地捕获到；性能是指不能对业务系统造成太大的压力，影响现有业务。

目前，增量数据抽取中常用的捕获变化数据的方法有：

（1）触发器方式（又称快照式）。在要抽取的表上建立需要的触发器，一般要建立插入、修改、删除三个触发器。每当源表中的数据发生变化，相应的触发器会将变化的数据写入一个临时表，抽取线程从临时表中抽取数据，临时表中抽取过的数据被标记或删除。触发器方式的优点是数据抽取的特征显著，ETL 加载规则简单，速度快，不需要修改数据源系统结构，可以实现数据的递增加载；缺点是要求业务表建立触发器，对业务系统有一定的影响，容易对源数据库构成威胁。

（2）时间戳方式。时间戳方式是一种基于快照比较的变化数据捕获方式，在源表上增加一个时间戳字段，系统中更新修改表数据的同时修改时间戳字段的值。当进行数据抽取时，通过比较上次抽取时间与时间戳字段的值来决定抽取哪些数据。有的数据库支持时间戳自动更新，即当表的其他字段的数据发生改变时，自动更新时间戳字段的值。有的数据库不支持时间戳自动更新，这就要求业务系统在更新业务数据时，手动更新时间戳字段。

该方式的优点同触发器方式一样，同时性比较好，ETL 系统设计清晰，源数据抽取相对清楚简单，可以实现数据的递增加载；缺点是时间戳维护需要由业务系统完成，对业务系统也有很大的倾入性（加入额外的时间戳字段），特别是对不支持时间戳自动更新的数据库，要求业务系统进行额外的更新时间戳操作。另外，无法捕获对时间戳以前数据的删除和更新操作，在数据准确性上受到了一定的限制。

（3）全表删除插入方式。全表删除插入方式是指每次 ETL 操作均删除目标表数据，由 ETL 全新加载数据。其优点是 ETL 加载规则简单，速度快；缺点是对于维表和外键不适应，当业务系统产生删除数据操作时，综合数据库将不会记录到所删除的历史数据，不能实现数据的递增加载；同时对于目标表所建立的关联关系，需要重新进行创建。

（4）全表比对方式。全表比对方式是 ETL 工具事先为要抽取的表建立一个结构类似的临时表，该临时表记录源表主键并且是根据所有字段的数据计算出来的，每次进行数据抽取时，对源表和临时表进行比对。如有不同，进行更新操作；如目标表没有存在该主键值，表示该记录还没有，即进行插入操作。

该方式的优点是对已有系统表结构不产生影响，不需要修改业务操作程序，所有抽取规则由 ETL 完成，管理维护统一，可以实现数据的递增加载，没有风险。但 ETL 比对较复杂，设计较为复杂，速度较慢。与触发器方式和时间戳方式中的主动通知不同，全表比对方式是被动地进行全表数据的比对，性能较差。当表中没有主键或唯一列且含有重复记录时，全表比对方式的准确性较差。

（5）日志表方式。在业务系统中添加系统日志表，当业务数据发生变化时，更新维护日志表内容；当 ETL 加载时，通过读日志表数据决定加载哪些数据及如何加载。该方式的优点是不需要修改业务系统表结构，源数据抽取清楚，速度较快，可以实现数据的递增加载；但日志表维护需要由业务系统完成，需要对业务系统及业务操作程序作修改，记录日志信息。日志表维护较为麻烦，对原有系统有较大影响，工作量较大，改动较大，有一定风险。

2.2.2　数据清洗与转换

2.2.2.1　数据清洗

以时间序列数据为主的 OT 数据经常出现数据缺失、错误、噪声和异常数据等问题。数据清洗的任务是过滤不符合要求的数据，将过滤的结果交给业务主管部门，确认是否过滤掉需由业务单位修正之后再进行抽取的数据。

A　数据缺失

数据有的信息缺失，如产品的化学成分、产品生产过程控制参数、生产过程工艺参数、设备参数等。

根据数据缺失情况不同，缺失值处理的方法有：不采取任何方式处理或者直接将其所在的行或列删除；或者根据缺失值所在行或列的数值，通过寻求它们的某种隐含关系找到一个逼近真实值的数来填补缺失值。当数据缺失量较小时，往往可以选择直接删除；缺失值较多时，可采用线性插值、样条插值和机器学习等方法填补。填补缺失数据可以在一定程度上保证数据内容的完整性，有利于形成全面、系统的数据模型，为模型建立提供良好的数据基础。

B　数据错误

数据错误产生的原因是控制或管理系统不够健全，在接收输入后没有进行判断便直接写入后台数据库，比如数值数据输入成全角数字字符、字符串数据后面有一个回车操作、日期格式不正确、日期越界等。这一类数据也要分类，对类似于全角字符、数据前后有不可见字符的问题，只能通过写 SQL 语句的方式找出来，然后要求工艺和生产主管部门在相关控制系统和管理系统修正之后抽取。日期格式不正确或者日期越界的这一类错误会导致 ETL 运行失败。这一类错误需要用 SQL 方式去相关控制系统和管理系统数据库挑出来，交给工艺和生产主管部门并要求限期修正，修正之后再抽取。

C 数据噪声

时间序列中的噪声数据会产生严重的后果，通常情况下利用去除噪声之后的数据建立的模型精度更高。最小化噪声的过程称为去噪，时序数据去除噪声的方法主要有：

（1）滚动平均值。滚动平均值是先观察窗口的平均值，窗口是时间序列数据的一系列值。计算每个有序窗口的平均值，可以有效地最小化时间序列数据中的噪声。

（2）傅里叶变换。通过将时间序列数据转换到频域去除噪声的方法称为傅里叶变换，可以先过滤掉噪声频率，然后采用傅里叶反变换得到滤波后的时间序列。

D 异常数据

异常数据的处理与分析也是数据治理中的一个重要步骤。工业大数据中往往由于各种原因，导致收集到的数据中存在一些偏离正常范围的异常值点。如果将没有进行异常值处理的数据直接进行建模分析，最后得出的数据分析结果往往在较大程度上具有失误性，所以忽略异常数值的存在往往对数据分析结果是不利的。但是，如果能够正常对待异常值的产生，剖析其形成的原因并合理处理异常值，常常也可以作为改善数据品质的重要方式。常用的异常数据检测方法有：

（1）基于滚动统计的方法。这种方法几乎适用于全部类型的时间序列，方法中的上限和下限是根据特定的统计量度建立，例如均值、标准差以及分布的百分位数等。但不可取序列的均值和标准差，因为这种情况下，边界是静态的，而边界建立时应该是动态滚动的。因此，此方法是一种简单、高效的异常值检测方法。

（2）孤立森林。孤立森林（Isolation Forest，iForest）是一个基于 Ensemble 的快速异常检测方法，具有线性时间复杂度和高精准度，是符合大数据处理要求的 state-of-the-art 算法。孤立森林从数据集中取出一个样本，并在该样本上构建树，直到每个点都被隔离。为了隔离数据点，通过选择该特征的最大值和最小值之间的分割来随机进行分区，直到每个点都被隔离。特征的随机分区将为异常数据点在树中创建更短的路径，从而将它们与其余数据区分开来。

（3）K-Means 聚类。K-Means 聚类是一种无监督的机器学习算法，常用于检测时间序列数据中的异常值。该算法查看数据集中的数据点，并将相似的数据点分组为 K 个聚类，通过测量数据点到其最近质心的距离来区分异常。如果距离大于某个阈值，则将该数据点标记为异常。K-Means 算法使用欧几里得距离进行比较。

异常数据检测的主要目的是将偏离其他数据值过大或过小的离群点进行识别并处理，进而保证所有数据点能存在于一个合适的范围内。

E 数据标准化

钢铁工业中流程较多，影响产品质量和性能的因素错综复杂，且各个参数量纲不同，维度庞大的钢铁工业数据在模型计算分析上也造成了较大的困扰。以热轧过程为例，轧制速度的单位是 m/s，出入口温度的单位是℃，而辊缝的单位是 mm，且它们的数量级有的能达到 10^3、有的为 10^1，相差较大，对模型的影响程度也不相同，不但不利于模型计算分析，还会降低模型的预测精度，因此，钢铁工业的数据标准化十分必要。

数据标准化是根据一种设定的标准，将所有数据样本压缩在某个范围内，同时消除它们的量纲影响，使其变换到纯数值状态，以便单位不同或数量级差异较大的参数计算比较。数据标准化能够对数据集的数值大小分布、差异、特征参数等多方面做出影响，对基于数据的精准计算分析具有重要意义。Z-Score 标准化是指按照原始数据统计的平均值和标准差实行的规范化，且标准化之后的数据均值为 0、方差为 1，呈正态分布，其计算公式如下：

$$x' = \frac{x - \text{mean}}{\text{std}} \tag{2-1}$$

式中，x 为原始数据；x' 为标准化后的新数据；mean 为 x 所在列的均值；std 为 x 所在列的标准差。

采用 Z-Score 标准化方法对采集的热连轧粗轧样本数据集进行标准化，设定数据中含有 m 个样本，每个样本有 n 个指标，且第 i 个样本对应的第 j 个指标为 x_{ij}，从而构造成一个 $m \times n$ 的矩阵 X，如式（2-2）所示。

$$X = \begin{bmatrix} x_{11} & x_{12} & \cdots & x_{1n} \\ x_{21} & x_{22} & \cdots & x_{2n} \\ \vdots & \vdots & \ddots & \vdots \\ x_{m1} & x_{m2} & \cdots & x_{mn} \end{bmatrix} \tag{2-2}$$

根据式（2-3）~式（2-5）将数据标准化，可以获得以 0 为平均值、1 为方差的一个正态分布的数据集矩阵 $\tilde{X}$。

$$\tilde{x}_{ij} = \frac{x_{ij} - \bar{x}_j}{s_j} \quad (i = 1, 2, \cdots, m; \quad j = 1, 2, \cdots, n) \tag{2-3}$$

$$\bar{x}_j = \frac{\sum_{i=1}^{m} x_{ij}}{m} \quad (j = 1, 2, \cdots, n) \tag{2-4}$$

$$s_j = \sqrt{\frac{\sum_{i=1}^{m} (x_{ij} - \bar{x}_j)^2}{m - 1}} \quad (j = 1, 2, \cdots, n) \tag{2-5}$$

$$\tilde{x}_j = \frac{x_j - \bar{x}_j}{s_j} \quad (j = 1, 2, \cdots, n) \tag{2-6}$$

式中，$\bar{x}_j$ 为第 j 个指标的样本均值；s_j 为第 j 个指标的样本标准差，得到标准化后的数据符合均值为 0、方差为 1 的标准正态分布；$\tilde{x}_j$ 为对应标准化指标变量。

2.2.2.2 数据转换

数据转换是按照预定的规则进行设计，把来自钢铁全流程各个工序控制系统和管理系统中的数据进行转换，使原本分散、凌乱、标准不统一的数据按照相应的格式整合起来，保证大数据平台中数据的一致性。

钢铁全流程各个工序控制系统和管理系统中的数据经历了长时间的积累，业务系统也存在迭代式开发，所以每个工序的数据库规则并不统一，有可能存在冲突，甚至有些数据在企业控制系统或管理系统中并不存在，需要对业务数据进行计算获取。面对这种情况，需要对数据进行灵活的计算、映射、合并和拆分等操作，如图 2-6 所示，这也是 ETL 系统的核心功能。

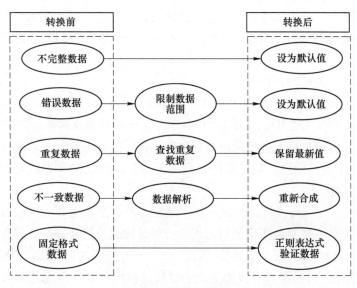

图 2-6　数据转换策略

数据转换的任务主要是进行不一致数据转换、数据粒度的转换，以及一些生产过程工艺规则的计算。

（1）不一致数据转换：这个过程是一个整合的过程，将不同控制系统或管理系统的相同类型的数据统一。比如，某一产品的编码在炼钢控制系统中是 XX0001，而在轧钢控制系统中的编码是 YY0001，这样在抽取过来之后需要统一转换成一个编码。

（2）数据粒度的转换：控制或管理系统一般存储非常明细的数据，而大数据平台中数据是用来分析的，不需要非常明细的数据。一般情况下，会将业务系统数据按照数据平台粒度进行聚合。

（3）生产过程工艺规则的计算：不同工序或车间的生产业务规则不同、数据指标不同，这些指标有的时候不是简单的加减就能完成，需要在 ETL 中将这些数据指标计算好之后存储在数据仓库中，以供分析使用。

2.2.3　数据加载

加载是 ETL 中最后一步，是将已转换后的数据加载到指定的大数据平台中，为后续数据的分析、挖掘提供数据准备。

数据加载需要注意的技术点：

（1）缺失值和空值检测；

（2）目标数据和源数据一致性检测；

（3）验证已转换数据是否符合预期，即测试数据加载验证。

加载方式分为两种：（1）全量加载（Full Load），全表清空后再进行数据加载。从技术角度上说，它比增量加载简单。一般只需在数据加载之前，清空目标表，再全量导入源表数据即可。但当源数据量较大、业务实时性较高时，大批量的数据无法在短时间内加载成功，此时需要与增量加载结合使用。（2）增量加载（Incremental Load），目标表仅更新源表中变化的数据。增量加载难度在于更新数据的定位，必须设计明确的规则从数据源中抽取信息发生变化的数据，并将这些变化的数据在完成相应的逻辑转换后更新到数据目的地中。

在增量加载中，判断新增数据的方式有：

（1）系统日志分析方式。该方式通过分析数据库自身的日志来判断变化的数据，关系型数据库系统都会将所有数据定义语言 DML 操作存储在日志文件中，以实现数据库的备份和还原功能。ETL 增量抽取进程通过对数据库的日志进行分析，提取对相关源表在特定时间后发生的 DML 操作信息，就可以得知自上次抽取时刻以来该表的数据变化情况，从而指导增量抽取动作。

（2）触发器方式：增、删、改+触发器。触发器增量抽取主要有两种方式，一种是直接进行数据加载，另一种是利用增量日志表进行增量加载。直接进行数据加载方式是创建一个与源表结构类似的临时表，然后创建一个三种类型的触发器，分别对应 Insert、Update、Delete 操作。每当源表有数据变动的时候，利用触发器将变化的数据填入此临时表中。最后通过维护这个临时表，在进行 ETL 过程的时候，将目标表中相应的数据进行修改。ETL 过程结束后，清空此临时表。

（3）时间戳方式。在大数据系统数据表中统一添加一个字段作为时间戳，当钢铁全流程各个工序控制系统和管理系统更新修改业务数据时，也会修改时间戳字段值，这时就将更新修改的数据加载到目标表中。

（4）全表比对方式。该方式为抽取所有源数据，在加载目标表之前先根据主键和字段进行数据比对，有更新的数据就进行更新或插入。

2.3 数字驱动的边缘数字化模型开发平台

以长型材生产过程控制为对象，借助理论分析、数据驱动算法、数值模拟和试验相结合的方法，以数字孪生和多区域动态协同控制方法为主线，利用现有工业网络等强化网络互联互通，将各工序和各系统形成矩阵式网格联通，实现各系统、各工序以及各类人员随时随地的数据交互，以支撑无处不在的优化决策和智能服务。以多方异构环节集成的综合体为基础，构建生产过程智能集成管控平台，形成实时快速、高效可靠的数据自动流动闭环赋能体系，实现信息技术与轧制工艺技术的深度融合。将现有控制系统中的生产实绩数据、模型设定数据、工艺数据、来料尺寸数据和成分数据、力学性能预测数据和实验室检测数据、最终产品质量数据等信息，通过大数据分析和处理技术，存入大数据系统中。通过 3D 建模、机器学习、机理建模等方法，建立高精度的力能参数模型、轧件弹性变形模型、轧件塑性变形模型，搭建长型材过程动态数字孪生和多工序动态协同控制平台。边缘数字化模型开发平台架构如图 2-7 所示。

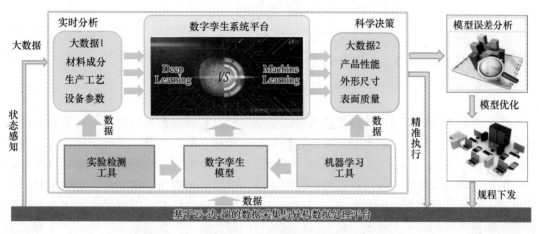

图 2-7 数字驱动的边缘数字化模型开发平台

2.3.1 BP 神经网络模型软件包

人工神经网络（Artificial Neural Network，ANN）以动物的神经中枢（尤其是脑）作为灵感，通常在估计或输入量非常多和函数关系不明确时使用，其机理模型主要通过模拟生物神经网络的结构及功能实现，目前神经网络逐渐发展为一个学科领域交叉范围极广的方法。

图 2-8 展示了神经元模型，称为 M-P 神经元模型，是构成复杂结构的最基本成分单元。与生物神经细胞类似，它们个体之间相互连接，当某一个体激活时，就会将信息传递给其他个体，使存在连接关系的神经元内的电位发生改变。当改变量高于一个限度时，神经元就会变为激活状态，继而通过相同的方式向其他神经元发送带有信息的化学物质。

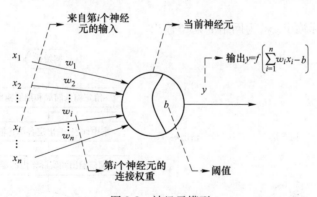

图 2-8 神经元模型

图 2-8 中，x_n 为神经元的第 n 个输入值；w_n 为第 n 个输入值与神经元间的权值；b 为神经元的阈值；f 为神经元的激活函数，其存在可为神经元增加非线性能力。常用的激活函数有：

（1）Sigmoid 函数，可将输入的变量映射到 [0，1] 区间内：

$$f(x) = \frac{1}{1 + \exp(x)} \tag{2-7}$$

（2）Tanh 双曲正切函数，输出值为 [-1，1] 区间：

$$f(x) = \frac{\exp(2x) - 1}{\exp(2x) + 1} \tag{2-8}$$

（3）ReLU 激活函数，在构建多层网络时，可以防止梯度的消失：

$$f(x) = \begin{cases} x & (x > 0) \\ 0 & (x \leq 0) \end{cases} \tag{2-9}$$

将上述的神经节点进行连接堆叠就形成了感知机，它通过数据的输入、权值和阈值来固定模型的输出。感知机的神经元彼此之间都是互相独立的，也就是说每个神经元的权值和阈值都是不同的，但是它们的输入是一样的，即每个神经元都能够获得网络的所有输入。但激活函数仅作用于该层级结构的输出阶段，较容易实现与、或、非等逻辑运算，但在处理非线性问题时有很大的限制。因此可以通过增加网络层数，即增加一层或者多层的输入层和输出层间神经元模型，从而实现非线性问题的解决。多层感知机是由多个神经节点构成的层级结构，并且不包含反馈，由输入层、隐含层和输出层三部分构成。其不同层节点在激活函数作用下全连接而相同层节点间无连接，图 2-9 为三层感知机结构。

实现这种多层网络的训练对学习算法的要求极高，其中由 Rumelhart 等发明的误差逆传播（Back-Propagation）算法，常称为 BP 算法，是近年来较先进的神经网络学习算法，普遍适用于神经网络模型中。BP 算法属于广义 δ 学习，即在某种监督机制下进行训练学习。对于每一个输入，网络都会产生一个实际输出，在学习期间，需要把输入和期望输出同时提供给网络。输入数据经过隐含层和激活函数激活后正向运输到输出层，而终点运算结果与标签值的偏差应用梯度下降法向前运输来调整连接层之间的权值和阈值。图 2-10 为 BP 算法流程框图，其训练网络的指标函数为：

$$E_k = \frac{1}{2} \sum_{i=1}^{l} (\hat{y}_i - y_i)^2 \tag{2-10}$$

式中，$\hat{y}_i$ 为网络实际输出；y_i 为网络的期望输出。

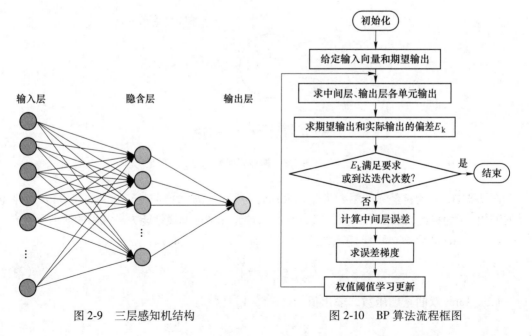

图 2-9　三层感知机结构　　　　　图 2-10　BP 算法流程框图

2.3.2 极限学习机模型软件包

极限学习机（Extreme Learning Machine，ELM）是具有单隐含层存在的前馈神经网络（Single-Hidden Layer Feedforward Network，SLFN）算法，是由新加坡南洋理工大学黄广斌教授提出的。该算法随机计算生成网络的连接权值和神经元自身的阈值，仅需确认隐含层神经元的个数就能得出网络的最优状态。与传统方法相比，ELM 的训练效率更高，泛化性能更好。

假定 ELM 网络的输入层存在 n 个神经元，对应于 n 个输入变量，隐含层包含 l 个神经元；输出层存在 m 个神经元，对应于 m 个输出变量。采用 w 表示输入层与隐含层之间的连接权值，位于输入层中第 i 个神经元与位于隐含层中第 j 个神经元的连接权值可用 w_{ij} 表示；采用 β 表示隐含层和输出层之间的连接权值，位于隐含层中第 j 个神经元与位于输出层中第 k 个神经元间的连接权值可用 β_{jk} 表示；采用 b 表示隐含层神经元的阈值。

$$w = \begin{bmatrix} w_{11} & w_{12} & \cdots & w_{1n} \\ w_{21} & w_{22} & \cdots & w_{2n} \\ \vdots & \vdots & \ddots & \vdots \\ w_{l1} & w_{l2} & \cdots & w_{ln} \end{bmatrix}_{l \times n} \tag{2-11}$$

$$\beta = \begin{bmatrix} \beta_{11} & \beta_{12} & \cdots & \beta_{1m} \\ \beta_{21} & \beta_{22} & \cdots & \beta_{2m} \\ \vdots & \vdots & \ddots & \vdots \\ \beta_{l1} & \beta_{l2} & \cdots & \beta_{lm} \end{bmatrix}_{l \times m} \tag{2-12}$$

$$b = \begin{bmatrix} b_1 \\ b_2 \\ \vdots \\ b_l \end{bmatrix}_{l \times 1} \tag{2-13}$$

训练集中包含样本量为 Q 的输入矩阵 X 和输出矩阵 Y 公式如下：

$$X = \begin{bmatrix} x_{11} & x_{12} & \cdots & x_{1Q} \\ x_{21} & x_{22} & \cdots & x_{2Q} \\ \vdots & \vdots & \ddots & \vdots \\ x_{n1} & x_{n2} & \cdots & x_{nQ} \end{bmatrix}_{n \times Q} \tag{2-14}$$

$$Y = \begin{bmatrix} y_{11} & y_{12} & \cdots & y_{1Q} \\ y_{21} & y_{22} & \cdots & y_{2Q} \\ \vdots & \vdots & \ddots & \vdots \\ y_{m1} & y_{m2} & \cdots & y_{mQ} \end{bmatrix}_{m \times Q} \tag{2-15}$$

设 $g(x)$ 为隐含层神经元的激活函数，则网络的输出 T 为：

$$T = [t_1, t_2, t_3, \cdots, t_Q]_{m \times Q}, t_j = \begin{bmatrix} t_{1j} \\ t_{2j} \\ \vdots \\ t_{mj} \end{bmatrix}_{m \times 1} = \begin{bmatrix} \sum_{i=1}^{l} \beta_{i1} g(w_i x_j + b_i) \\ \sum_{i=1}^{l} \beta_{i2} g(w_i x_j + b_i) \\ \vdots \\ \sum_{i=1}^{l} \beta_{im} g(w_i x_j + b_i) \end{bmatrix}_{m \times 1} \quad (j = 1, 2, \cdots, Q)$$

(2-16)

式中，$w_i = [w_{i1}, w_{i2}, \cdots, w_{in}]$；$x_j = [x_{1j}, x_{2j}, \cdots, x_{nj}]^T$。

式（2-16）可表示为：

$$H\beta = T'$$ (2-17)

式中，T' 为矩阵 T 的转置矩阵，得到隐含层的输出矩阵为 H，求解如下：

$$H(w_1, w_2, \cdots, w_l, b_1, b_2, \cdots, b_l, x_1, x_2, \cdots, x_Q)$$

$$= \begin{bmatrix} g(w_1 x_1 + b_1) & g(w_2 x_1 + b_2) & \cdots & g(w_l x_1 + b_l) \\ g(w_1 x_2 + b_1) & g(w_2 x_2 + b_2) & \cdots & g(w_l x_2 + b_l) \\ \vdots & \vdots & \ddots & \vdots \\ g(w_1 x_Q + b_1) & g(w_2 x_Q + b_2) & \cdots & g(w_l x_Q + b_l) \end{bmatrix}_{Q \times l}$$

(2-18)

若训练集中包含的样本个数 Q 和隐含层中神经元的个数一致，则 SLFN 可以近乎零误差无限趋近于全部的 w 和 b 训练样本，即：

$$\sum_{j=1}^{Q} \| t_j - y_j \| = 0$$ (2-19)

式中，$y_j = [y_{1j}, y_{2j}, \cdots, y_{mj}]^T (j = 1, 2, \cdots, Q)$。

当具有较大的训练样本个数 Q 时，可以令隐含层中包含的神经元个数 K 小于 Q，从而减小计算量，此时训练误差无限趋近于任意的 $\varepsilon > 0$，即：

$$\sum_{j=1}^{Q} \| t_j - y_j \| < \varepsilon$$ (2-20)

当可以无限次对激活函数 $g(x)$ 进行微分计算时，此时不用对其参数调整，在训练开始前可以随机设置 w 和 b，选定后在训练时不用改变其参数。而 β 作为输出层和隐含层的连接权值，则运用最小二乘法求解下列方程的解得到：

$$\min_{\beta} \| H\beta - T' \|$$ (2-21)

其解为：

$$\hat{\beta} = H^+ T'$$ (2-22)

式中，H^+ 为隐含层的输出矩阵 H 的 Moore-Penrose 广义逆矩阵。

模型中包含的参数越多，即具有越高的复杂度，同时也就具有越大的"容量"，可完成的学习任务复杂度越高。但是复杂度越高的模型，也具有越低的训练效率，模型发生过拟合的可能性越高。随着计算技术的不断发展，大幅度提高的计算能力使模型的训练效率也有了显著进步，同时大数据时代的海量数据也可以减小模型训练时发生过拟合的可能性。所以人们开始更多地关注如深度学习（Deep Learning）等复杂模型，并在多个领域如图像识别、自然语言处理等获得了长足的进步。

最广泛的深度学习模型是具有多隐含层的神经网络，隐含层数的增加除增多了神经元数目外，还使得嵌套激活函数的层数增多，进而提高了模型的学习能力。采用经典算法训练深度学习模型时，误差容易在多隐含层内逆传播过程中产生"发散"而不会收敛为稳定的情况。目前针对多隐含层的训练方法主要有无监督逐层训练和"权共享"训练，卷积神经网络（Convolutional Neural Network，CNN）应用权值共享策略去完成模型的训练，如图 2-11 所示。

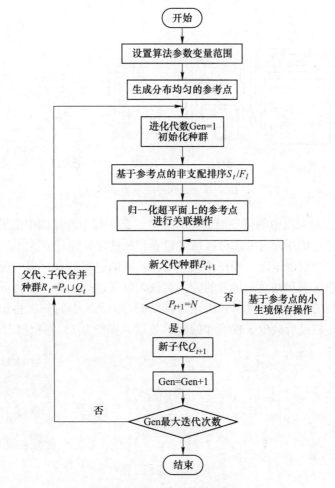

图 2-11　模型优化算法流程图

2.3.3 卷积神经网络软件包

CNN 为前馈神经网络，可以通过人工神经元对所选范围内的指定单元进行响应，主要有输入层、卷积层（Convolutional Layer）、池化层（Pooling Layer）、全连接层和输出层，卷积层和池化层通常有多个并交替设置。

局部感知、池化与权值共享是 CNN 的本质思想。局部感知指的是输入层单元与隐含层单元之间是部分连接而非全连接的。部分连接在一定程度上解决了权重计算复杂的问题，也减少了在训练时所用参数的个数。权值共享其实是 CNN 和神经网络最大的区别，神经网络中每一个节点之间的连接都有一个权重，权重越多，训练时计算量也越大。对于 CNN 中的滤波器也叫作卷积核，它一步步扫过整个输入层，在每一个用同一个滤波器扫过的区域，相应位置对应的是相同的参数，很大程度上减少了权值的数量，训练优化的效率就会提升很多。池化是对卷积之后的特征进行采样。池化的作用在于可以对卷积结果降维，从而减少参数的个数，减少模型的复杂度。卷积神经网络的结构如图 2-12 所示。

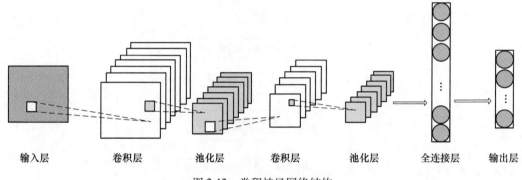

| 输入层 | 卷积层 | 池化层 | 卷积层 | 池化层 | 全连接层 | 输出层 |

图 2-12 卷积神经网络结构

（1）卷积层。卷积层中的特征面通常有多个，其中每个特征面中组成神经元的个数相同，每一个神经元与特征面内的部分区域通过卷积核连接，卷积核大小决定了部分区域的大小。卷积核是一个权值矩阵，卷积核扫过输入特征的过程具有一定的规律性，在卷积核内通过矩阵元素乘法求和并叠加偏置的方式对输入特征进行处理，作为下一层神经元的输入，大小由卷积核的大小和滑动步长决定。图 2-13 为 CNN 中的一次卷积过程，当前层中的节点经过卷积核扫过后减少了权值和偏置的数量，步长为 1，卷积核大小为 2×2。

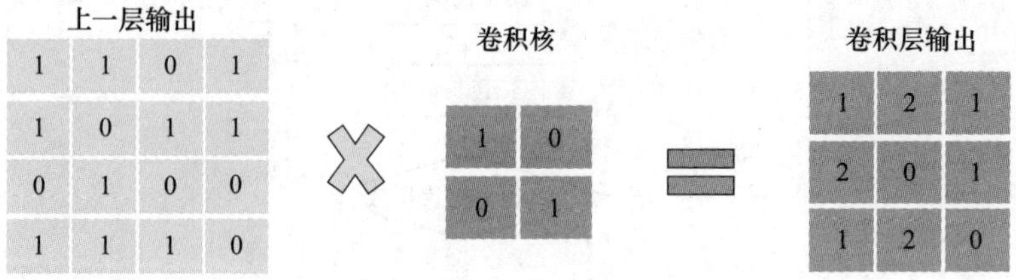

图 2-13 卷积过程

（2）池化层。池化层一般是在卷积层之后，其作用可以看成是卷积层输出的特征压缩，在保存主要信息的前提下，令全部特征维度有所降低，其大小一般为 2×2，可称这个过程为下采样。池化的处理方法主要有三种，分别是最大值池化、平均值池化和求和，图 2-14 为平均值池化的过程。

（3）全连接层。CNN 的全连接层一般在卷积或池化过程之后，其所用神经元都连接到前一层中的每一个神经元，整理并合并经卷积层或者池化层后的结果，并经激活函数后输出。图 2-15 为全连接过程。

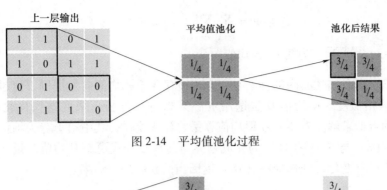

图2-14　平均值池化过程

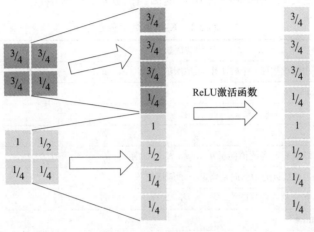

图2-15　全连接过程

（4）CNN 训练。CNN 模型训练的过程与 BP 算法原理一样，通过前向传播计算出模型预测值与实际值的差值并进行逆传播，从而更新调整权值和阈值。通常情况下，CNN 的权值和阈值采用的是权值共享策略，同时在前向传播中，为缓解模型训练时的过拟合问题，让全连接层部分神经元以自定义的概率 p 停止工作，即 Dropout，但在模型预测时神经元全部使用且权重参数要乘以 p，Dropout 一般取 0.3 或 0.5。

2.3.4　聚类分析软件包

在热连轧数据中，需要根据轧制工艺的不同对数据进行分类，但这种做法并没有完全考虑到实际轧制数据之间的关系。因此本研究将根据实际获取的轧制数据，采用 K-均值聚类算法对数据进行聚类。

K-均值聚类算法是 J. B. MacQueen 于 1967 年提出，是进行数据聚类问题处理的一种算法。该算法主要解决的是将含有 n 个样本点集合 $X = \{x_1, x_2, \cdots, x_n\}$ 变为 k 个类簇 C_j 的问题（$j = 1, 2, \cdots, k$）。首先任意挑选 k 个样本点，将其看作初始 k 个类簇的中心，随后将其余样本点依据距离中心点最近原则进行划分，将样本初始划分为 k 个聚类。根据最初分布的簇通过计算得到新的类簇中心，对新的类簇中心进行类似的样本划分，若干迭代次数后发现簇中心不会出现变化时，可知数据已经全部分配到类簇中，此时聚类准则函数表现为收敛状态，反之仍然去迭代计算，直到表现为收敛或者迭代次数达到设定值。聚类准则函数通常选用聚类误差平方和准则函数，其公式如下：

$$E = \sum_{i=1}^{k} \sum_{x \in C_i} \| x - \boldsymbol{u}_i \|_2^2 \qquad (2\text{-}23)$$

式中，$\boldsymbol{u}_i = (1/|C_i|) \sum_{x \in C_i} x$ 为簇 C_i 的均值向量。

式（2-23）可以描述簇内的样本是否紧密地存在于簇均值向量周围，值越小则具有越高的簇内样本相似度。K-均值算法选用贪心策略进行分析，采取迭代优化的方式进行式（2-23）的近似求解。表 2-1 为 K-均值算法的算法流程，其中第 1 行为均值向量的初始化，而（4）~（8）与（9）~（16）为完成划分当前簇及迭代更新其均值向量，若聚类结果在迭代更新后没有变化，则选择在（18）返回当前簇的划分结果。

表 2-1　K-均值聚类算法

输入	样本集 $X = \{x_1, x_2, \cdots, x_n\}$，聚类簇数 k
过程	（1）从 X 中随机选择 k 个样本作为初始均值向量 $\{u_1, u_2, \cdots, u_k\}$
	（2）**repeat**
	（3）令 $C_i = \varnothing(1 \leqslant i \leqslant k)$
	（4）$j = 1, 2, \cdots, m$
	（5）计算样本 x_j 与各均值向量 $\boldsymbol{u}_i(1 \leqslant i \leqslant k)$ 的距离：$d_{ji} = \| x - \boldsymbol{u}_i \|_2$
	（6）根据距离最近的均值向量确定 x_j 的簇标记
	（7）将样本 x_j 划入相应的簇：$C_{\lambda_j} = C_{\lambda_i} \cup \{x_j\}$
	（8）**end for**
	（9）$i = 1, 2, \cdots, m$
	（10）计算新均值向量 $\boldsymbol{u}_i' = (1/|C_i|) \sum_{x \in C_i} x$
	（11）**if** $\boldsymbol{u}_i' \neq u_i$ **then**
	（12）将当前均值向量 $\boldsymbol{u}_i$ 更新为 $\boldsymbol{u}_i'$
	（13）**else**
	（14）保持当前均值向量不变
	（15）**end if**
	（16）**end for**
	（17）**until** 当前均值向量未更新
输出	（18）簇划分 $C = \{C_1, C_2, \cdots, C_k\}$

在 K-均值聚类算法中，对于 k 值的选取，一般分为肘部法（Elbow Method）和轮廓系数法（Silhouette Coefficient）两种。肘部法以误差平方和为指标，具有如下的本质思想：当增大 k 值时，划分样本会更加细致，并且会提高其每个簇的聚合程度，因而减小其误差平方和。当 k 比最优聚类数小时，随着 k 值的增大误差平方和下降会很快；当 k 值与最优聚类数相同时，再继续增加 k 值时误差平方和的下降速度会急速减小，随后 k 值继续增大时误差平方和的下降速度会基本不变。也就是说，误差平方和与 k 值的关系图类似于手肘的形状，而这个肘部对应的 k 值就是样本的最优聚类数。但是，并不是所有的问题都可以通过画肘部图来解决，有的问题其肘点位置不明显，这时需要用轮廓系数法辅佐确定 k 值。

轮廓系数法主要是通过对对象和其在簇间相似度进行衡量，即内聚性（Cohesion），将它对比于其他簇时，称为分离性（Separation），主要通过 Silhouette 值来解释对其的对比，后者取值范围在 [-1，1] 内。当 Silhouette 值趋于 1 时，表明对象与所属簇有很深的关联；反之，则 Silhouette 值趋于-1。当某模型数据簇生成的 Silhouette 值较高时，说明该模型是合适的。其具体方法为：

（1）计算样本 i 与同簇剩余样本的平均距离 $a(i)$。$a(i)$ 越小，表明样本 i 越可以被分到该簇。将 $a(i)$ 定义为样本 i 的簇内不相似度。簇 C 中所有样本的 $a(i)$ 均值称为簇 C 的簇不相似度。

（2）计算样本 i 到其他某簇 $C(j)$ 所有样本的平均距离 $b(i)$，称为样本 i 与簇 $C(j)$ 的不相似度。定义样本 i 簇间不相似度为：$b(i) = \min\{b(i_1)，b(i_2)，\cdots，b(i_k)\}$，$b(i)$ 越大，说明样本 i 越不属于其他簇。

（3）用获得样本 i 的 $a(i)$ 和 $b(i)$，计算样本 i 的轮廓系数：

$$s(i) = \frac{b(i) - a(i)}{\max\{a(i),b(i)\}} \tag{2-24}$$

$$s(i) = \begin{cases} 1 - \dfrac{a(i)}{b(i)} & [a(i) < b(i)] \\ 0 & [a(i) = b(i)] \\ \dfrac{b(i)}{a(i)} - 1 & [a(i) > b(i)] \end{cases} \tag{2-25}$$

（4）$s(i)$ 接近 1，则说明样本 i 聚类合理；接近-1，则说明样本 i 更应该分类到另外的簇；近似为 0，则说明样本 i 在两个簇的边界上。

轮廓系数表示的是全部样本 $s(i)$ 的均值，可以作为该聚类有效与否的评判。

误差平方和、轮廓系数与 k 值的选择之间的关系曲线如图 2-16 所示。

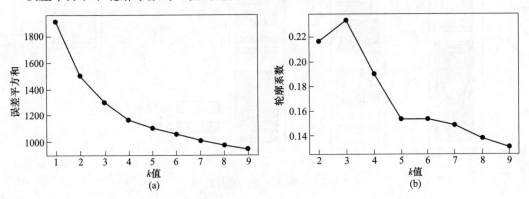

图 2-16　误差平方和（a）、轮廓系数（b）与 k 值关系曲线

从图 2-16 可以看出，当 k 值选取 3 时，K-均值聚类算法取得的分类效果较好。以此为依据对样本数据进行聚类，最终得到每个类簇的样本数量分别为 563 个、623 个和 95 个。

2.3.5　多目标优化软件包

对于多目标问题的优化（Multi-objective Optimization Problem，MOP），可以描述为以

下公式：

$$\begin{cases} \min f(x) = [f_1(x),\ f_2(x),\cdots,\ f_m(x)] \\ \text{s.t.}\ \ g_i(x) \leqslant 0 \qquad (i = 1,2,\cdots,p) \\ \qquad h_j(x) = 0 \qquad (j = 1,2,\cdots,q) \end{cases} \tag{2-26}$$

式中，m 为所需优化目标数量；$g_i(x)$、$h_j(x)$ 分别为 p 个不等式和 q 个等式约束函数。

需要综合考虑各个子目标，从而解决多目标问题，折中得到最优解集，这种最优方案称为 Pareto 最优。

Pareto 支配：假设在可行解区域 D 内，任意两个决策向量 $\boldsymbol{u} = \{u_1,\ u_2,\ \cdots,\ u_m\}$ 和 $\boldsymbol{v} = \{v_1,\ v_2,\ \cdots,\ v_m\}$ 同时满足下列条件：

(1) $\forall i = \{1,\ 2,\ \cdots,\ m\}$，$f_i(\boldsymbol{u}) \leqslant f_i(\boldsymbol{v})$；

(2) $\exists j = \{1,\ 2,\ \cdots,\ m\}$，$f_j(\boldsymbol{u}) < f_j(\boldsymbol{v})$；

则 $\boldsymbol{u}$ 支配 $\boldsymbol{v}$，记为 $\boldsymbol{u} < \boldsymbol{v}$。

Pareto 最优解：在可行解区域 D 内，当且仅当没有其他决策向量 $\boldsymbol{u}$ 支配 $\boldsymbol{v}$ 时，则称 $\boldsymbol{v}$ 为 Pareto 最优解。

Pareto 最优前沿：Pareto 最优解集映射到目标空间组成的集合称为 Pareto 最优前沿。

基于参考点的带精英策略的非支配排序遗传算法（NSGA-Ⅲ）是由 Deb 等于 2014 年提出，其基本框架与 NSGA-Ⅱ算法类似，但在选择机制上二者有很大的不同。NSGA-Ⅲ的选择机制如图 2-17 所示。

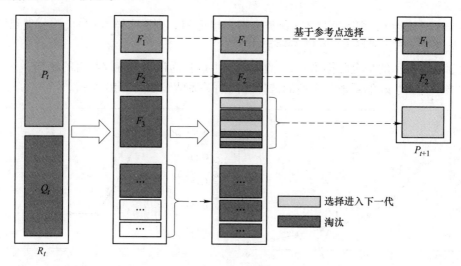

图 2-17 NSGA-Ⅲ的选择机制

NSGA-Ⅲ通过引入参考点表示期望的理想解，并通过关联和小生境操作，选择将目标空间中距离较近的解舍弃，得到一组参考点附件的优化解集。下面主要介绍参考点生成、快速非支配排序和关联小生境操作。

2.3.5.1 参考点生成

NSGA-Ⅲ为保证所得解决方案的多样性，采取以结构化预先设定一组参考点。NSGA-

Ⅲ采用 Das 和 Dennis 提出的方法，在归一化的超平面内生成参考点。对于等分为 p 的 M 个目标可以获得 H 个参考点，H 的大小可通过下式求得：

$$H = \binom{M + p - 1}{p} \tag{2-27}$$

以目标数 $M=3$、$p=4$ 时的优化问题为例，15 个分布均匀的参考点可获得在规范化的超平面上，如图 2-18 所示。

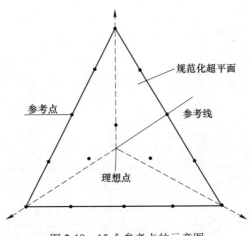

图 2-18　15 个参考点的示意图

2.3.5.2　快速非支配排序

在 NSGA-Ⅲ中，将 P 设为种群；N 为其大小；x^i 为第 i 个个体；种群中 Pareto 支配个体 x^i 的个体数为 n_i；S_i 为种群中被支配个体 x^i Pareto 支配下的集合。对种群 P 快速非支配排序的步骤如下：

（1）种群 P 中的全部个体 x^i，初始化 $n_i=0$、$S_i=\varnothing$，逐个比较 x^i 与其他个体 x^j 的 Pareto 支配关系。如果 x^j Pareto 支配 x^i，则 $n_i=n_i+1$；如果 x^i Pareto 支配 x^j，可以把个体 j 放入到集合 S_i 中，此时令 $l=1$。

（2）选取种群 P 中 $n_i=0$ 的个体，添加到新集合 F_l 中，在种群 P 中剔除这些个体。

（3）找到 F_l 中每一个个体 x 的支配集 S_q，令集合中的所有个体 r 的 n_r 减 1。

（4）如果 $n_r-1=0$，则令 $l=l+1$，并将个体 r 添加到新集合 F_l 中，在种群 P 中再排除这些个体。

（5）如果种群 $P \neq \varnothing$，则跳转至（3），否则终止。

2.3.5.3　关联参考点小生境操作

关联参考点，首次定义参考线为原点与参考点相连产生的线段，随后对全部个体到全部参考线的垂直距离进行计算，计算公式如下：

$$d^{\perp}(s,w) = \| (s - w^{\mathrm{T}}sw/\|w\|^2) \| \tag{2-28}$$

式中，s 为种群中的某个个体；w 为参考线。

小生境操作保留操作见表 2-2。

表 2-2　小生境操作保留操作

输入	K, $\pi(s \in S_t)$, $d(s \in S_t)$, Z, F_1
	P_{t+1}
	计算参考点 $j \in Z$ 的小生境数 $\rho_j = \sum\limits_{s \in S_t/F_1} ((\pi(s) = j)? \ 1: 0)$
	(1) $k = 1$
	(2) **while** $k \leq K$ **do**
	(3) $J_{\min} = \{j: \arg\min_{j \in Z} \rho_j\}$
	(4) $j = \text{random}(J_{\min})$
	(5) $I_j = \{s: \pi(s) = j, s \in F_1\}$
	(6) **if** $I_j \neq \varnothing$ **then**
	(7) **if** $\rho_j = 0$ **then**
输出	(8) $P_{t+1} \cup (s: \arg\min_{s \in I_j} d(s))$
	(9) **else**
	(10) $P_{t+1} \cup \text{random}(I_j)$
	(11) **end if**
	(12) $\rho_j = \rho_j + 1$, $F_1 = F_1/s$
	(13) $k = k + 1$
	(14) **else**
	(15) $Z = Z/\{j\}$
	(16) **end if**
	(17) **end while**

参 考 文 献

[1] 王国栋，张殿华，孙杰．建设数据驱动的钢铁材料创新基础设施加速钢铁行业的数字化转型 [J]．冶金自动化，2023，47（1）：2-9.

[2] 王国栋，刘振宇，张殿华．材料科学技术转型发展与钢铁创新基础设施的建设 [J]．钢铁研究学报，2021，33（10）：1003-1017.

[3] Yang Y B, Peng Y. Theoretical model and experimental study of dynamic hot rolling [J]. Metals, 2021, 11（9）：312-321.

[4] 정효숙, Kim S J, Ho L S. Effects and evaluations of URL normalization [J]. Journal of KIISE: Databases, 2006, 33（5）：486-494.

[5] 郭丁宁．基于结构表示学习的聚类分析方法研究 [D]．西安：西安电子科技大学，2021.

[6] 李朋．聚类分析中新聚类有效性指标的研究 [D]．合肥：安徽大学，2018.

[7] 王丙参，魏艳华，张贝贝．基于多元数据的谱聚类算法改进与聚类个数确定 [J]．统计与决策，2022，38（12）：5-11.

[8] Zhao J, Jiao L C. Fast sparse deep neural networks: Theory and performance analysis [J]. IEEE Access, 2019, 7（5）：74040-74055.

［9］ Jin J，Zhang C，Feng F，et al. Deep neural network technique for high-dimensional microwave modeling and applications to parameter extraction of microwave filters ［J］. IEEE Transactions on Microwave Theory and Techniques，2019，67（10）：4140-4155.

［10］ Hanif M S，Bilal M. Competitive residual neural network for image classification ［J］. ICT Express，2020，6（1）：28-37.

［11］ 张国梅，张欣，尹佳文 . 基于深度残差神经网络的 GNSS 接收机干扰抑制方案 ［J］. 数据采集与处理，2023，38（2）：293-303.

［12］ 高云鹏，孟雪晴，张其旺 . 基于深度宽卷积残差收缩网络的球磨机负荷状态诊断 ［J］. 湖南大学学报（自然科学版），2023，50（2）：102-111.

3　长型材加热炉燃烧过程智能化控制

长型材作为钢铁材料中使用量较大的一种钢材品种，可根据应用领域不同，实现良好的强韧性、焊接性能等。长型材生产技术水平是反映一个国家钢铁工业水平的重要标志。

材料成分设计、冶炼连铸和热加工成型过程是获得高品质长型材的主要环节，热加工成型过程作为其中重要的一环，主要通过轧制变形提高钢坯的质量，而轧制前的加热过程对长型材产品质量具有重要影响。近年来我国长型材在成分设计、冶炼连铸和轧制成型等相关技术已达到国际先进水平，然而钢坯轧制前的加热过程仍存在很多问题和难点。随着对长型材产品质量的要求越来越高，钢坯轧制前的加热过程越来越受到重视。

加热炉作为连铸和轧制的关键中间设备，用于加热钢坯达到轧制要求的目标温度，钢坯在炉内的加热过程极其复杂，容易造成过热、过烧、脱碳、产生氧化铁皮和加热不均匀等缺陷。加热炉对钢坯加热过程的复杂性主要体现在以下几点：

（1）钢坯的种类和本身含有的元素较多，其组成和含量差别较大，不同钢种和规格的钢坯加热制度差别明显，主要体现在加热温度、加热速度和加热时间各不相同。

（2）实际工况的加热过程中，炉内同时存在几十支不同的钢坯，如何合理地确定混装加热制度，并在节能降耗的同时，获得加热均匀、质量较好的钢坯，是加热炉控制的难点。

（3）加热炉过程控制系统中的钢坯跟踪和顺序控制逻辑复杂，目前实际生产中存在人工干预较多。

（4）炉温控制过程中受制于加热工况及设备状态，自动控制效果不稳定，钢坯温度预报模型精度不高，加热质量控制操作也不够精细化。

（5）燃烧介质成分复杂，热值、压力波动较大，烧嘴、阀门、检测仪表等设备故障频发等问题，严重影响了加热炉的控制精度和钢坯的加热质量。

钢坯加热质量好坏的判断标准主要有：出炉时钢坯的温度是否达到轧制工艺要求的目标温度，钢坯出炉的温度分布是否均匀，是否产生了过热、过烧、脱碳、氧化等缺陷。因此，加热质量的好坏主要取决于合理的加热制度（包括加热温度、加热速度、加热时间）和精确的过程控制技术。

钢坯在加热过程中通过吸收燃料燃烧释放的热量使其温度升高，钢坯出炉的目标温度高达 1200 ℃左右，加热时间也较长，整个加热过程需要消耗大量的燃料。加热制度是否合理以及过程控制是否精确稳定直接影响到燃料的消耗量。在《中国制造 2025》中以"质量为先、绿色发展、结构优化"的大背景下，对绿色可持续发展日趋迫切。在长型材产品质量要求提高的同时，国家对节约成本、降低能耗、环境保护等方面也提出了更高的标准，如何通过确立合理的加热制度和精确的过程控制，在节能降耗的同时，获得加热质量较好的钢坯，对高质量长型材的生产具有重要意义。

3.1 钢坯的加热制度

不同钢坯的加热制度存在差别，为了保证钢坯加热的质量和产量，应根据各种钢坯的特性和轧制工艺要求，确定其合适的加热制度。加热制度主要包括加热温度、加热速度和加热时间。

3.1.1 加热温度

加热温度的选择一般根据铁碳相图确定，加热温度要低于奥氏体粗化温度。除此之外，加热温度的确定还要考虑碳氮化物的溶解、晶粒的长大行为、成分的均匀性等因素。

但是，在钢坯加热过程中要避免产生加热缺陷：过热、过烧、脱碳。随着钢坯中的碳含量及某些合金元素的增多，过热、过烧的倾向会变得更大。某些钢种的加热与过烧理论温度见表 3-1。

表 3-1 某些钢种的加热与过烧理论温度

钢种	加热温度/℃	过烧温度/℃
碳素钢 $w(C) = 1.5\%$	1050	1140
碳素钢 $w(C) = 1.1\%$	1080	1180
碳素钢 $w(C) = 0.9\%$	1120	1220
碳素钢 $w(C) = 0.7\%$	1180	1280
碳素钢 $w(C) = 0.5\%$	1250	1350
碳素钢 $w(C) = 0.2\%$	1320	1470
碳素钢 $w(C) = 0.1\%$	1350	1490
Si-Mn 弹簧钢	1250	1350
Ni 钢 $w(Ni) = 3\%$	1250	1370
$w(Ni, Cr) = 8\%$ Ni-Cr 钢	1250	1370
Cr-V 钢	1250	1350
高速钢	1280	1380
奥氏体镍铬钢	1300	1420

合金元素的固溶温度也是加热温度需要考虑的重要因素，根据化学成分中微合金元素的含量，利用固溶度积分公式计算固溶温度，以下是常见微合金钢中碳或氮化物在 γ-铁中的平衡固溶度积公式：

$$\lg \{w[Ti]w[N]\}_\gamma = 0.32 - 8000/T \tag{3-1}$$

$$\lg \{w[Nb]w[N]\}_\gamma = 2.80 - 7500/T \tag{3-2}$$

$$\lg \{w[V]w[N]\}_\gamma = 3.46 - 8330/T \tag{3-3}$$

$$\lg \{w[Al]w[N]\}_\gamma = 1.79 - 7184/T \tag{3-4}$$

$$\lg \{w[Ti]w[C]\}_\gamma = 2.75 - 7000/T \tag{3-5}$$

$$\lg \{w[Nb]w[C]\}_\gamma = 2.96 - 7510/T \tag{3-6}$$

$$\lg \{w[V]w[C]\}_\gamma = 6.72 - 9500/T \tag{3-7}$$

式中，下角标 γ 为在 γ-铁中的固溶；[Ti]、[Nb]、[V]、[Al]、[N]、[C] 为化学成分处于平衡固溶态的质量分数；T 为绝对温度，K。

3.1.2 加热速度

对于普碳钢之类的多数钢种，一般只要加热设备许可，就可以采用尽可能快的加热速度。在低温段（800 ℃ 以下）要放慢加热速度以防开裂；到 800 ℃ 以上的高温段，可进行快速加热；达到高温段以后，为了使钢坯温度分布及组织成分均匀化，需在均热段停留一定时间。

加热冷装坯往往在预热阶段加热时间要长一些，而热装坯加热时间相对短一些，若采用热装则应直接在高温段快速加热。高合金钢由于在低温段导热性差，应采用较慢的加热速度，到高温段后再快速加热。

3.1.3 加热时间

合理的加热时间取决于钢种、钢坯尺寸、装炉温度、加热速度和加热设备的性能与结构等。对于钢坯加热时间，可以采用热力学方法进行计算，得出在加热炉各段的加热时间，但是实际计算比较复杂，现在确定钢坯的加热时间主要还是依靠经验公式进行估算。例如，钢坯在炉内进行加热时，加热时间 t 可以用下式估算。

$$t = CB \tag{3-8}$$

式中，B 为方坯的横断面边长或者板厚（扁坯）或者直径（圆坯），cm；C 为考虑钢种成分和其他因素影响的系数，具体可见表 3-2。

表 3-2 某些钢种的系数 C 值

钢种	C
碳素钢	0.10~0.15
合金结构钢	0.15~0.20
高合金结构钢	0.20~0.30
高合金工具钢	0.30~0.40

根据以上钢坯的加热温度、加热速度、加热时间以及对钢坯加热的要求，低合金高强度钢的加热制度如表 3-3 所示。

表 3-3 低合金高强度钢的加热制度

钢种	轧制方式	各炉段的加热温度/℃							不同厚度的加热时间/min			出炉温度/℃
		预热段	加热一段		加热二段		均热段					
		上、下表面	下表面	上表面	下表面	上表面	下表面	上表面	18 mm	22 mm	26 mm	
Q355	控制轧制	840±40	1120±20	1140±20	1180±20	1200±20	1160±20	1180±20	≥160	≥180	≥210	≥1070

3.2 钢坯温度预报模型的优化与校正

3.2.1 热流密度模型优化

钢坯表面热流密度优化主要是热对流热流密度和热辐射热流密度计算过程优化。为了对热流密度进行计算，需要对炉膛内部一些因素进行合理的假设：

(1) 加热炉的炉膛看作一个封闭的体系。

(2) 炉内各段的炉气、炉壁的温度都是均匀的。

(3) 投射到炉膛内表面的辐射全部反射回炉膛。

(4) 热辐射传热过程中，辐射射线的密度是均匀的，而且炉气对辐射射线在各方向的吸收率也是相同的。

(5) 炉气的吸收率与其黑度是等同的，在加热过程中，炉壁和加热钢坯的黑度不随温度的变化而改变。

3.2.1.1 热对流热流密度优化

因为热对流过程的热流密度只占总热流密度的十分之一左右，很多研究者一般都忽略了热对流热流密度的计算。本研究为了提高钢坯温度预报模型的精度，考虑了炉气对钢坯热对流热流密度的影响。炉内钢坯热对流传热过程中还存在热辐射传热，比一般的热对流传热过程复杂，采用与雷诺数 Re 相关的热对流热流密度计算公式会带来偏差。

炉内的热对流热流密度和炉气的流速密切相关，本研究采用炉气的流速作为热对流密度计算的参数。钢坯在炉内加热过程中，炉内各段炉气的流速从预热段、加热一段、加热二段到均热段逐渐变大，下面是各段炉气流速的计算公式。

预热段炉气流速的计算公式：

$$v_{预} = v_1 + \frac{v_2 - v_1}{L_1}D_1 \tag{3-9}$$

加热一段炉气流速的计算公式：

$$v_{加一} = v_2 + \frac{v_3 - v_2}{L_2}(D_2 - L_1) \tag{3-10}$$

加热二段炉气流速的计算公式：

$$v_{加二} = v_3 + \frac{v_4 - v_3}{L_3}(D_3 - L_2 - L_1) \tag{3-11}$$

均热段炉气流速的计算公式：

$$v_{均热} = v_4 \tag{3-12}$$

式中，L_1、L_2、L_3 分别为预热段、加热一段，加热二段的炉段长度，mm；D_1、D_2、D_3 分别为加热钢坯在预热段、加热一段、加热二段分别与入炉口的距离，mm；v_1、v_2、v_3、v_4 分别为预热段、加热一段、加热二段和均热段炉气流速，m/s。

计算热对流热流密度时，由于上、下部炉膛存在差异，因此对上部和下部炉膛分别进行考虑。采用对流换热系数计算热对流热流密度，下面是具体的计算公式。

加热炉上部炉膛的对流换热系数为：

$$\text{Arf} = A_1 (2v)^{B_1} \tag{3-13}$$

式中，A_1、B_1 为加热炉上部炉膛对流换热系数的模型参数。

加热炉上部炉膛对流换热的热流密度为：

$$q_{\text{Uc}} = \text{Arf}(T_{g1} - T_{s1}) \tag{3-14}$$

式中，T_{g1} 为加热炉上部炉膛炉气的温度，℃；T_{s1} 为钢坯上表面的温度，℃。

加热炉下部炉膛的对流换热系数为：

$$\text{Vrf} = A_2 v^{B_2} \tag{3-15}$$

式中，A_2、B_2 为加热炉下部炉膛对流换热系数的模型参数。

加热炉下部炉膛对流换热的热流密度为：

$$q_{\text{Bc}} = \text{Vrf}(T_{g2} - T_{s2}) \tag{3-16}$$

式中，T_{g2} 为加热炉下部炉膛炉气的温度，℃；T_{s2} 为钢坯下表面的温度，℃。

3.2.1.2　热辐射热流密度优化

热辐射热流密度有两种计算方法：总括热吸收率法和辐射系数法。本研究选用算法简单、计算量小、计算精度高、最常用的总括热吸收率法表示热辐射热流密度，计算公式如下：

$$q_{\text{r}} = \sigma \varphi_{\text{CF}}(T_g^4 - T_s^4) \tag{3-17}$$

式（3-17）中的热流密度计算，总括热吸收率 φ_{CF} 和炉气温度 T_g 是需要求解的未知量。热辐射热流密度参数优化也主要对总括热吸收率 φ_{CF} 和炉气温度 T_g 这两个主要参数进行优化。

总括热吸收率计算过程主要进行以下方面的优化：

（1）对"黑匣子"实验得出的数据，把一些误差较大的数据进行排除。

（2）考虑加热炉上部、下部炉膛总括热吸收率的差异，对上部、下部炉膛总括热吸收率分别进行考虑。

（3）考虑加热炉各炉段炉膛总括热吸收率的差异，对上部、下部炉膛的各炉段炉膛总括热吸收率分别进行考虑。

（4）通过自学习系数对总括热吸收率偏差进行修正。

通过表面梯度方法得到加热炉各炉段上部和下部炉膛总括热吸收率沿着炉长方向的变化规律，利用 Origin 软件分别把上部和下部炉膛分段拟合成幂函数，这是目前计算总括热吸收率使用最多也是最有效的方法，以下是炉膛总括热吸收率优化的计算过程。

A　上部炉膛的总括热吸收率

上部炉膛沿炉长方向的总括热吸收率的计算公式如下：

当 $0 \leq X \leq L_1$ 时（预热段）

$$\varphi_{\text{U1}} = k_{11} \times 10^{E_{11}} + k_{12} \times 10^{E_{12}} \times X + k_{13} \times 10^{E_{13}} \times X^2 + k_{14} \times 10^{E_{14}} \times X^3 + k_{15} \times 10^{E_{15}} \times X^4 \tag{3-18}$$

式中，k_{11}、E_{11}、k_{12}、E_{12}、k_{13}、E_{13}、k_{14}、E_{14}、k_{15}、E_{15} 分别为上部炉膛预热段炉膛总括热吸收率拟合得到对应的幂函数系数；X 为钢坯在炉内的位置；L_1 为预热段炉长。

当 $L_1 < X \leqslant L_1 + L_2$ 时（加热一段）

$$\varphi_{U2} = k_{21} \times 10^{E_{21}} + k_{22} \times 10^{E_{22}} \times X + k_{23} \times 10^{E_{23}} \times X^2 + k_{24} \times 10^{E_{24}} \times X^3 + k_{25} \times 10^{E_{25}} \times X^4$$

(3-19)

式中，k_{21}、E_{21}、k_{22}、E_{22}、k_{23}、E_{23}、k_{24}、E_{24}、k_{25}、E_{25}分别为上部炉膛加热一段总括热吸收率拟合得到幂函数的系数；L_2 为加热一段的炉长。

当 $L_1 + L_2 < X \leqslant L_1 + L_2 + L_3$ 时（加热二段）

$$\varphi_{U3} = k_{31} \times 10^{E_{31}} + k_{32} \times 10^{E_{32}} \times X + k_{33} \times 10^{E_{33}} \times X^2 + k_{34} \times 10^{E_{34}} \times X^3 + k_{35} \times 10^{E_{35}} \times X^4$$

(3-20)

式中，k_{31}、E_{31}、k_{32}、E_{32}、k_{33}、E_{33}、k_{34}、E_{34}、k_{35}、E_{35}分别为上部炉膛加热二段总括热吸收率拟合得到的系数；L_3 为加热二段的炉长。

当 $L_1 + L_2 + L_3 < X \leqslant L$ 时（均热段）

$$\varphi_{U4} = k_{41} \times 10^{E_{41}} + k_{42} \times 10^{E_{42}} \times X + k_{43} \times 10^{E_{43}} \times X^2 + k_{44} \times 10^{E_{44}} \times X^3 + k_{45} \times 10^{E_{45}} \times X^4$$

(3-21)

式中，k_{41}、E_{41}、k_{42}、E_{42}、k_{43}、E_{43}、k_{44}、E_{44}、k_{45}、E_{45}分别为上部炉膛均热段总括热吸收率拟合得到幂函数的系数；L 为加热炉的炉长。

考虑到加热炉在加热过程中很多因素对炉膛总括热吸收率计算带来的偏差，上部炉膛的总括热吸收率乘以自学习系数 k_1 修正为：

$$\varphi_{UI}^* = k_1 \varphi_{UI}$$

(3-22)

式中，$I = 1, 2, 3, 4$。

B 下部炉膛的总括热吸收率

下部炉膛沿炉长方向的总括热吸收率的计算公式如下：

当 $0 \leqslant X \leqslant L_1$ 时（预热段）

$$\varphi_{B1} = k_{a1} \times 10^{E_{a1}} + k_{a2} \times 10^{E_{a2}} \times X + k_{a3} \times 10^{E_{a3}} \times X^2 + k_{a4} \times 10^{E_{a4}} \times X^3 + k_{a5} \times 10^{E_{a5}} \times X^4$$

(3-23)

式中，k_{a1}、E_{a1}、k_{a2}、E_{a2}、k_{a3}、E_{a3}、k_{a4}、E_{a4}、k_{a5}、E_{a5}分别为下部炉膛预热段炉膛总括热吸收率拟合得到幂函数的系数。

当 $L_1 < X \leqslant L_1 + L_2$ 时（加热一段）

$$\varphi_{B2} = k_{b1} \times 10^{E_{b1}} + k_{b2} \times 10^{E_{b2}} \times X + k_{b3} \times 10^{E_{b3}} \times X^2 + k_{b4} \times 10^{E_{b4}} \times X^3 + k_{b5} \times 10^{E_{b5}} \times X^4$$

(3-24)

式中，k_{b1}、E_{b1}、k_{b2}、E_{b2}、k_{b3}、E_{b3}、k_{b4}、E_{b4}、k_{b5}、E_{b5}分别为下部炉膛加热一段总括热吸收率拟合得到幂函数的系数。

当 $L_1 + L_2 < X \leqslant L_1 + L_2 + L_3$ 时（加热二段）

$$\varphi_{B3} = k_{c1} \times 10^{E_{c1}} + k_{c2} \times 10^{E_{c2}} \times X + k_{c3} \times 10^{E_{c3}} \times X^2 + k_{c4} \times 10^{E_{c4}} \times X^3 + k_{c5} \times 10^{E_{c5}} \times X^4$$

(3-25)

式中，k_{c1}、E_{c1}、k_{c2}、E_{c2}、k_{c3}、E_{c3}、k_{c4}、E_{c4}、k_{c5}、E_{c5}分别为下部炉膛加热二段总括热吸收率拟合得到幂函数的系数。

当 $L_1 + L_2 + L_3 < X \leqslant L$ 时（均热段）

$$\varphi_{B4} = k_{d1} \times 10^{E_{d1}} + k_{d2} \times 10^{E_{d2}} \times X + k_{d3} \times 10^{E_{d3}} \times X^2 + k_{d4} \times 10^{E_{d4}} \times X^3 + k_{d5} \times 10^{E_{d5}} \times X^4$$

$$(3\text{-}26)$$

式中，k_{d1}、E_{d1}、k_{d2}、E_{d2}、k_{d3}、E_{d3}、k_{d4}、E_{d4}、k_{d5}、E_{d5} 分别为下部炉膛均热段总括热吸收率拟合得到幂函数的系数。

考虑到加热炉在加热过程中很多不定因素对炉膛总括热吸收率计算带来的偏差，下部炉膛的总括热吸收率乘以自学习系数 k_2 修正为：

$$\varphi_{BI}^{*} = k_2 \varphi_{BI} \qquad\qquad (3\text{-}27)$$

3.2.2　炉温分布模型

在热流密度计算过程中，除了总括热吸收率外，另一个需要求解的未知参数是炉气温度。由于炉气温度测量比较困难，一般将安装在炉内各段热电偶测量得到的值代替炉气温度进行计算。热电偶测量得到的炉膛温度是钢坯温度预报模型的一个重要参数，通过热电偶测量获得的温度只能代表热电偶所在位置处的温度，对于炉内除热电偶位置处的温度，大部分研究都是取各炉段热电偶测量值的平均值，这样计算得来的炉温值难免存在误差。根据以上炉温存在的问题，为获得精确的炉温值，主要从以下两个方面对炉温进行优化：

（1）增加每段热电偶的数量。某厂长型材加热炉，各炉段上部和下部炉膛仅安装了 1 支热电偶测量炉膛温度，为了准确测量炉温，在升级改造过程中，增加各炉段的热电偶数量，炉内各段的上部和下部炉膛各有两个热电偶测量温度，每个炉段 4 支热电偶，炉内总共 16 支热电偶。

（2）通过炉温分布模型计算炉内各位置处的炉温。同炉膛总括热吸收率计算一样，也分上部和下部炉膛进行考虑，下部炉膛和上部炉膛炉温分布的计算方法一样，下面主要介绍上部炉膛的炉温分布模型。

预热段、加热一段、加热二段和均热段的炉温升温速率不一样，加热段炉温升温速率最快，其次是预热段，均热段主要是维持加热段相近的温度使钢坯均热，温度波动不大。预热段和加热段都是连续升温，升温速率比较快，为了考虑相邻炉段的连续性，把预热段和加热段上部炉膛的 6 支热电偶分为两组，前 3 支热电偶为一组，后 3 支热电偶为一组，采用多项式拟合的方法建立各炉段之间的炉温联系；均热段温度相对平缓，采用线性拟合的方法，具体计算公式如下：

$$T_f = \begin{cases} \dfrac{\alpha_{11}}{\alpha_1}X^2 + \dfrac{\alpha_{12}}{\alpha_1}X + \dfrac{\alpha_{13}}{\alpha_1} & (0 \leqslant X \leqslant L_{T3}) \\[2mm] \dfrac{\alpha_{21}}{\alpha_2}X^2 + \dfrac{\alpha_{22}}{\alpha_2}X + \dfrac{\alpha_{23}}{\alpha_2} & (L_{T3} \leqslant X \leqslant L_{T6}) \\[2mm] \dfrac{X - L_{T7}}{L_{T8} - L_{T7}} & (L_{T6} \leqslant X \leqslant L) \end{cases} \qquad (3\text{-}28)$$

其中：

$$
\boldsymbol{\alpha}_1 = \begin{vmatrix} L_{T1}^2 & L_{T1} & 1 \\ L_{T2}^2 & L_{T2} & 1 \\ L_{T3}^2 & L_{T3} & 1 \end{vmatrix}, \quad \boldsymbol{\alpha}_{11} = \begin{vmatrix} T_{f1} & L_{T1} & 1 \\ T_{f2} & L_{T2} & 1 \\ T_{f3} & L_{T3} & 1 \end{vmatrix}, \quad \boldsymbol{\alpha}_{12} = \begin{vmatrix} L_{T1}^2 & T_{f1} & 1 \\ L_{T2}^2 & T_{f2} & 1 \\ L_{T3}^2 & T_{f3} & 1 \end{vmatrix}, \quad \boldsymbol{\alpha}_{13} = \begin{vmatrix} L_{T1}^2 & L_{T1} & T_{f1} \\ L_{T2}^2 & L_{T2} & T_{f2} \\ L_{T3}^2 & L_{T3} & T_{f3} \end{vmatrix}
$$

$$(3\text{-}29)$$

$$
\boldsymbol{\alpha}_2 = \begin{vmatrix} L_{T4}^2 & L_{T4} & 1 \\ L_{T5}^2 & L_{T5} & 1 \\ L_{T6}^2 & L_{T6} & 1 \end{vmatrix}, \quad \boldsymbol{\alpha}_{21} = \begin{vmatrix} T_{f4} & L_{T4} & 1 \\ T_{f5} & L_{T5} & 1 \\ T_{f6} & L_{T6} & 1 \end{vmatrix}, \quad \boldsymbol{\alpha}_{22} = \begin{vmatrix} L_{T4}^2 & T_{f4} & 1 \\ L_{T5}^2 & T_{f5} & 1 \\ L_{T6}^2 & T_{f6} & 1 \end{vmatrix}, \quad \boldsymbol{\alpha}_{23} = \begin{vmatrix} L_{T4}^2 & L_{T4} & T_{f4} \\ L_{T5}^2 & L_{T5} & T_{f5} \\ L_{T6}^2 & L_{T6} & T_{f6} \end{vmatrix}
$$

$$(3\text{-}30)$$

式中，L_{T1}、L_{T2}、L_{T3}、L_{T4}、L_{T5}、L_{T6}、L_{T7}、L_{T8} 分别为对应上部炉膛各段左右两侧热电偶位置到入炉门的距离，mm；T_{f1}、T_{f2}、T_{f3}、T_{f4}、T_{f5}、T_{f6} 分别为对应各段热电偶的温度，℃。

3.2.3　热物性参数优化

为了对钢坯温度分布精准预报，需要对热物性参数优化，主要考虑不同钢种在不同温度下的热物性参数。钢种主要以碳含量划分，碳含量是用 $w(C) = 0.05\% \sim 0.2\%$（低碳钢）、$w(C) = 0.2\% \sim 0.6\%$（中碳钢）、$w(C) = 0.6\% \sim 1.3\%$（高碳钢）几个区间值作为界定的范围，将所有需要加热的钢坯分为低碳钢、中碳钢、高碳钢和合金钢这几种典型的钢种。

3.2.3.1　导热系数优化

钢厂加热的钢坯导热系数并不是不变的常数，不同温度下钢坯的导热系数经验公式如式（3-31）所示。

$$
k(T) = k(T_0) - \frac{C_1}{\cosh C_2 [(T - T_0)/100]} \tag{3-31}
$$

式中，T 为钢坯的温度；$k(T_0)$、C_1、C_2、T_0 分别为几种典型加热钢坯导热系数计算表达式的系数，见表3-4。

表 3-4　加热钢坯导热系数计算表达式中的系数

钢种	$k(T_0)$	C_1	C_2	$T_0/℃$
低碳钢 $w(C) = 0.05\% \sim 0.2\%$	54.3	31.7	0.245	975
中碳钢 $w(C) = 0.2\% \sim 0.6\%$	48.1	26.9	0.285	935
高碳钢 $w(C) = 0.6\% \sim 1.3\%$	48.3	27.2	0.235	900
合金钢	42.0	18.5	0.240	950

按照典型钢种以 50 ℃ 为一个温度计算步长给出导热系数，见表3-5。

表 3-5 不同温度下典型钢种的导热系数

温度/℃	导热系数/W·(m·℃)⁻¹			
	低碳钢 [w(C) = 0.05% ~ 0.2%]	中碳钢 [w(C) = 0.2% ~ 0.6%]	高碳钢 [w(C) = 0.6% ~ 1.3%]	合金钢
25	48.53	44.37	41.83	38.25
50	48.17	44.10	41.45	38.03
100	47.80	43.81	41.05	37.79
150	46.97	43.16	40.19	37.27
200	46.05	42.42	39.23	36.69
250	45.01	41.58	38.18	36.05
300	43.87	40.61	37.02	35.34
350	42.60	39.52	35.77	34.55
400	41.20	38.29	34.41	33.70
450	39.68	36.92	32.96	32.77
500	38.02	35.40	31.44	31.78
550	36.26	33.73	29.86	30.73
600	34.40	31.94	28.27	29.64
650	32.48	30.06	26.70	28.54
700	30.54	28.15	25.20	27.44
750	28.65	26.28	23.85	26.39
800	26.87	24.55	22.71	25.44
850	25.31	23.08	21.83	24.64
900	24.03	21.97	21.29	24.02
950	23.13	21.33	21.10	23.63
1000	22.66	21.22	21.29	23.50
1050	22.66	21.66	21.83	23.63
1100	23.13	22.58	22.71	24.02
1150	24.03	23.92	23.85	24.64
1200	25.31	25.56	25.20	25.44
1250	26.87	27.39	26.70	26.39
1300	28.65	29.30	28.27	27.44
1350	30.54	31.20	29.86	28.54
1400	32.48	33.03	31.44	29.64
1450	34.40	34.75	32.96	30.73

图 3-1 是几种典型钢种在不同温度下的导热系数变化曲线。

3.2.3.2 比热容参数优化

常温下钢坯比热容的经验计算公式为:

$$c = [0.465w(\text{Fe}) + 0.708w(\text{C}) + 0.714w(\text{Si}) + 0.835w(\text{Mn}) + 0.381w(\text{Cu}) +$$
$$0.900w(\text{Al}) + 0.444w(\text{Ni}) + 0.444w(\text{Cr}) + 0.134w(\text{W})]/10 \qquad (3\text{-}32)$$

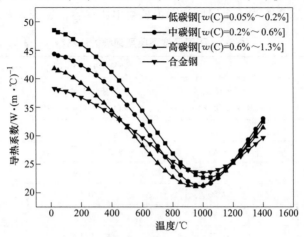

图 3-1 几种典型钢种在不同温度下导热系数的变化

不同温度下钢坯比热容的经验公式为：

$$c(t) = C_0 + k_1 \left(\frac{t}{1000} \right)^n + k_2 \mathrm{e}^{(-k_3 |t-t_0|)} \qquad (3\text{-}33)$$

式中，C_0、k_1、k_2、k_3、n、t_0 分别为几种典型加热钢坯比热容计算表达式中的系数，具体值见表 3-6。

表 3-6 加热钢坯比热容计算表达式中的系数

钢种	C_0	k_1	k_2	k_3	n	$t_0/℃$
低碳钢 [$w(\text{C}) = 0.05\% \sim 0.2\%$]	0.115	0.0477	0.194	0.0099	1	768
中、高碳钢 [$w(\text{C}) = 0.2\% \sim 1.3\%$]	0.115	0.0477	0.194	0.0261	1	768
合金钢	0.113	0.0235	0.160	0.0047	5	740

图 3-2 是典型钢种在不同温度下的比热容变化曲线。

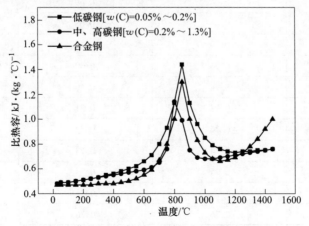

图 3-2 几种典型钢种在不同温度下比热容的变化

从图 3-2 中可以直观地看出，比热容随加热温度的变化波动较大，对于钢坯温度的精准计算，有必要考虑不同温度下的比热容。

按照典型钢种以 50 ℃ 为一个温度计算步长给出比热容，见表 3-7。

表 3-7　不同温度下典型钢种的比热容

温度/℃	比热容/kJ·(kg·℃)⁻¹		
	低碳钢 [$w(C) = 0.05\% \sim 0.2\%$]	中、高碳钢 [$w(C) = 0.2\% \sim 1.3\%$]	合金钢
25	0.48	0.48	0.47
50	0.49	0.49	0.47
100	0.49	0.49	0.47
150	0.50	0.50	0.47
200	0.51	0.51	0.47
250	0.52	0.52	0.47
300	0.53	0.53	0.48
350	0.55	0.54	0.48
400	0.56	0.55	0.48
450	0.58	0.56	0.49
500	0.60	0.57	0.50
550	0.62	0.58	0.52
600	0.66	0.59	0.55
650	0.71	0.61	0.59
700	0.80	0.65	0.67
750	0.93	0.76	0.80
800	1.13	1.14	1.00
850	1.44	0.99	1.30
900	1.13	0.75	1.00
950	0.96	0.69	0.83
1000	0.85	0.68	0.73
1050	0.79	0.68	0.68
1100	0.76	0.69	0.66
1150	0.74	0.70	0.67
1200	0.73	0.71	0.69
1250	0.74	0.72	0.73
1300	0.74	0.73	0.78
1350	0.75	0.74	0.84
1400	0.75	0.75	0.92
1450	0.76	0.76	1.00

3.2.3.3 密度参数优化

不同温度下钢坯的密度公式:

$$\rho(t) = \frac{\rho_0}{1 + 3\alpha^* t} \tag{3-34}$$

式中,ρ_0、$\rho(t)$ 分别为 0 ℃ 和 t ℃时的密度,kg/m^3;α^* 为钢坯的膨胀系数,在温度为 20~t ℃范围内加热钢坯热膨胀系数的近似求解公式如下:

$$\alpha^*(t) \times 10^6 = a_0 + a_1\frac{t}{1000} - \frac{a_2}{\cosh[(t - t_0)/100]} \tag{3-35}$$

式中,a_0、a_1、a_2、t_0 分别为几种典型加热钢坯的密度计算表达式的系数。

表 3-8 是不同温度下几种典型钢种的密度,按照典型钢种以 50 ℃ 为一个温度计算步长给出密度。图 3-3 是典型钢种在不同温度下的密度变化曲线。

表 3-8 不同温度下典型钢种的密度

| 温度/℃ | 密度/kg·m^{-3} | | | |
	低碳钢 [$w(C) = 0.05\% \sim 0.2\%$]	中碳钢 [$w(C) = 0.2\% \sim 0.6\%$]	高碳钢 [$w(C) = 0.6\% \sim 1.3\%$]	合金钢
25	7849.75	7859.75	7869.75	7859.61
50	7849.71	7859.71	7869.71	7859.61
100	7849.68	7859.68	7869.68	7859.60
150	7849.61	7859.61	7869.61	7859.60
200	7849.54	7859.54	7869.53	7859.59
250	7849.47	7859.46	7869.46	7859.59
300	7849.39	7859.39	7869.39	7859.58
350	7849.32	7859.32	7869.32	7859.58
400	7849.25	7859.25	7869.25	7859.57
450	7849.18	7859.18	7869.18	7859.57
500	7849.11	7859.11	7869.11	7859.56
550	7849.04	7859.04	7869.04	7859.56
600	7848.97	7858.97	7868.97	7859.55
650	7848.90	7858.90	7868.90	7859.55
700	7848.83	7858.83	7868.83	7859.54
750	7848.77	7858.77	7868.77	7859.54
800	7848.72	7858.72	7868.72	7859.54
850	7848.67	7858.67	7868.67	7859.53
900	7848.61	7858.61	7868.61	7859.53
950	7848.54	7858.54	7868.54	7859.52
1000	7848.47	7858.47	7868.47	7859.52

温度/℃	密度/kg·m⁻³			
	低碳钢 [$w(C) = 0.05\% \sim 0.2\%$]	中碳钢 [$w(C) = 0.2\% \sim 0.6\%$]	高碳钢 [$w(C) = 0.6\% \sim 1.3\%$]	合金钢
1050	7848.40	7858.39	7868.39	7859.51
1100	7848.30	7858.30	7868.30	7859.51
1150	7848.21	7858.21	7868.20	7859.50
1200	7848.13	7858.13	7868.12	7859.50
1250	7848.05	7858.05	7868.05	7859.49
1300	7847.98	7857.98	7867.98	7859.49
1350	7847.91	7857.91	7867.91	7859.48
1400	7847.84	7857.84	7867.84	7859.48
1450	7847.77	7857.77	7867.76	7860.00

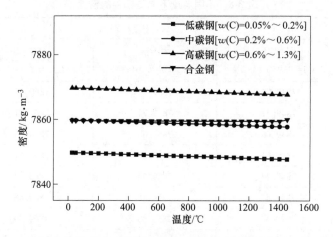

图3-3　几种典型钢种在不同温度下密度的变化

从图3-3中可以直观地看出，钢材密度随加热温度变化的波动很小，对不同温度下的密度可看作是一个常数。其中，低碳钢、中碳钢、高碳钢和合金钢的密度计算常数分别为7850 kg/m³、7860 kg/m³、7870 kg/m³和7860 kg/m³。

考虑到温度对导热系数和比热容的影响比较大，为了更准确预报钢坯的温度分布，将钢坯碳含量用 $w(C) = 0.05\% \sim 0.2\%$（低碳钢）、$w(C) = 0.2\% \sim 0.6\%$（中碳钢）、$w(C) = 0.6\% \sim 1.3\%$（高碳钢）几个区间值作为界定范围，当钢坯的碳含量不在上述碳含量范围内时，对应导热系数和比热容可以根据碳含量的权重来确定，以50 ℃为一个温度计算步长对钢坯的导热系数和比热容进行插值处理。

3.2.4　钢坯导热差分方程

为了对空间坐标的钢坯跟踪模型进行研究，建立了钢坯模型直角坐标系，其中 x 表示钢坯的宽度方向、y 表示厚度方向、z 表示长度方向。

3.2.4.1 一维导热差分方程

通过空间和时间坐标离散的方法，普遍采用一维导热差分方程对钢坯内部导热进行计算。图 3-4 是将钢坯沿厚度方向划分的一维网格示意图，钢坯的温度场可以通过有限个节点的温度来离散地描述。

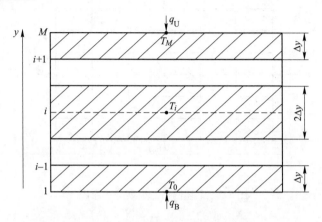

图 3-4 钢坯网格一维划分示意图

钢坯的内部采用中心差分，边界节点 1 和 M 处采用向前差分，下面给出各节点的差分方程式。

上节点的温度表达式为：

$$T_M^{p+1} = T_M^p + 2Fo_y\left(T_{M-1}^p - T_M^p + q_U\frac{\Delta y}{k_{M-1}}\right) \tag{3-36}$$

中心节点的温度表达式为：

$$T_i^{p+1} = T_i^p + Fo_y(T_{i+1}^p - T_i^p) - Fo_y(T_i^p - T_{i-1}^p) \tag{3-37}$$

下节点的温度表达式为：

$$T_0^{p+1} = T_0^p + 2Fo_y\left(T_1^p - T_0^p + q_B\frac{\Delta y}{k_1}\right) \tag{3-38}$$

式中，上角标为时间；下角标为节点的位置；q_U、q_B 分别为钢坯上表面和下表面的热流密度，W/m^2；Fo_y 为 y 方向上的傅里叶数，公式如下：

$$Fo_y = \frac{k}{\rho c}\frac{\Delta t}{\Delta y^2} \tag{3-39}$$

3.2.4.2 二维导热差分方程

对于加热质量要求比较高，且在计算机硬件条件能达到要求时，考虑沿钢坯宽度方向 x 和厚度方向 y 的二维计算模型。图 3-5 是将钢坯沿厚度和宽度方向划分的二维网格示意图，下面给出钢坯宽度 x 方向、厚度 y 方向和时间 t 的离散化公式。

钢坯宽度 x 方向的离散化，离散步长为 Δx，离散分数为 N，具体如下：

$$x = i\Delta x \qquad (i = 1, 2, \cdots, N) \tag{3-40}$$

钢坯厚度 y 方向的离散化，离散步长为 Δy，离散分数为 M，具体如下：

$$y = j\Delta y \qquad (j = 1, 2, \cdots, M) \tag{3-41}$$

时间 t 的离散化，离散步长为 Δt，离散分数为 S，具体如下：

$$t = p\Delta t \qquad (p = 1, 2, \cdots, S) \tag{3-42}$$

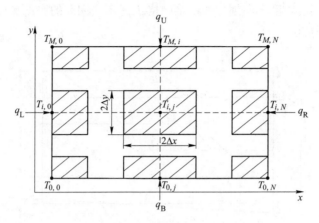

图 3-5　钢坯网格二维划分示意图

下面给出钢坯的各节点温度表达式。

(i, j) 节点处的温度表达式为：

$$T_{i,j}^{p+1} = T_{i,j}^p + Fo_y(T_{i+1,j}^p - T_{i,j}^p) + Fo_y(T_{i-1,j}^p - T_{i,j}^p) +$$
$$Fo_x(T_{i,j+1}^p - T_{i,j}^p) + Fo_x(T_{i,j-1}^p - T_{i,j}^p) \tag{3-43}$$

$(i, 0)$ 节点处的温度表达式为：

$$T_{i,0}^{p+1} = T_{i,0}^p + Fo_y(T_{i+1,0}^p - T_{i,0}^p) + Fo_y(T_{i-1,0}^p - T_{i,0}^p) +$$
$$2Fo_x\left(T_{i,1}^p - T_{i,0}^p + \frac{q_L\Delta x}{k_{i,1}}\right) \tag{3-44}$$

(i, N) 节点处的温度表达式为：

$$T_{i,N}^{p+1} = T_{i,N}^p + Fo_y(T_{i+1,N}^p - T_{i,N}^p) + Fo_y(T_{i-1,N}^p - T_{i,N}^p) +$$
$$2Fo_x\left(T_{i,N-1}^p - T_{i,N}^p + \frac{q_R\Delta x}{k_{i,N-1}}\right) \tag{3-45}$$

(M, j) 节点处的温度表达式为：

$$T_{M,j}^{p+1} = T_{M,j}^p + 2Fo_y\left(T_{M-1,j}^p - T_{M,j}^p + \frac{q_U\Delta y}{k_{M-1,j}}\right) +$$
$$Fo_x(T_{M,j+1}^p - T_{M,j}^p) + Fo_x(T_{M,j-1}^p - T_{M,j}^p) \tag{3-46}$$

$(0, j)$ 节点处的温度表达式为：

$$T_{0,j}^{p+1} = T_{0,j}^p + 2Fo_y\left(T_{i,j}^p - T_{0,j}^p + \frac{q_B\Delta y}{k_{1,j}}\right) +$$
$$Fo_x(T_{0,j+1}^p - T_{0,j}^p) + Fo_x(T_{0,j-1}^p - T_{0,j}^p) \tag{3-47}$$

$(M, 0)$ 节点处的温度表达式为：

$$T_{M,0}^{p+1} = T_{M,0}^p + 2Fo_y\left(T_{M-1,0}^p - T_{M,0}^p + \frac{q_U\Delta y}{k_{M-1,0}}\right) + 2Fo_x\left(T_{M,1}^p - T_{M,0}^p + \frac{q_L\Delta x}{k_{M,1}}\right) \tag{3-48}$$

(M, N) 节点处的温度表达式为：

$$T_{M,N}^{p+1} = T_{M,N}^p + 2Fo_y\left(T_{M-1,N}^p - T_{M,N}^p + \frac{q_U\Delta y}{k_{M-1,N}}\right) +$$

$$2Fo_x\left(T_{M,N-1}^p - T_{M,N}^p + \frac{q_R\Delta x}{k_{M,N-1}}\right) \tag{3-49}$$

$(0, 0)$ 节点处的温度表达式为：

$$T_{0,0}^{p+1} = T_{0,0}^p + 2Fo_y\left(T_{1,0}^p - T_{0,0}^p + \frac{q_B\Delta y}{k_{1,0}}\right) + 2Fo_x\left(T_{0,1}^p - T_{0,0}^p + \frac{q_L\Delta x}{k_{0,1}}\right) \tag{3-50}$$

$(0, N)$ 节点处的温度表达式为：

$$T_{0,N}^{p+1} = T_{0,N}^p + 2Fo_y\left(T_{1,N}^p - T_{0,N}^p + \frac{q_B\Delta y}{k_{1,N}}\right) + 2Fo_x\left(T_{0,N-1}^p - T_{0,N}^p + \frac{q_R\Delta x}{k_{0,N-1}}\right) \tag{3-51}$$

$$q_s = \alpha q_U + (1 - \alpha) q_B \qquad (0 < \alpha < 1) \tag{3-52}$$

$$Fo_x = \frac{k}{\rho c}\frac{\Delta t}{\Delta x^2} \tag{3-53}$$

式中，q_L 和 q_R 分别为钢坯左侧面、右侧面的热流密度，W/m^2；q_s 为中间热流密度，W/m^2；Fo_x 为 x 方向上的傅里叶数。

3.2.5 数值求解

为了对钢坯内部导热计算过程进行简化，钢坯温度预报差分模型的机理模型假设如下：

（1）炉温为沿炉长方向的一维分段线性分布。

（2）钢坯温度假设为沿钢坯宽度 x 和厚度 y 的二维分布。

（3）钢坯传热的端部效应忽略不计，双排料加热时，位于同一位置的两块钢坯热状态视为相同。

（4）辐射角系数、黑度系数、对流传热系数等，在同一炉段假设为常数。

（5）钢坯上下表面均匀加热。

（6）不考虑钢坯表面氧化烧损对传热过程的影响。

钢坯跟踪模型是指跟踪某一钢坯的加热过程，采用移动坐标系，这样钢坯所处的边界条件就转化为一个时变温度场问题。

炉内某块钢坯沿厚度和宽度方向的二维不稳定导热方程为：

$$\frac{\partial T_{x,y}^t}{\partial t} = \frac{1}{\rho c}\left[\frac{\partial}{\partial x}\left(k\frac{\partial T_{x,y}^t}{\partial x}\right) + \frac{\partial}{\partial y}\left(k\frac{\partial T_{x,y}^t}{\partial y}\right)\right] \tag{3-54}$$

式中，t 为加热时间，s；$T_{x,y}^t$ 为炉内某一钢坯内部的二维温度分布，是宽度 x、厚度 y 和时间 t 的函数，℃。

钢坯的热传导率 k、比热容 c 和密度 ρ 随温度而变化，是钢坯温度 T 的函数：

$$\begin{cases} k = k(T_{x,y}^t) \\ c = c(T_{x,y}^t) \\ \rho = \rho(T_{x,y}^t) \end{cases} \tag{3-55}$$

初始条件：

$$T_{x,y}^t \big|_{t=0} = T_0 \qquad (0 \leqslant x \leqslant L_x, 0 \leqslant y \leqslant L_y, 0 \leqslant t \leqslant t_f) \qquad (3\text{-}56)$$

式中，L_x、L_y 分别为该钢坯的宽度和厚度，mm；t_f 为钢坯加热的总时间，s。

钢坯沿宽度方向左侧表面热流密度的边界条件：

$$\frac{\partial T_{x,y}^t}{\partial x}\bigg|_{x=0} = \frac{-q_{L(0,y)}^t}{k} \qquad (3\text{-}57)$$

钢坯沿宽度方向右侧表面热流密度的边界条件：

$$\frac{\partial T_{x,y}^t}{\partial x}\bigg|_{x=L_x} = \frac{q_{R(L_x,y)}^t}{k} \qquad (3\text{-}58)$$

钢坯沿厚度方向上表面热流密度的边界条件：

$$\frac{\partial T_{x,y}^t}{\partial y}\bigg|_{y=0} = \frac{-q_{B(x,0)}^t}{k} \qquad (3\text{-}59)$$

钢坯沿厚度方向下表面热流密度的边界条件：

$$\frac{\partial T_{x,y}^t}{\partial y}\bigg|_{y=L_y} = \frac{q_{U(x,L_y)}^t}{k} \qquad (3\text{-}60)$$

式中，$q_{L(0,y)}^t$、$q_{R(L_x,y)}^t$ 分别为钢坯沿宽度方向的左、右侧表面的热流密度，W/m^2；$q_{B(x,0)}^t$、$q_{U(x,L_y)}^t$ 分别为钢坯沿厚度方向的上、下表面的热流密度，W/m^2。

$$\begin{cases} \dfrac{\partial T_{i,j}^t}{\partial t} \approx \dfrac{T_{i,j}^{p+1} - T_{i,j}^p}{\Delta t} \\[2mm] \dfrac{\partial T_{i,j}^t}{\partial x} \approx \dfrac{T_{i+1,j}^p - T_{i,j}^p}{\Delta x} \\[2mm] \dfrac{\partial^2 T_{i,j}^t}{\partial x^2} \approx \dfrac{T_{i+1,j}^p - 2T_{i,j}^p + T_{i-1,j}^p}{\Delta x^2} \\[2mm] \dfrac{\partial T_{i,j}^t}{\partial y} \approx \dfrac{T_{i,j+1}^p - T_{i,j}^p}{\Delta y} \\[2mm] \dfrac{\partial^2 T_{i,j}^t}{\partial y^2} \approx \dfrac{T_{i,j+1}^p - 2T_{i,j}^p + T_{i,j-1}^p}{\Delta y^2} \end{cases} \qquad (3\text{-}61)$$

式中，$p = 0, 1, \cdots, S$；$i = 2, 3, \cdots, N-1$；$j = 2, 3, \cdots, M-1$。

钢坯在炉内的位置 Y 由钢坯的移动速度决定：

$$Y(v(t),t) = \int_0^t v(t)\,d\tau \qquad (3\text{-}62)$$

式中，$v(t)$ 为钢坯在炉内的移动速度，m/s，计算公式如下：

$$v(t) = \frac{L_0}{TT(t)} \qquad (3\text{-}63)$$

式中，L_0 为加热炉炉长，mm；$TT(t)$ 为加热炉的步距，mm。

加热炉的有效炉长为：

$$L = \int_0^{t_f} v(t)\,dt \qquad (3\text{-}64)$$

应用二维有限差分与二维导热微分方程的近似关系，将钢坯的二维不稳定导热方程用差商代替，得到的差分方程为：

$$\frac{T_{i,j}^{p+1} - T_{i,j}^{p}}{\Delta t} = \frac{k}{\rho c}\left(\frac{T_{i+1,j}^{p} - 2T_{i,j}^{p} + T_{i-1,j}^{p}}{\Delta x^2} + \frac{T_{i,j+1}^{p} - 2T_{i,j}^{p} + T_{i,j-1}^{p}}{\Delta y^2}\right) \tag{3-65}$$

整理得出二维导热微分方程的显式差分方程如下：

$$T_{i,j}^{p+1} = (1 - 2Fo_x - 2Fo_y)T_{i,j}^{p} + Fo_x(T_{i+1,j}^{p} + T_{i-1,j}^{p}) + Fo_y(T_{i,j+1}^{p} + T_{i,j-1}^{p}) \tag{3-66}$$

式中，$k = 0,\ 1,\ \cdots,\ S$；$i = 2,\ 3,\ \cdots,\ N-1$；$j = 2,\ 3,\ \cdots,\ M-1$。

3.3 钢坯温度预报模型的校正

由于模型与实际生产过程存在偏差，除了对钢坯温度预报模型中传热过程相关的重要参数和内部导热求解过程进行优化外，模型校正也是常用减小偏差的有效方法。

为了对钢坯温度预报模型进行校正，首先对钢坯温度预报模型的偏差进行分析，主要可以概括为以下三个方面：

（1）简化计算过程中，对机理模型的简化和假设带来的偏差。比如，传热学中的傅里叶定律，假设它是建立在连续的介质中，在这种假设中钢坯的热物性参数在各个方向都是相同的，但钢坯的化学成分并非只包含铁元素，还包括其他较多的金属与非金属元素，因此实际钢坯的热物性参数在各个方向是存在差异的。另外，在计算热流密度时对炉膛内部的一些因素进行假设所带来的偏差。

（2）计算方法的简化导致的偏差。比如，计算钢坯温度的分布时，采用有限差法对钢坯的内部导热模型进行离散和求解，采用差商代替微商，差商与微商之间存在逼近误差。

（3）在工程应用中考虑到计算机的计算能力对模型简化带来的偏差。比如，在计算钢坯导热过程中，因为钢坯沿长度方向相对于厚度和宽度方向的导热较小，忽略沿长度方向的导热，将钢坯的三维导热模型简化成二维导热模型进行求解。

在没有实验数据的情况下，对钢坯温度预报模型校正，采用最多的是贝叶斯校正模型方法，具体公式如下：

$$Y^*(x) + \delta(x) = Y \tag{3-67}$$

式中，Y^* 为模型的预测值；x 为模型的参数；Y 为实际计算值；δ 为模型偏差。

在钢坯温度预报模型中，温度模型偏差的公式如下：

$$\delta^* = f(x,y) \tag{3-68}$$

式中，δ^* 为单元格的温度模型偏差值，℃；x、y 为单元格在 x 和 y 方向上的相对位置。

以下是温度模型偏差 $f(x,y)$ 的求解过程。

3.3.1 构造二维曲面函数

对温度模型偏差的拟合采用最小二乘法，构造二维曲面函数如下：

$$J = f(x,y) = \sum_{a=1}^{m}\alpha_a(x,y) + \beta_a(x,y) = \beta^{\mathrm{T}}(x,y)\alpha_a(x,y) \tag{3-69}$$

式中，$\alpha_a(x,y)$ 为待求系数，是单元坐标宽度和厚度方向的函数；β_a 为基函数。

3.3.2 构造目标函数

在最小二乘法准则下构造的目标函数如下：

$$\mathrm{Min}K^* = \sum_{b=1}^{n} w(x_b, y_b) \left[f(x_b, y_b) - J_b^0 \right]^2 \tag{3-70}$$

式中，n 为拟合点的个数；J_b^0 为第 b 点的温度模型偏差，℃；$f(x_b, y_b)$ 为第 b 点的拟合值；$w(x_b, y_b)$ 为第 b 点的权值。

3.3.3 求解目标函数

根据最小二乘法原理，求解目标函数的最小值：

$$\frac{\partial K}{\partial \alpha} = A(x, y) - B(x, y)\boldsymbol{J}^0 = 0 \tag{3-71}$$

得到：

$$\alpha(x, y) = A^{-1}(x, y)B(x, y)\boldsymbol{J}^0 \tag{3-72}$$

式中，$A(x, y) = \sum_{b=1}^{n} w(x_b, y_b)\beta(x_b, y_b)\beta^{\mathrm{T}}(x_b, y_b)$；$\boldsymbol{J}^0 = [J_1^0 J_2^0 \cdots J_n^0]$；$B(x, y) = w(x_1, y_1)\beta(x_1, y_1)w(x_2, y_2)\beta(x_2, y_2)\cdots w(x_n, y_n)\beta(x_n, y_n)$。

3.3.4 权值的确定

采用三次样条型权函数，以下是参数 x 的权值求解过程，参数 y 的权值求解过程相同。

$$w_x(s) = \begin{cases} \dfrac{2}{3} - 4s_x^2 + 4s_x^3 & \left(s_x \leqslant \dfrac{1}{2}\right) \\ \dfrac{4}{3} - 4s_x + 4s_x^2 - \dfrac{4}{3}s_x^3 & \left(\dfrac{1}{2} < s_x \leqslant 1\right) \\ 0 & (s_x > 1) \end{cases} \tag{3-73}$$

式中，s_x 为 x 方向上的距离相对量，mm，$s_x = s_x^* / s_{x\max}$；s_x^* 为 x 方向上计算点到节点的距离，mm；$s_{x\max}$ 为 x 方向上节点的影响半径，mm。

$$w(x, y) = w_x(s)w_y(s) \tag{3-74}$$

其中，$s_{x\max}$ 的表达式如下：

$$s_{x\max} = \theta C_L \tag{3-75}$$

式中，θ 为大于1的乘子；C_L 为节点间的间距，mm。

3.3.5 温度模型偏差 $f(x, y)$

将式（3-72）代入式（3-69）得到温度模型偏差 $f(x, y)$ 如下：

$$f(x, y) = \beta^{\mathrm{T}}(x, y)A^{-1}(x, y)B(x, y)\boldsymbol{J}^0 \tag{3-76}$$

3.4 混装加热炉温设定与多目标优化

钢坯在加热过程中,不同规格和种类的钢坯都有对应的标准加热升温曲线,从理论上而言,钢坯只有沿着其标准加热升温曲线进行加热,才能保证在节能降耗的同时,达到轧制工艺要求的目标温度。钢坯的各段炉温设定就是根据其标准加热升温曲线设定的。炉温设定后并不是一成不变的,会或多或少地偏离其标准加热升温曲线,当钢坯加热温度偏离标准加热升温曲线时,一方面容易造成过热、过烧、脱碳和氧化等加热缺陷,从而降低钢坯的加热质量;另一方面会导致能耗的过多消耗,因此对钢坯加热的炉温设定参数进行优化具有重要意义。

钢坯加热的情况分为两种:单坯加热和混装加热。混装加热过程各炉段的钢坯数量较多,炉内同时存在几十支不同的钢坯在加热,炉温设定和优化需要兼顾每一支钢坯,因此混装加热炉温设定优化属于多目标优化问题。针对钢厂最常见的混装加热工况,在确定混装加热的炉温设定方法后,结合建立的离线炉温设定多目标优化函数和在线的炉温设定多目标优化展开研究,图 3-6 是研究框图。

图 3-6 混装加热炉温设定与多目标优化框图

3.4.1 单坯加热过程

单坯加热过程中各炉段最多只存在一支钢坯,影响加热工况的因素较少,属于一种比较理想的加热环境,其炉温设定较为简单,图 3-7 是单坯加热炉温设定的流程图。

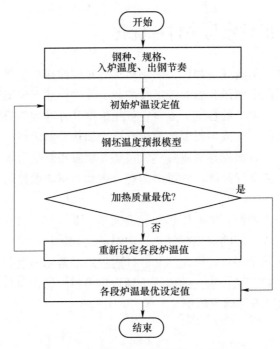

图 3-7   单坯加热炉温设定流程图

3.4.2   混装加热过程

在实际的钢厂加热炉中，加热炉各炉段同时存在十几支不同的钢坯在加热，这些钢坯不只是钢种和规格的不同，入炉温度也可能不同。混装加热各炉段的炉温设定要求与各炉段加热的钢坯有关，以下对混装加热工况下的炉温设定进行研究。

当加热炉陆续有新的钢坯进入时，炉内钢坯的数目发生变化，进入混坯加热工况。随着新钢坯陆续入炉，各炉段同时会存在几十支不同的钢坯，此时炉温设定属于混装加热炉温设定问题，不能按照单坯加热工况下的方法进行炉温设定。不同钢种和规格的钢坯，标准加热升温曲线不同，各段炉温设定也存在差异。

钢厂步进式加热炉有 4 个炉段，包括预热段、加热一段、加热二段和均热段，炉温设定就是基于这 4 个炉段。以每个炉段作为一个计算单位，根据钢坯的主要信息，从钢坯信息中选取对炉温设定影响较大的指标，并确定各评价指标的权重，从而对混装加热工况下各段炉温进行设定。

以预热段 TF_1 为例，炉内有 x 支钢坯，各钢坯预热段的标准炉温设定值为 T_1，T_2，T_3，$\cdots$，T_x，对应的权重为 Q_1，Q_2，Q_3，$\cdots$，Q_x，所以，预热段 TF_1 的炉温设定见式 (3-77)，混装加热炉温设定需要确定钢坯评价指标以及这些评价指标的权重问题。

$$TF_1 = \sum_{1}^{x} T_n Q_n \tag{3-77}$$

3.4.2.1   炉温设定评价指标的确定

在保证客观准确的基础上，从钢坯的主要信息中选出对炉温设定影响较大且没有严格内在关联的指标,确定混装加热炉温设定的评价指标。钢坯的主要信息包括钢种、规格、入炉温度、标准加热升温曲线、钢坯的温度分布、出炉目标温度和出钢节奏等。

对于不同钢种的钢坯,加热升温曲线不同,各炉段的炉温设定也不相同,不同钢种加热要求各不相同,在此引入钢种等级的概念,将钢种等级作为混装加热炉温设定的评价指标之一;钢坯的规格,主要是长、宽、高,根据钢坯的加热制度可知,钢坯加热的时间与厚度有关,钢坯越厚,加热时间越长,厚度不同,加热目标温度也不相同,因此钢坯规格中厚度是混装加热炉温设定要考虑的评价指标;钢坯在炉内实时温度分布与标准加热升温曲线的偏差,是炉温设定调整优化的重要考虑参数,钢坯越靠近出炉时,其温度关注度越大,因此钢坯所在的位置以及钢坯在该位置处的温度与标准加热升温曲线的偏差也是混装加热炉温设定要考虑的评价指标;对于不同的入炉温度,即冷装和热装,冷装温度为室温,一般为 25 ℃,热装的温度不同,大部分为 200 ℃、400 ℃和 600 ℃,钢坯入炉温度的差异也会影响炉温的设定。

在已知钢种和规格的情况下,就能获得其加热升温曲线;钢坯的出钢节奏与钢坯的位置有着密切的联系;出炉目标温度与钢种和规格相关,以上这些钢坯信息不作为混装加热炉温设定要考虑的评价指标。

综上分析,确定了加热钢坯的钢种等级、入炉温度、钢坯厚度、钢坯所在位置和温度偏差这 4 个信息作为炉温设定的评价指标。

3.4.2.2 炉温设定指标权重的确定

在确立指标权重的问题上,采用赋值的方法居多。表 3-9 是几种常用权重赋值方法的对比。

表 3-9 几种常用权重赋值方法的对比

方法	优点	缺点
层次分析法	能够定性和定量结合	不适用精度较高的问题
TOPSIS 法	能反映总体情况、综合分析评价,具有普遍适用性	权重信息事先给定,容易产生逆序问题
模糊综合评价法	能做出比较科学、合理和贴近实际的量化评价	计算复杂,主观性较强,与本研究不相符
主成分分析法	可以直观地分析起决定性作用的评价指标	对主要指标的依赖性过大
熵值法	根据各项指标值的变异程度确定指标权数,能够表示各指标在竞争意义上的相对激烈程度	各指标的权重随着样本的变化而变化,权重依赖于样本
变异系数法	当评价指标对于评价目标比较模糊时,比较合适	与本研究不符

基于主观、客观赋权法的优缺点,在实际应用中对原始数据进行判定确定权重时,一般用组合赋权法。主观赋权法包括层次分析法、TOPSIS 法和模糊综合评价法等,其中 TOPSIS 法是多目标决策分析中一种常用的有效方法。客观赋权法主要包括主成分分析法、熵值法和变异系数法等,其中熵值法应用得较多。

炉温设定多目标优化采用组合赋权法，即 TOPSIS-熵值法，其中主观评价法选用的是 TOPSIS 法，客观赋值法选用的是熵值法，图 3-8 是混装加热炉温设定优化流程图。

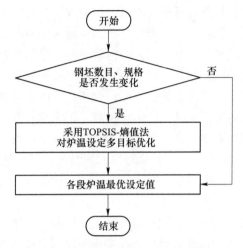

图 3-8 混装加热炉温设定优化流程图

3.4.3 混装加热离线炉温设定多目标优化

3.4.3.1 加热质量的判断标准

在节能降耗的同时获得加热质量较好的钢坯是加热炉加热的目标，加热质量的判断标准主要有：

（1）钢坯出炉时的表面平均温度与轧制工艺要求的表面平均温度的温差值，是否在要求的温差范围内。

（2）钢坯出炉时的表面温度与中心面处的温度差值，即断面温差，是否在轧制工艺要求的温差范围内。

（3）在满足以上两个标准的前提下，尽可能地减少能源的消耗，降低氧化烧损。

在以上 3 个钢坯加热质量的判断标准下，可以得到炉温设定 3 个要求对应的目标优化函数，见式（3-78）~式（3-80）。

钢坯出炉时表面平均温度与轧制工艺要求的表面平均温度之间的目标优化函数为：

$$K_1 = \min \left[T_{\text{S-aver}}(t_{\text{S}}) - T_{\text{S-aver}}^*(t_{\text{S}}) \right]^2 \tag{3-78}$$

钢坯出炉时的表面温度与中心面温度之间的目标优化函数为：

$$K_2 = \min \left[T_{\text{surf}}(t_{\text{S}}) - T_{\text{core}}(t_{\text{S}}) \right]^2 \tag{3-79}$$

钢坯加热能耗要求的目标优化函数为：

$$K_3 = \min \int_0^{t_{\text{S}}} T_{\text{surf}}(t) \, \mathrm{d}t \tag{3-80}$$

通过以上 3 个钢坯加热质量主要判断标准确立的目标优化函数，建立了炉温设定对应的目标优化函数如下：

$$K = \min \left\{ m_1 \left[T_{\text{S-aver}}(t_{\text{S}}) - T_{\text{S-aver}}^*(t_{\text{S}}) \right]^2 + m_2 \left[T_{\text{surf}}(t_{\text{S}}) - T_{\text{core}}(t_{\text{S}}) \right]^2 + m_3 \int_0^{t_{\text{S}}} T_{\text{surf}}(t) \, \mathrm{d}t \right\}$$

$$\tag{3-81}$$

式中，t_S 为钢坯的总在炉加热时间，s；t 为钢坯在炉的加热时间，s；$T_{S-aver}(t_S)$ 为钢坯出炉时的平均表面温度，℃；$T^*_{S-aver}(t_S)$ 为轧制工艺要求的平均表面目标温度，℃；$T_{core}(t_S)$ 为钢坯出炉时中心面温度，℃；m_1、m_2、m_3 分别为各个目标函数的权重系数，权重系数越大，对目标函数要求越高。

3.4.3.2 约束条件

（1）加热钢坯最大温升速率的约束为：

$$\frac{T(t + \Delta t) - T(t)}{\Delta t} \leq \Delta T^v_{max} \tag{3-82}$$

式中，ΔT^v_{max} 为钢坯的最大升温速率，℃/s；Δt 为时间差值，s。

（2）钢坯出炉表面平均温度与轧制工艺要求的目标平均表面温差约束为：

$$|T_{S-aver} - T^*_{S-aver}| \leq \Delta T_{max} \tag{3-83}$$

式中，ΔT_{max} 为钢坯出炉时表面平均温度与轧制工艺要求的目标平均表面温度最大温差值，℃。

（3）钢坯出炉表面温度与轧制工艺要求的中心面温差约束为：

$$T_{surf} - T_{core} \leq \Delta T_{S(max)} \tag{3-84}$$

式中，$\Delta T_{S(max)}$ 为钢坯出炉时表面温度与轧制工艺要求的中心面温度最大温差值，℃。

（4）加热炉各段炉温的最大值和最小值约束为：

$$TF_{(i)min} \leq TF_{(i)} \leq TF_{(i)max} \tag{3-85}$$

式中，i 为加热炉各炉段，$i=1$，2，3，4，分别代表加热炉的预热段、加热一段、加热二段和均热段；$TF_{(i)min}$、$TF_{(i)max}$ 和 $TF_{(i)}$ 分别为各炉段的最小、最大和实际炉温，℃。

（5）加热炉各炉段温度的约束为：

$$TF_1 < TF_2 < TF_4 < TF_3 \tag{3-86}$$

在优化计算的过程中，以各段的炉温作为优化变量，通过之前建立的钢坯温度预报模型可以得到钢坯在加热过程中和出炉时表面平均温度和断面温差，通过式（3-81）优化目标函数，并结合式（3-82）~式（3-86）的 5 个约束条件，对其进行寻优求解，得到一组各炉段最优的炉温设定值。

对于多目标优化问题，早期的处理思路是将每个目标函数按照权重关系加权求和，转换为单个综合目标进行优化求解。这种处理方法虽然操作简单，但是在权重系数确定时需要操作者具有大量先验知识，不具有灵活性。

3.4.3.3 智能优化算法

智能优化算法是通过模拟自然现象建立起来的，常用的主要包括遗传算法、差分进化算法和粒子群算法等，以下是 3 种智能优化算法的简介。

（1）遗传算法：模拟自然界生物进化机制，采用选择、交叉、变异操作，在问题空间搜索最优解。

（2）差分进化算法：通过群体个体间的合作与竞争优化搜索，主要包括变异、交叉、选择三种操作。

（3）粒子群算法：模拟鸟群和鱼群群体行为，将每个个体看作是在 n 维搜索空间中的一个没有体积和质量的粒子，每个粒子将在求解空间中运动，并由一个速度决定其方向和距离。粒子群算法与其他现代优化方法相比的一个明显特色是需要调整的参数很少、简单易行，收敛速度快，已成为现代优化方法领域研究的热点。图 3-9 是粒子群算法的具体流程。

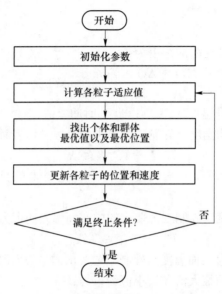

图 3-9 粒子群算法的具体流程图

3.4.3.4 智能优化算法的优缺点

下面从编码标准、参数设置问题、收敛性能、高维问题和应用广泛性方面分析遗传算法、差分进化算法和粒子群算法的各自优缺点。

（1）编码标准：差分进化算法和粒子群算法采用的是浮点实数编码，遗传算法采用的是二进制编码。

（2）参数设置问题：差分进化参数设置对求解的结果影响不大，应用起来比较容易，如果参数设置不合理会造成收敛过快和过早等问题。遗传算法和粒子群算法的参数较多，参数设置的不同会直接影响到最终的计算结果，而且在使用过程中需要不断调整，加大了算法的使用难度。

（3）收敛性能：差分进化算法和粒子群算法要比遗传算法收敛速度快，差分进化算法在收敛过程中容易出现搜索停滞、没有收敛到极值点。

（4）高维问题：遗传算法对高维问题收敛速度很慢甚至很难收敛，而差分进化算法和粒子群算法能很好地解决。

（5）应用广泛性：遗传算法应用领域比较广泛，粒子群算法自发明以来，已成为研究热点问题，应用较多，差分进化算法近几年才引起人们的关注，其算法性能好。

炉温设定优化目标函数求解参数和约束条件较多，需要综合考虑各算法使用编码的标准、参数设置的数量多少、收敛性速度的快慢、对高维问题收敛速度和求解的精确性以及应用的广泛性。由于粒子群算法搜索速度快、效率高，算法简单，适合于实值型处理，而且实际应用也较多，因此对建立的炉温设定优化目标函数采用粒子群算法进行求解。

3.4.4 混装加热在线炉温设定多目标优化

3.4.4.1 稳态工况下混装加热炉温设定多目标优化

稳态工况下混装加热炉温设定多目标优化主要包括：基于不同炉况时、基于钢坯无标准加热升温曲线时、基于出钢节奏发生变化时、基于钢坯温度分布偏离标准加热升温曲线时、基于出炉钢坯的加热质量时和基于炉温过高或过低时这六种不同的工况进行优化。

A　基于不同炉况下的炉温设定多目标优化

由于钢坯温度预报模型受很多不确定因素的影响，加热炉炉况本身也是一个不能忽略的因素，不同的炉况会对钢坯温度预报模型造成偏差，从而影响到炉温的设定和优化。某厂三个加热炉炉况都不相同，其中 1 号加热炉投入生产的时间最早，其次是 2 号加热炉，1 号和 2 号加热炉没有刚投入运行时稳定和准确。3 号加热炉刚投入运行不久，运行稳定性好，控制精度也比较高。通过三个加热炉各自的运行状况采集、记录、总结和计算，分析除鳞机后的返红温度或者粗轧机前的钢坯温度检测信号，得到一个有效的补偿数据，通过对有效补偿数据的自学习，并结合相关专家经验加入专家模糊控制，对该厂的各个加热炉炉温设定多目标优化，以下是针对不同炉况的炉温设定多目标优化专家模糊规则。

a　1 号加热炉

预热段炉温设定多目标优化的专家模糊规则：

（1）当钢坯入炉温度 $T_0<50\ ℃$ 时，该段炉温设定优化为：在数据库获得该钢坯预热段标准设定炉温的基础上+（50~60）℃；

（2）当钢坯入炉温度 $50\ ℃≤T_0<250\ ℃$ 时，该段炉温设定优化的专家模糊规则为：在数据库获得该钢坯预热段标准设定炉温的基础上+（40~50）℃；

（3）当钢坯入炉温度 $250\ ℃≤T_0<450\ ℃$ 时，该段炉温设定优化的专家模糊规则为：在数据库获得该钢坯预热段标准设定炉温的基础上+（30~40）℃；

（4）当钢坯入炉温度 $T_0≥450\ ℃$ 时，该段炉温设定优化的专家模糊规则为：在数据库获得该钢坯预热段标准设定炉温的基础上+（20~30）℃。

加热一段、加热二段和均热段炉温设定多目标优化的专家模糊规则为：在数据库获得该钢坯加热一段标准设定炉温的基础上-（5~10）℃。

b　2 号加热炉

预热段炉温设定多目标优化的专家模糊规则：

（1）当钢坯入炉温度 $T_0<50\ ℃$ 时，该段炉温设定优化的专家模糊规则为：在数据库获得该钢坯预热段标准设定炉温的基础上+（40~50）℃；

（2）当钢坯入炉温度 $50\ ℃≤T_0<250\ ℃$ 时，该段炉温设定优化的专家模糊规则为：在数据库获得该钢坯预热段标准设定炉温的基础上+（30~40）℃；

（3）当钢坯入炉温度 $250\ ℃≤T_0<450\ ℃$ 时，该段炉温设定优化的专家模糊规则为：在数据库获得该钢坯预热段标准设定炉温的基础上+（20~30）℃；

（4）当钢坯入炉温度 $T_0≥450\ ℃$ 时，该段炉温设定优化的专家模糊规则为：在数据库获得该钢坯预热段标准设定炉温的基础上+（10~20）℃。

加热一段炉温设定多目标优化的专家模糊规则为：在数据库获得该钢坯加热一段标准设定炉温的基础上-(5~10)℃；加热二段和均热段标准炉温设定多目标优化的专家模糊规则为：等于从数据库获得该段的标准设定炉温。

c 3号加热炉

由于该加热炉刚投产运行不久，运行效果相对于1号加热炉和2号加热炉都比较稳定，因此各段炉温设定值均等于该段从数据库获得的标准炉温设定值。后续会根据该加热炉的实际运行情况，进行相应的调整。表3-10是1号、2号和3号加热炉各段炉温设定多目标优化的专家模糊规则。

表3-10 基于加热炉炉况各段炉温设定多目标优化专家模糊规则

炉段		1号加热炉/℃	2号加热炉/℃	3号加热炉/℃
预热段钢坯的入炉温度/℃	$T_0 < 50$ ℃	标准炉温+(50~60)	标准炉温+(40~50)	标准炉温
	50 ℃ ≤ T_0 < 250 ℃	标准炉温+(40~50)	标准炉温+(30~40)	标准炉温
	250 ℃ ≤ T_0 < 450 ℃	标准炉温+(30~40)	标准炉温+(20~30)	标准炉温
	$T_0 \geqslant 450$ ℃	标准炉温+(20~30)	标准炉温+(10~20)	标准炉温
加热一段		标准炉温-(5~10)	标准炉温-(5~10)	标准炉温
加热二段		标准炉温	标准炉温	标准炉温
均热段		标准炉温	标准炉温	标准炉温

注：T_0 是钢坯入炉温度。

基于不同炉况的炉温设定多目标优化过程，如图3-10所示。

图3-10 不同炉况的炉温设定多目标优化流程图

B 基于钢坯无标准加热升温曲线的炉温设定多目标优化

钢厂加热炉在实际生产过程中，根据不同的产品需求，加热钢坯的种类也各不相同。

因此，在实际钢坯加热过程中，加热钢坯的种类较多，有时数据库可能没有某钢坯的标准加热升温曲线，这时如何合理确定该钢坯各段炉温设定，确保该钢坯获得较好的加热质量，是一个需要研究的问题。

钢坯加热时，如果从数据库获取不到该钢坯的加热升温曲线，可以根据该钢坯已有的信息，如钢坯的尺寸、入炉温度，结合钢坯入炉前加热炉各段炉温的平均值作为炉温设定的参考信息。通过以下的炉温设定方法，对数据库中没有该钢坯的标准加热升温曲线进行各段炉温设定。

钢坯入炉温度是确定该钢坯标准加热升温曲线的一个重要信息之一，本研究对钢坯不同的入炉温度做如下修正：

(1) 当 $T_0 < 100$ ℃时，$T = 25$ ℃；

(2) 当 100 ℃ $\leqslant T_0 < 300$ ℃时，$T = CA_1$；

(3) 当 300 ℃ $\leqslant T_0 < 500$ ℃时，$T = CA_2$；

(4) 当 500 ℃ $\leqslant T_0 < 700$ ℃时，$T = CA_3$；

(5) 当 700 ℃ $\leqslant T_0 < 900$ ℃时，$T = CA_4$。

式中，T 为钢坯入炉温度修正后的温度，℃；A_1、A_2、A_3、A_4 为钢坯入炉温度的修正系数，$A_1 = 1$、$A_2 = 2$、$A_3 = 3$、$A_4 = 4$；C 为入炉温度修正经验常数值，℃。

预热段的炉温设定为：

$$T_{f_1} = X_1 T + X_2 \tag{3-87}$$

式中，X_1 为预热段炉温设定经验系数；X_2 为预热段炉温设定经验常数；T 为该钢坯修正后的入炉温度，℃。

加热二段的炉温设定为：

$$T_{f_3} = T_3 + X_3 H - X_4 \tag{3-88}$$

式中，T_3 为该钢坯入炉时加热二段炉温平均值，℃；H 为钢坯的厚度，mm；X_3 为加热二段和均热段炉温设定经验系数；X_4 为加热二段和均热段炉温设定经验常数。

均热段的炉温设定为：

$$T_{f_4} = T_4 + X_3 H - X_4 \tag{3-89}$$

式中，T_4 为该钢坯入炉时均热段炉温平均值，℃。

该钢坯加热一段的炉温是根据加热二段炉温值来设定，加热一段具体的炉温设定过程如下：

当加热二段的炉温 $T_{f_3} \leqslant 1230$ ℃时，加热一段的炉温 T_{f_2} 设定为：

$$T_{f_2} = X_5 T_{f_3} + X_6 H - X_7 \tag{3-90}$$

式中，X_5 为当加热二段的炉温 $T_{f_3} \leqslant 1230$ ℃时，加热一段炉温设定经验系数；X_6 为加热一段炉温设定经验系数；X_7 为当加热二段的炉温 $T_{f_3} \leqslant 1230$ ℃时，加热一段炉温设定经验常数。

当加热二段的炉温 $T_{f_3} > 1230$ ℃时，加热一段的炉温 T_{f_2} 为：

$$T_{f_2} = X_8 T_{f_3} + X_6 H + X_9 \tag{3-91}$$

式中，X_8 为当加热二段的炉温 $T_{f_3} > 1230$ ℃时，加热一段炉温设定经验系数；X_9 为当加热二段的炉温 $T_{f_3} > 1230$ ℃时，加热一段炉温设定经验常数。

钢坯在入炉时可以获取钢坯的钢种、规格、入炉温度和出炉目标温度等信息，在这些信息的基础上，如果可以从数据库获取该钢坯的标准加热升温曲线，则直接对各段的炉温进行设定；如果数据库没有该钢坯的标准加热升温曲线，通过炉温设定模型，对各段炉温进行设定。图 3-11 是钢坯加热各段炉温设定流程。

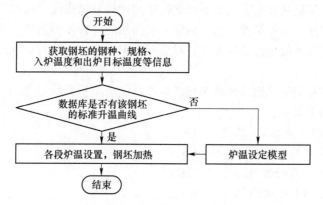

图 3-11　钢坯加热炉温设定流程

C　基于出钢节奏变化的炉温设定多目标优化

图 3-12 是当出钢节奏变化时炉温设定多目标优化流程。出钢节奏对炉温设定的影响较大，如果处理不好，将引起炉温设定的频繁变化，既浪费能源又影响钢坯的加热质量，因此必须在出钢节奏发生变化时进行炉温设定多目标优化。

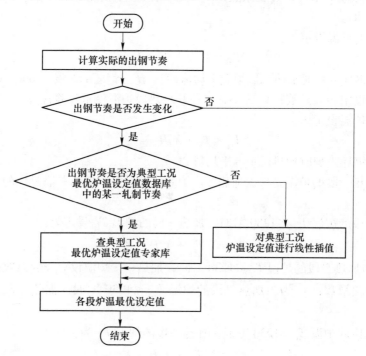

图 3-12　出钢节奏变化时炉温设定多目标优化流程

D　基于钢坯温度分布与标准加热升温曲线偏差时的炉温设定多目标优化

在理想状态下，钢坯的温度分布会沿着标准加热升温曲线进行加热，但实际工况中由于各种因素的影响，导致钢坯的温度分布偏离标准加热升温曲线。因此必须对钢坯加热过程中偏离标准加热升温曲线的工况进行优化，使钢坯回到沿标准加热升温曲线进行加热。通过钢坯温度预报模型计算得到钢坯沿炉长方向各位置的温度分布，进而得到与标准加热升温曲线的偏差值，随后对各段区域偏差进行变换，结合模糊 PID 控制器，对各段炉温设定多目标优化。图 3-13 为基于加热钢坯温度分布偏离标准加热升温曲线时的炉温设定多目标优化流程。

E 基于出炉钢坯加热质量的炉温设定多目标优化

钢坯加热质量的好坏主要从以下三个标准来判断：

（1）钢坯出炉时的表面平均温度与轧制工艺要求的表面平均温差值是否在轧制要求的温差范围内。

（2）钢坯出炉表面平均温度与钢坯中心处平均温度值的温差，即断面温差是否在轧制工艺要求的温差范围内。

（3）除满足以上两个标准外，尽可能地减少能源消耗，降低氧化烧损。

图 3-14 是基于出炉钢坯加热质量的炉温设定多目标优化流程。

图 3-13 炉温设定多目标优化流程

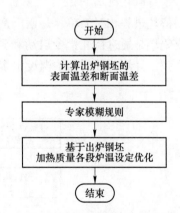

图 3-14 基于钢坯加热质量的炉温
设定多目标优化流程

F 基于炉温过高或过低时的炉温设定多目标优化

当炉温过高或过低时，对炉温设定进行反馈调节，具体的流程如图 3-15 所示。

钢坯在加热时，各段炉温设定都有一个最大值和最小值，各段的炉温设定范围必须在

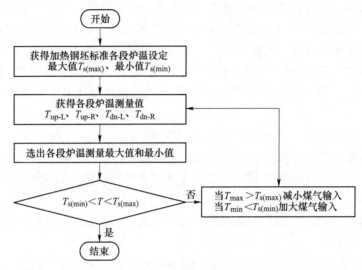

图 3-15 炉温反馈调节流程

这个温度区间内，否则会影响钢坯的加热质量，造成过多的能源消耗。对钢坯各段炉温测量值的最大值与对应段的标准炉温设定的最大值进行比较，如果热电偶测量的最大值超过了最大标准炉温测定值时，则做相应的调整，可以减小煤气的输入量，使其恢复到正常的炉温设定值；如果测量值的最小值比最小标准炉温测定值还要小时，可以加大煤气的输入量，使其恢复到正常的炉温设定值。其中，T_{up-L}、T_{up-R}、T_{dn-L}、T_{dn-R}分别表示各炉段上部和下部炉膛左、右侧热电偶测量的温度值。

3.4.4.2 非稳态工况下炉温设定多目标优化

A 计划待轧时的炉温设定多目标优化

计划待轧过程相对简单，是钢厂常见的一种待轧情况。计划待轧主要是确定待轧开始的第一支钢坯是通过待轧指令启动和到待轧开始的时间间隔 ΔT，结合加热炉当前出钢节奏推算得到。计划待轧时的炉温设定多目标优化流程如图 3-16 所示。

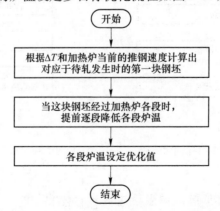

图 3-16 计划待轧时的炉温设定多目标优化流程

B 非计划待轧时的炉温设定多目标优化

非计划待轧时的炉温设定多目标优化流程如图 3-17 所示。非计划待轧主要分为以下几种情况。

（1）待热待轧：钢坯即将出炉时，钢坯温度没有达到目标加热温度。此时与均热段的炉温维持不变，其他各段均处于待轧状态，钢坯保持在均热段直到达到目标加热温度。

（2）自动待轧：炉内存在多块加热好的钢坯，等待待轧时为自动待轧现象。自动待轧时适当降低炉温，炉温值应以能保证不需要升温可立即出钢为前提，直到检测到出钢信号，炉温才开始沿着某条曲线升高到规定值。

（3）请求短期待轧：按自动待轧的方式设定炉温或维持当前炉温不变。

（4）请求中期待轧：以最大速率降低和升高炉温，关键是确定保温水平和再升温的时间点。

（5）请求长期待轧：把炉温降至待轧允许的温度最低值，在待轧结束前某一时间，再把炉温沿某条曲线升高的正常设定值。

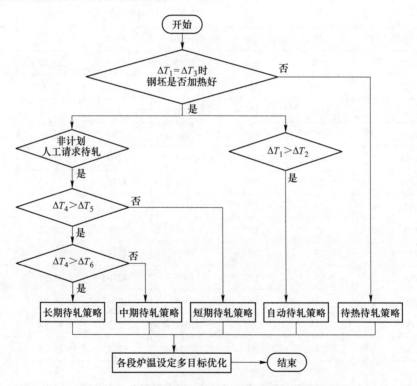

图 3-17 非计划待轧时的炉温设定多目标优化流程

非计划待轧策略具体如下：

（1）当钢坯即将出钢时，钢坯温度还没达到期望值，自动启动待热待轧。

（2）当出钢时间间隔 $\Delta T_1 > \Delta T_2$（通常规定为正常出钢周期 ΔT_3 的 150%）时，启动自动待轧。

（3）当轧机因电气故障等原因造成钢坯待轧时，人工启动请求待轧，并输入大概的非计划待轧时间 ΔT_4。

　　1）当 $\Delta T_4 < \Delta T_5$（例如，1 h）时，启动短期待轧。

　　2）当 $\Delta T_4 > \Delta T_5$（例如，1 h）时，启动中期待轧。

　　3）当 $\Delta T_4 > \Delta T_6$（例如，3 h）时，启动长期待轧。

3.4.5　混装加热炉温设定多目标优化结果分析

　　混装加热工况下加热的钢种、规格、入炉温度存在差异，各炉段同时存在十几支混装钢坯在一起加热。表 3-11 是选取了某钢厂在某一时刻混装加热过程中加热二段的相关数据。加热钢种包括 45 号、Q195、Q345B 和 Q235B，每个钢种各 4 支，共有 16 支钢坯在加热二段加热，入炉温度有冷装坯（25 ℃）和热装坯（400 ℃ 和 600 ℃），钢坯厚度有220 mm、230 mm、250 mm 和 280 mm。其中，钢种等级越高，表示加热过程允许偏离标准升温曲线的值越小。

表 3-11　混装加热过程的相关参数

编号	钢种	钢种等级	入炉温度/℃	厚度/mm	当前标准钢温/℃	加热二段优化炉温/℃	优化前温差/℃	优化后温差/℃
1	45 号	1	25	230	1050	1232	22.60	6.89
2	Q235B	1	400	230	1050	1228	25.25	7.65
3	45 号	2	400	220	1072	1222	28.38	6.32
4	45 号	1	600	250	1070	1241	23.15	5.21
5	Q345B	3	25	220	1092	1253	32.58	8.25
6	Q345B	3	400	220	1088	1240	41.13	9.05
7	Q345B	3	25	250	1105	1254	34.45	8.95
8	Q235B	4	25	250	1110	1220	22.11	3.33
9	Q195	2	25	220	1082	1228	26.72	6.23
10	45 号	1	25	250	1078	1248	42.02	-0.87
11	Q195	2	25	250	1094	1238	34.08	9.21
12	Q195	2	600	250	1088	1232	38.21	7.81
13	Q345B	3	600	250	1098	1245	32.38	8.54
14	Q235B	4	400	250	1100	1212	29.73	2.59
15	Q235B	4	25	280	1112	1232	28.28	0.97
16	Q235B	4	600	250	1108	1225	36.01	5.89

　　通过优化校正后的钢坯温度预报模型求解当前各钢坯的温度，得到各钢坯温度与此时的标准钢温的差值。优化前和优化后的温差也整理在表 3-11 中。

　　为了对优化前和优化后取得的优化效果更直观地了解，图 3-18 为优化前后的温差对比。

　　从表 3-11 和图 3-18 可以看出，通过在线和离线的混装加热炉温设定与多目标优化研究，优化后钢坯在加热过程中温度偏差稳定在±10 ℃以内，取得了较好优化效果。

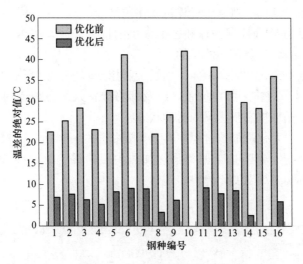

图 3-18　优化前后的温差对比

3.5　长型材加热炉燃烧过程智能化控制系统

加热炉的多级计算机控制系统范围包括：
（1）采用"PC 服务器+高性能控制器"平台。
（2）采用"快速以太网+高速实时网+现场总线"多层网络体系。
（3）高精度数学模型、在线动态优化策略、完善的控制功能。
（4）基于机理、知识、数据驱动的温度、空燃比、煤气流量等专有综合控制技术。
（5）丰富的数据采集、分析和模型调试、维护工具。
（6）基于数据挖掘、信息融合等技术的智能故障自诊断及控制。

3.5.1　基础自动化系统

基础自动化系统包括仪表控制系统和换向控制系统，基础自动化仪表控制系统的监控范围包括：
（1）对加热炉生产过程中各种参量、数据的采集，输入输出信号的变换、处理、显示、记录、累积、运算、报警、回路控制、逻辑控制等功能。
（2）采用 HMI 人机接口屏幕显示的方式，显示各监视、控制所必需的各种操作、监视画面。
（3）操作人员通过 HMI 人机接口上的总貌画面、流程画面、趋势记录、报警、操作等画面的观察分析，使用计算机键盘、鼠标进行操作，报表及报警可通过打印机打印。

3.5.2　过程控制系统

加热炉过程自动化系统主要由跟踪、优化设定控制以及通信三部分组成。
（1）跟踪部分负责从钢坯核对到出炉的整个过程的信息跟踪。
（2）通信部分主要完成加热炉过程机与粗轧过程机、数据中心过程机、基础自动化系统的数据通信和交换，从而支持整个过程自动化控制。

（3）优化设定控制部分根据跟踪和通信提供的信息，计算加热炉各段需要的设定温度，控制炉温，完成自动加热钢坯的目的。

加热炉过程控制系统入炉跟踪画面，也是主监控画面，主要从入炉跟踪画面获得炉内加热钢坯的 ID、钢种、规格、所在位置，以及即将准备入炉各炉道钢坯的数据和具体位置，通过正循环和逆循环控制步进梁的运动状态。

加热炉各段的炉温变化是加热过程中时刻需要关注的一个信息，根据各段曲线可以获得实时的炉温变化情况，判断是否偏离最优加热炉温曲线。图 3-19 是预热段曲线画面，从画面右侧可以获得实时炉温变化趋势。

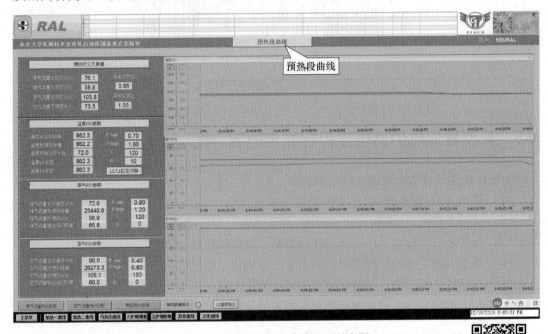

图 3-19 预热段炉温曲线画面示意图

加热炉各炉段曲线画面的主页面模块信息是一样的，以预热段为例，主要包括预热区交叉限幅模块、温度 PID 参数模块、煤气 PID 模块和空气 PID 模块。

（1）预热区交叉限幅模块主要包括煤气流量和空气流量的上、下限百分比，空燃比的设置与实时值。

（2）温度 PID 参数模块主要有炉温设定实际值、炉温反馈实际值、炉温闭环输出百分比和相应的温度 PID 参数。

（3）煤气 PID 模块主要有煤气流量设定百分比、煤气流量实际值、煤气流量反馈百分比、煤气流量输出阀门开度和相应的煤气 PID 参数。

（4）空气 PID 模块主要包括空气流量设定值百分比、空气流量反馈实际值、空气流量反馈百分比、空气流量输出阀门开度和相应的空气 PID 参数。

加热过程中根据炉温设定值和炉温反馈实际值的差值，若差值在要求的范围内，结合煤气和空气流量的上、下限百分比，对煤气和空气输入量，即输出阀门的开度进行调节，进而使其恢复到正常要求的空燃比和炉温设定值。对于在加热过程中稳态和非稳态不同工况下的炉温设定多目标优化，也是通过各段曲线画面进行相应的调节，从而达到最优的炉温。

在加热过程中可以通过炉内温度的趋势画面，对各炉段各钢坯炉温的升温过程直观了解，如图3-20所示。

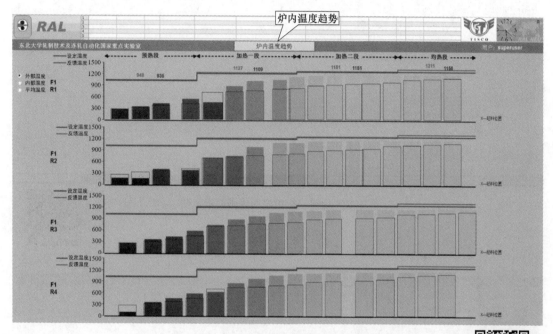

图3-20　炉内各段温度趋势画面示意图

炉内温度趋势画面主要包括钢坯的外部温度、内部温度和平均温度，红色线代表设定的标准加热炉温，蓝色线代表实际测量的炉温。操作员通过各段红色和蓝色温度线的吻合程度，可以直观地快速判断出各炉段炉温偏离标准设定值的情况。

彩图资源

3.5.3　应用效果

3.5.3.1　各炉段温度稳定性测试

图3-21~图3-23分别是加热一段、加热二段和均热段曲线画面。

实际应用效果：从加热炉各段曲线画面看，通过一个月时间的记录，加热炉各段温度误差稳定在±9.2℃以内。

3.5.3.2　工艺开轧温度稳定性测试

选取Q195、Q235、45号和Q345，对其钢坯开轧温度的稳定性进行测试，以下是这几个系列钢种的具体分析过程。

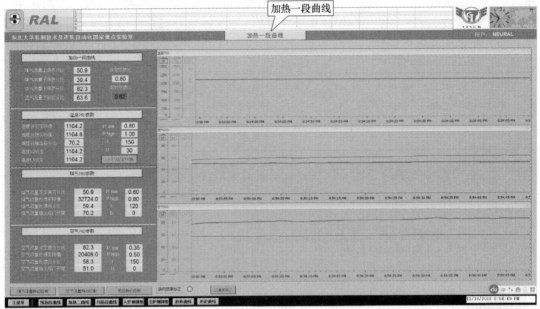

图 3-21 加热一段炉温曲线画面示意图

彩图资源

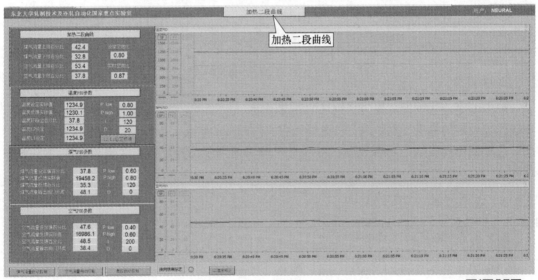

图 3-22 加热二段炉温曲线画面示意图

彩图资源

A Q195 钢种

图 3-24 是 Q195 钢种开轧温度稳定性正态分析曲线，抽样数据量为 107 支，从图中可以看出，开轧温度均符合正态分布的特点，产品的开轧温度分布比较集中，开轧温度的稳定性较好。

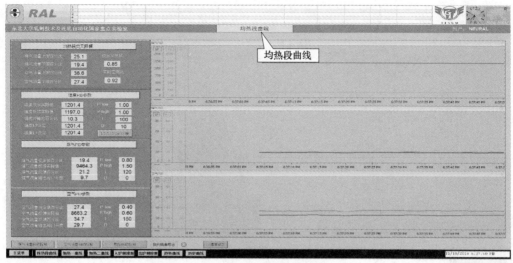

图 3-23 均热段炉温曲线画面示意图

彩图资源·

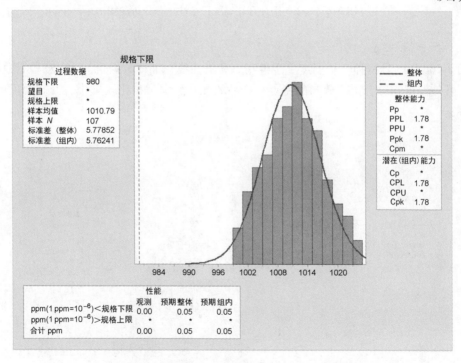

图 3-24 Q195 钢种开轧温度稳定性正态分析曲线

B Q235 钢种

图 3-25 是 Q235 钢种开轧温度稳定性正态分析曲线，抽样数据量为 176 支，从图中可以看出，开轧温度均符合正态分布的特点，产品的开轧温度分布比较集中，开轧温度的稳定性较好。

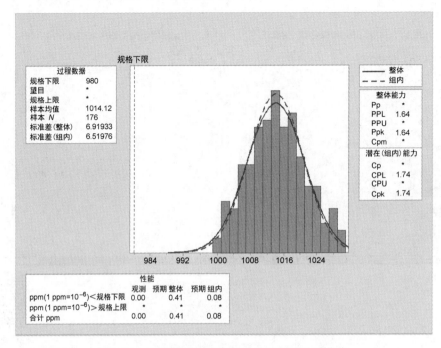

图 3-25 Q235 钢种开轧温度稳定性正态分析曲线

C 45 号钢种

图 3-26 是 45 号钢种开轧温度稳定性正态分析曲线，抽样数据量为 25 支，从图中可以看出，开轧温度均符合正态分布的特点，产品的开轧温度分布比较集中，开轧温度的稳定性较好。

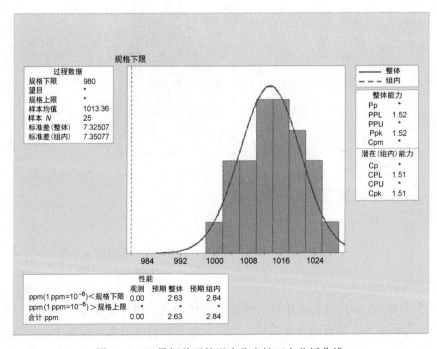

图 3-26 45 号钢种开轧温度稳定性正态分析曲线

D Q345 钢种

图 3-27 是 Q345 钢种开轧温度稳定性正态分析曲线，抽样数据量为 54 支，从图中可以看出，开轧温度均符合正态分布的特点，产品的开轧温度分布比较集中，开轧温度的稳定性较好。

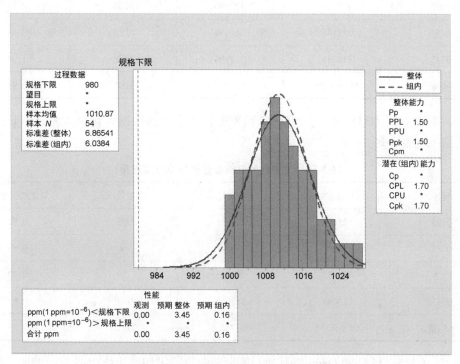

图 3-27 Q345 钢种开轧温度稳定性正态分析曲线

表 3-12 是 Q195、Q235、45 号和 Q345 钢种开轧温度合格率的统计汇总。

表 3-12 钢种开轧温度合格率

钢种	开轧温度/℃	合格率/%
Q195	970~1150	98.30
Q235	970~1150	98.50
45 号	970~1150	98.70
Q345	970~1150	97.60

通过对 Q195、Q235、45 号和 Q345 钢种开轧温度的稳定性进行统计分析发现，开轧温度均符合正态分布的特点，产品的开轧温度分布比较集中，开轧温度的稳定性较好，温度合格率平均值达到了 98.28%。

3.5.3.3 氧化烧损测试

（1）对 Q195、Q235、45 号和 Q345 钢种进行改造前的轧钢氧化烧损测试，具体测试报告的结果见表 3-13。

表 3-13 改造前的轧钢氧化烧损率测试结果

钢种	入炉质量/kg	出炉质量/kg	烧损量/kg	氧化烧损率/%
Q195	120665	119625	1040	0.86
Q235	125110	123890	1220	0.98
45 号	111585	110650	935	0.84
Q345	114085	112900	1185	1.04
平均值	117861.25	116766.25	1095	0.93

（2）对 Q195、Q235、45 号和 Q345 钢种进行改造后的轧钢氧化烧损测试，具体测试报告的结果见表 3-14。

表 3-14 改造后的轧钢氧化烧损率测试结果

钢种	入炉质量/kg	出炉质量/kg	烧损量/kg	氧化烧损率/%
Q195	125420	124515	905	0.72
Q235	67195	66635	560	0.83
45 号	103455	102705	750	0.72
Q345	114085	113075	1010	0.89
平均值	102538.75	101732.5	806.25	0.79

Q195、Q235、45 号和 Q345 钢种通过测试，改造前平均氧化烧损率为 0.93%，改造后平均氧化烧损率为 0.79%，改造后平均氧化烧损率降低为 15.05%，取得了较好的改造效果。为了更直观地看出改造前后的氧化烧损率，图 3-28 示出改造前后的氧化烧损率对比结果。

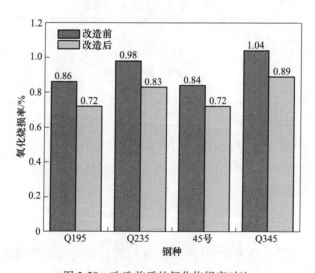

图 3-28 改造前后的氧化烧损率对比

参 考 文 献

［1］Zanoli S M, Pepe C, Barboni L, et al. Advanced process control for energy efficiency increase in a walking beam reheating furnace ［C］//IEEE International Symposium on Industrial Electronics. IEEE, 2017, 21（6）: 78-83.

［2］Shibata T, Inayama A, Maki Y, et al. Latest technologies on process control and automation for blast furnace ［J］. IFAC Proceedings Volumes, 2001, 34（18）: 321-326.

［3］杨爱春. 基于 DCS 控制技术的加热炉控制系统研究与实践 ［D］. 山东: 山东大学, 2008: 16-18.

［4］Wang X K, Zai S X, Sun Z L, et al. Design and research of heating furnace fuzzy control system based on PIC16F877 MCU ［C］//International Conference on Advanced Computer Theory & Engineering. IEEE, 2010, 45（25）: 92-96.

［5］Singh V K, Talukdar P. Comparisons of different heat transfer models of a walking beam type reheat furnace ［J］. International Communications in Heat & Mass Transfer, 2013, 47（5）: 20-26.

［6］Tang G, Wu B, Bai D, et al. CFD modeling and validation of a dynamic slab heating process in an industrial walking beam reheating furnace ［J］. Applied Thermal Engineering, 2018, 132（16）: 251-260.

［7］Kim M Y. A heat transfer model for the analysis of transient heating of the slab in a direct-fired walking beam type reheating furnace ［J］. International Journal of Heat & Mass Transfer, 2007, 50（19）: 340-348.

［8］Gu M Y, Chen G, Liu X, et al. Numerical simulation of slab heating process in a regenerative walking beam reheating furnace ［J］. International Journal of Heat and Mass Transfer, 2014, 76（9）: 405-410.

［9］张丽慧, 王广军, 罗兆明. 利用二维导热反问题预测钢坯温度分布 ［J］. 工程热物理学报, 2013, 34（11）: 136-139.

［10］Jang J Y. 3-D Transient heat transfer analysis of slab heating characteristics in a reheating furnace in hot strip mills ［C］//Advanced Material Science & Engineering International Conference, 2015, 46（23）: 102-106.

［11］董晓旭. 步进式加热炉过程控制模型研究 ［D］. 北京: 北京科技大学, 2017: 25-28.

［12］Luo X, Zhi Y. A new approach for estimation of total heat exchange factor in reheating furnace by solving an inverse heat conduction problem ［J］. International Journal of Heat & Mass Transfer, 2017, 112（12）: 1062-1071.

［13］安月明, 温治, 冯霄红. 步进梁式连续加热炉总括热吸收率分布规律的实验研究 ［J］. 工业加热, 2006, 35（5）: 24-26.

［14］屠乃威, 罗小川, 柴天佑. 基于蚁群优化算法的步进式加热炉调度 ［J］. 东北大学学报（自然科学版）, 2011, 32（1）: 21-29.

［15］Emadi A, Saboonchi A, Taheri M, et al. Heating characteristics of billet in a walking hearth type reheating furnace ［J］. Applied Thermal Engineering, 2014, 63（3）: 396-405.

［16］Jing H C, Liu X Q, University H U. Research on optimization of reheating furnace temperature setting ［J］. Metallurgical Industry Automation, 2015, 23（19）: 66-70.

［17］Wanli C, Ning K, Daohong W. Dynamic furnace temperature setting research on combustion system of rolling mill reheating furnace ［J］. Energy Procedia, 2015, 66（15）: 217-220.

［18］Wang J G, Shen T, Zhao J H. Online measurement and control system development of combustion state for rolling reheating furnace ［C］. Control Conference. IEEE, 2016, 25（7）: 66-72.

［19］赵军. 基于加热炉传热模型的钢坯氧化烧损研究 ［D］. 长沙: 中南大学, 2009: 35-38.

［20］Wang S, Wang W L, Luo S, et al. Heat transfer and central segregation of continuously cast high carbon steel billet ［J］. Journal of Iron & Steel Research International, 2014, 21 (6): 565-574.

［21］Kim M Y. A heat transfer model for the analysis of transient heating of the slab in a direct-fired walking beam type reheating furnace ［J］. International Journal of Heat & Mass Transfer, 2007, 50 (19): 3740-3748.

4 数据驱动的长型材轧制规程智能设定

4.1 长型材轧制过程控制系统功能概述

在满足型钢轧机设备能力制约条件下，根据初始坯料的钢种、尺寸、温度，给出型钢轧机的辊缝设定值、速度设定值、轧制力设定值，以生产出满足目标尺寸精度和工艺性能的型钢。同时，过程自动化系统为基础自动化系统的控制提供最佳设定和控制参数，需要完成模型计算、规程设定、过程监控、数据采集和物料跟踪等功能。

过程控制系统承担长型材轧制过程整个生产线的过程控制和优化控制的任务，其需要实现的功能包括：

（1）系统维护功能。该功能对过程控制系统的整体进行管理和维护，包括系统各功能模块的启动、停止，变量监控，以及系统运行信息和故障报警信息的管理等。

（2）数据通信、处理和数据管理功能。轧制过程控制系统处于钢铁生产流程的中间位置，快速的物理变形及其在物理加工过程中的热转换过程要求其与计算机控制系统的其他组成部分之间必须保证实时高速的数据通信。对于由通信传递来的实时数据，必须根据使用目的的不同分别进行处理。另外，对于内部数据及数据库数据，也必须进行有效的管理，以保证过程控制系统各功能的实现。

（3）时间同步功能。过程控制系统各个服务器、客户端之间交互频繁，为了能快速找出故障时间点并分析故障原因，各计算机的时间统一尤为重要。

（4）轧件跟踪功能。该功能是过程控制系统的中枢，包括对轧件位置的跟踪和对轧件数据的跟踪。通过轧件跟踪可以在生产过程中为操作人员显示正确的信息，包括轧件位置、状态和相关的工艺参数，同时还为设定计算和全自动轧钢的逻辑控制等准备相应的数据。另外，可以依据轧件跟踪信息触发相应的程序，对过程控制系统的功能模块进行调度。因此，准确的轧件跟踪是控制轧制节奏和整个过程控制系统各项功能投入的前提。

（5）设定计算功能。该功能是过程控制系统的核心，以轧制过程的数学模型为基础，通过轧制规程计算、力能控制参数计算、秒流量控制参数计算以及全自动轧钢控制参数计算来保证轧机实现高精度长型材的尺寸控制以及温度控制，并通过模型自学习提高数学模型的精度。因此，实现设定的计算功能也是过程控制系统投入的根本目的。

（6）全自动轧钢的逻辑控制功能。全自动轧钢的逻辑控制必须由过程控制系统和基础自动化系统协调完成，由过程控制系统根据轧件跟踪的结果，进行全自动轧钢的逻辑判断，产生水平方向辊道控制和垂直方向的道次数控制（机架数）的全自动控制信息，并由基础自动化系统具体执行。

4.2 过程控制系统架构

4.2.1 数据通信

过程控制系统架构采用了通信与模型相分离的两层进程结构，如图 4-1 所示，系统软件设计规划如下：

（1）系统由通信进程和模型进程组成。

（2）进程之间通过事件传递消息，通过共享内存传递数据。

（3）通信进程负责与 PLC 和人机界面通信，通过可随时修改的标签实现对通信变量的管理，并可以对接收数据进行实时记录和查看。

（4）通信进程可以按照设定的通信变量自动产生与模型进程联系的数据结构，建立与模型进程之间的标准通信接口，并实现对触发事件的封装。

（5）模型进程中的跟踪调度模块负责对通信进程传递的事件进行解释处理，协调数据管理模块和过程计算模块的运行，调度进程中的事件，如图 4-2 所示。

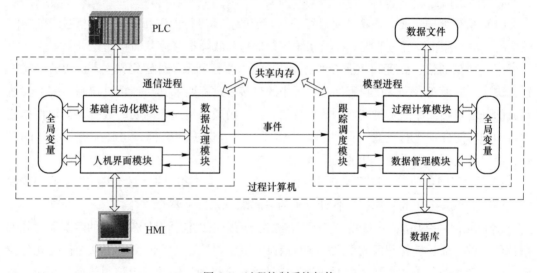

图 4-1 过程控制系统架构

过程控制系统核心控制进程采用多线程结构设计，多线程环境中的各个模块线程具有独立性，可以实现任务的并发处理，并容易共享进程内资源，简化了数据的规范管理。该系统由通信模块、跟踪调度模块、数据管理模块、过程模型计算等模块组成。跟踪调度模块为主调线程，其他模块与跟踪调度模块进行事件通信，模块线程间采用全局变量实现数据共享和传递；采用自定义消息进行事件触发，实现模块间通信；使用信号量保证模块间的任务同步。系统软件结构如图 4-3 所示。

4.2.2 RAS 架构设计

参考当前过程控制系统的最新趋势，并考虑 PC（Personal Computer）服务器的性能能够保证系统的要求，采用通用 PC 服务器作为载体，设计 RAS 轧机过程控制系统应用平台

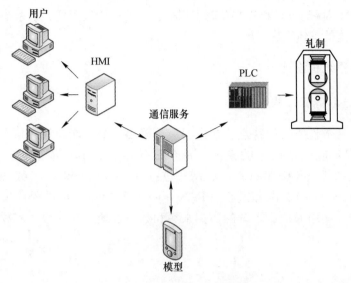

图 4-2 过程机通信层次关系

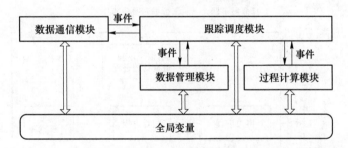

图 4-3 过程控制系统核心功能系统结构

在体系结构上分为 4 层，如图 4-4 所示。最下层为系统支持层，操作系统使用 Windows Server 2018；第二层为软件支持层，数据中心使用 Oracle 12c，存储过程数据和实时数据；

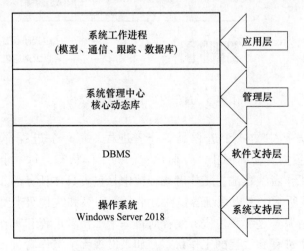

图 4-4 过程控制系统分层结构

系统存储系统配置文件，包括服务器 IP、端口号等初始配置；第三层为系统管理层，由系统管理中心（RAS Manager）和核心动态库组成；最上层为应用层，是系统具体工作进程，负责系统各个功能的具体实现。

4.2.3 RAS 进程线程设计

4.2.3.1 进程线程结构

考虑平台多任务性并行的特点，在进程级上采用一个功能模块对应一个进程，线程级上采用以线程对应一个任务的模式。每个服务器有 5 个基本进程：系统主服务进程——系统管理中心（RAS Manager）、网关进程（RAS GateWay）、数据采集和数据管理进程（RAS DBService）、跟踪进程（RAS Track）和模型计算进程（RAS Modal），分别负责系统维护、网络通信、系统的数据采集和数据管理、轧件跟踪和模型计算，如图 4-5 所示。

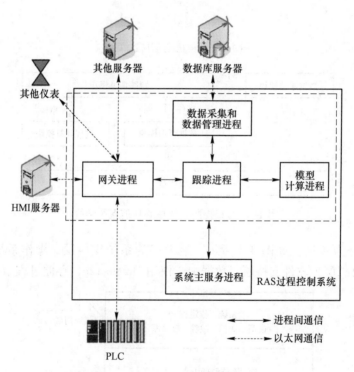

图 4-5　过程控制平台进程级结构

图 4-5 中虚线方框中的 4 个进程是工作者进程，每一个进程都是由系统主服务进程（RASManager）负责启动和停止，并监视它们的工作状态；每一个工作者进程又有自己的主服务线程和工作者线程池。工作者线程池中是负责具体任务的工作者线程，系统进程线程关系如图 4-6 所示。考虑系统容错性，平台进程级和线程级上都设计有自己的心跳信号检测机制，即主服务进程和主服务线程对每一个工作者进程和工作者线程都有心跳检测用于系统监控各个进程和线程的工作状态，如果发现哪个工作者进程或线程心跳信号不正常，就会迅速报警并重启。

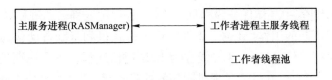

图 4-6 进程线程的关系

以长型材连轧过程精轧服务器为例，RAS DB Service 进程中具体任务线程见表 4-1，进程主线程名和进程名一致，另有 17 个工作线程分别完成不同的工作。1 号、8 号、9 号、10 号和 11 号线程为预留线程供日后扩展备用，2 号线程为 HMI 存储线程 HMI DataW，主要用来存储和 HMI 交互的一些重要数据和时间点，例如操作工操作 HMI 的操作记录，可以作为轧线事故错误分析的重要依据；3 号线程为 PDI 存储线程 PDI DataW，主要存储轧件原始数据和参数；4 号线程为 PLC 存储线程 PLC DataW，主要负责存储轧制过程中 PLC 传过来的实时数据；5 号线程为模型计算结果存储线程 Model DataW，负责存储模型设定计算和自学习计算出来的计算结果；7 号线程为系统环境读取线程 EnvironmentR，负责在系统启动时读取客户机 IP、端口号和一些环境参数；12 号线程为精轧机过程数据存储线程 FM DataW，负责写入精轧机组在轧钢时的各机架设定和实测轧制力、轧辊速度、活套角度、电机电流等；13 号线程为冷却过程数据存取线程 CoolDataW，负责把各个冷却集管的健康状态、设定和实测流量、压力等写入数据库；14~17 号线程是曲线绘制线程，负责把精轧机力能参数、精轧入口温度、精轧出口温度、精轧机架速度记录下来，供报表查询时曲线绘制。

表 4-1 数据库服务进程中各工作者线程

进程名	线程序号	工作者线程名	备注
	1	EnvironmentW	系统环境存储线程（预留）
	2	HMI DataW	HMI 存储线程
	3	PDI DataW	PDI 存储线程
	4	PLC DataW	PLC 存储线程
	5	Model DataW	模型计算结果存储线程
	6	Logger2DB	日志报警存储线程
	7	EnvironmentR	系统环境读取线程
	8	HMI DataR	HMI 读取线程（预留）
RAS DB Service	9	PDI DataR	PDI 读取线程（预留）
	10	PLC DataR	PLC 读取线程（预留）
	11	Model DataR	模型计算结果读取线程
	12	FM DataW	精轧数据写入线程
	13	Cool DataW	冷却模型计算数据写入线程
	14	Chart Load FM Exit	精轧机力能参数记录线程
	15	Chart Tem FM Entry	精轧机入口温度记录线程
	16	Chart Tem FM Exit	精轧机出口温度记录线程
	17	Chart Spd FM Exit	精轧机速度记录线程

RAS Gate Way 进程中具体任务线程见表 4-2，进程主线程名和进程名一致，另有 11 个工作线程分别完成不同的工作。1 号、2 号线程为过程机和基础自动化通信线程，负责周期和基础自动化进行通信；3 号、4 号线程为 HMI 通信线程，也是周期进行通信，负责和 HMI 进行数据交互；5 号、6 号为过程机间信号检查通信；7 号、8 号线程为过程机间数据通信；9 号线程为模拟出钢线程，负责操作人员测试系统使用；10 号线程为检测仪表数据发送线程，负责给检测仪表发送轧件轧制信息；11 号为温度接收线程。

表 4-2　网关服务进程中各工作者线程

进程名	线程序号	线程名	备注
RAS Gate Way	1	Data Service	数据交换线程
	2	PLC Process	PLC 通信线程
	3	Read HMI	HMI 通信线程
	4	HMI Process	HMI 通信线程
	5	mSender	消息信号发送线程
	6	mReceiver	消息信号监听线程
	7	dSender	数据发送线程
	8	dReceiver	数据接收线程
	9	PDI Package Test	PDI 模拟数据包发送线程
	10	Gauge Send	检测仪表发送线程
	11	Tmp Recv	温度接收线程

RAS Model 进程中具体任务线程见表 4-3，进程主线程名和进程名一致，另有模型设定线程和模型自学习线程。长型材在轧线上将有 3 次设定计算和 2 次自学习计算。

表 4-3　模型服务进程中各工作者线程

进程名	线程序号	线程名	备注
RAS Model	1	Model Setup	模型计算线程
	2	Self Learn	模型自学习线程

RAS Track 进程中具体任务线程见表 4-4，进程主线程名和进程名一致，1 号、2 号线程分别负责跟踪 PLC 和 HMI 信号，并进行相应的功能调度和数据采集，这两个线程是整个系统的总指挥；3 号、4 号线程为预留线程，方便后续功能扩展。

表 4-4　跟踪服务进程中各工作者线程

进程名	线程序号	线程名	备注
RAS Track	1	PLC Tracker	PLC 跟踪线程
	2	HMI Tracker	HMI 跟踪线程
	3	PDI Tracker	轧件跟踪线程（预留）
	4	Controler	过程控制线程（预留）

其他服务器（长型材加热炉或者冷却）系统架构和精轧机相同，只是各自的模型进程

计算的内容和数据库服务进程的几个工作线程储存的数据不同。

4.2.3.2 进程线程通信

为保证过程控制平台进程间通信效率，采用进程间共享数据最快的方法——共享内存来实现各个进程间的数据通信，并使用临界区和事件对多个线程访问共享内存进行线程同步。

（1）临界区。临界区是通过对多个线程的串行化来访问公共资源的一段代码，与其他同步对象相比，临界区相对较快，比较适合控制数据的访问。平台不同进程的线程对共享区的访问采用临界区的方式进行同步。比如，RAS Gate Way 进程和 RAS Track 进程的线程都需要对通信共享区 IOCOM 进行数据读写，这就需要使用临界区来做线程同步。

（2）事件同步。事件是用来通知线程有一些事件已经发生，比较适合于信号控制，这种同步方式被广泛地运用到本平台中。平台在启动之初，就为所有工作者线程创建对应的事件信号，除跟踪模块外的其他线程启动后都是处于等待状态"待命"，一旦收到特定的事件信号，线程即刻被激活，进入运行态，任务完成后线程阻塞进入等待状态"待命"，完成一个计算周期，如图4-7所示。

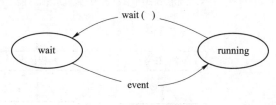

图 4-7　线程状态转换

4.2.3.3　RAS 组件模块设计

考虑平台对于长型材轧制过程的通用性，设计使用组件模式，可以根据实际现场需要进行适当的组件搭配，以完成不同现场轧制的需要，各组件模块的功能见表4-5，其中数据库接口模块和模型计算模块具有可选性，依据不同轧线可以选择不同数据库模式和轧制模型。

表 4-5　各个功能组件模块的可选性

组件模块	可选性	组件模块	可选性
管理中心模块	必选	内存管理模块	必选
进程、线程管理模块	必选	网络通信模块	必选
日志、报警模块	必选	轧件跟踪模块	必选
数据库接口模块	可选	模型计算模块	可选

进程、线程管理模块是各个模块的最底层支撑，负责进程管理和线程调度。使用操作系统内核事件控制线程的启停，整个系统中每一个线程都有一个控制启动的事件信号和控制结束的停止信号，结合在跟踪进程中的各种仪表信号就可以直接进行任务调度，使任务调度极为方便快捷，调试人员只需专注于自己负责的具体工作，不用分担过多精力在系统

调度逻辑中。工作者线程工作流程如图 4-8 所示，在主线程启动各个工作者线程后，每一个工作者线程都处于"待命"状态，直到有工作信号召唤触发它执行具体任务，任务执行完毕后给主线程返回信息，通知主线程，再一次进入"待命"状态；如果工作者线程得到的不是任务信号而是线程退出信号，工作者线程将会释放内存空间，安全退出，随后进程也会安全结束，系统关闭。

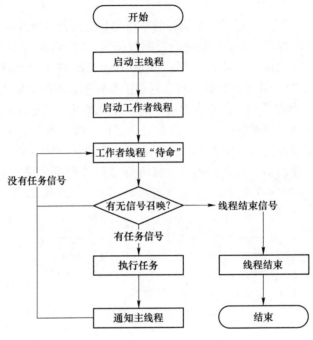

图 4-8 工作者线程工作流程

4.3 系统功能实现

4.3.1 网络通信

（1）与基础自动化的通信。与基础自动化的通信使用 TCP/IP 协议，包括接收和发送两部分。接收数据线程每隔 100 ms 触发一次，接收到的数据包括轧线上的检测仪表实测数据和各种控制信号，对于模型计算需要的一些数据直接交给跟踪进程中的数据处理模块，而需要存储的过程数据交给数据采集模块进行存储。发送数据线程是由跟踪进程依据具体情况触发控制，发送的数据主要是模型设定数据，用于基础自动化控制设备执行具体工作。

（2）与人机界面系统（HMI）的通信。与人机界面系统的通信接口采用双层结构，内层基于 OPC 协议，使用多线程技术在人机界面端建立 OPC 服务器并进行数据读写；外层基于 TCP/IP 协议建立 SOCKET 通信，接口结构如图 4-9 所示。

在接收到人机界面的信号后，过程机就会触发对应线程执行任务，主要包括数据输入确认、轧件吊销确认、修正轧件位置确认（前移或后移）、班组更换确认、轧辊数据输入

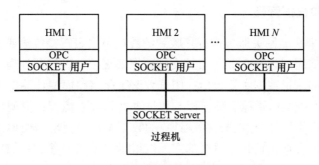

图 4-9 HMI 通信接口结构

确认等。过程机发送到人机界面的数据主要是一些模型设定数据，当过程机设定数据发生改变时，跟踪进程的调度模块就会触发人机界面数据发送线程，以保证新的设定数据能够及时地显示在界面上。

（3）过程机间的通信。整个过程控制系统采用分布式的布置模式，即依据每个服务器各自负责的主要计算任务分别设置各自的独立服务器。过程机间采用 TCP/IP 协议进行通信。依据轧制工艺的逻辑顺序，各服务器的跟踪进程会触发服务器间通信发送线程给下一级服务器发送来料原始信息和成品信息，供不同服务器的跟踪进程进行数据的跟踪。

此外，过程机间还会采用 UDP 方式向网络广播一个周期为 500 ms 的心跳数据包用来通知其他服务器在线状态。以精轧服务器为例，如图 4-10 所示，各个服务器以广播的方式把自己的心跳包发送到网络中，同时还会不断地从网络中收取其他服务器的在线状态，各个服务器不需要互相建立连接，在网络上各取所需，大大减小了系统负载。

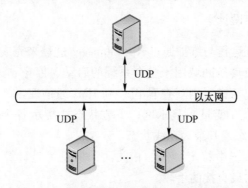

图 4-10 UDP 方式下服务器间的拓扑结构

（4）与其他外设的通信。过程机与其他设备通信遵循 TCP/IP 协议，当长型材进入控轧区后，过程机服务器需要把轧件信息，包括材料名称、元素含量、目标尺寸等，发送给检测仪表供其查询规程标定，检测仪表再返回回执数据包给过程机服务器。此外，过程机与仪表间还会互相发送一个周期为 500 ms 的心跳数据包用来监视对方的在线状态。

与检测仪表类似，过程机的网络通信模块还可以依据现场实际需要随时添加其他仪表的通信线程，可以方便地对外设进行直接监控。

4.3.2 数据采集和数据管理

（1）实时数据采集。网关服务进程接收到的数据由仪表直接传输或者由基础自动化处理后传输，数据通信周期为 100 ms，直接交给数据采集模块进行预处理。数据采集完成之后，来自现场仪表的测量数据主要包括：用于数据库存储和模型计算使用数据。数据库存储数据包括现场所有的实时数据，便于以后数据查询和故障检查；模型计算数据主要包括设定计算数据以及自学习计算数据，模型计算的数据主要包括启动模型计算逻辑的入口仪表的读数，自学习的数据包括长型材头部穿过机组时的各仪表参数，如轧制力、辊缝、电机电流、电机转速以及机后测温仪等仪表的示数。

（2）数据库操作。平台使用 OCL（Oracle Class Library）技术进行数据库读写。OCL 技术以它在大批量数据操作上的优势，保证了数据存储的实时性和可靠性。

以精轧机为例，粗轧服务器接收到加热炉出炉数据（来料原始信息）后，会依据钢坯 ID 号从计划数据库中查找计划和 PDI 信息，查得的数据交给跟踪进程以供后续模型计算使用。

系统不同服务器的写数据库内容依据各自职能而不同。一般的，粗轧服务器接收到加热炉出炉数据（来料原始信息）后，结合查询数据得到的 PDI 信息和粗轧模型计算的结果数据全部写入数据库中；精轧机服务器负责写入轧件精轧机轧制过程中的所有数据，包括轧制时间、轧制长度等。

4.3.3 轧件跟踪

轧件跟踪模块依据轧线上的检测仪表信号可以清楚地明确轧件在轧线上所处的逻辑位置，再依据不同位置触发点使用内核事件来触发相应的任务线程，是系统的总调度。

4.3.4 系统运行与维护设计

过程控制系统的系统运行与维护通过 RAS Manager 进程来完成，运行画面如图 4-11 所示。界面上方菜单栏和工具条区域用于整个系统的启动、停止、进程查看、重启等操作；右侧是一些功能按钮，包括实时刷新查看 PLC 和 HMI 通信变量、模拟来料信号测试等实用功能；中间区域为日志（变量）显示区；下方状态栏指示各个服务器在线状态，其中【粗轧】服务器为离线状态，其余为在线状态。

系统日志文件记录系统中特定事件的相关活动信息，是计算机活动最重要的信息来源，也是轧线故障分析的最直接的手段。

日志存储格式和内容见表 4-6，每一条日志信息包括 5 部分内容：Category 标识了该条日志的基本属性，分为普通日志（Log）和报警信息（Alarm）两种；Index 标识该条日志的子分类，取值为报警线程所属进程的标志及线程序号；Level 标识日志的级别，普通日志信息标识为"L"，报警级别分为 A~D 四个级别，A 为最高级别；Date Time 标识日志信息的时间，精确到毫秒级；Message 为日志详细内容。系统日志文件按天存储，每天一个日志文件。针对本系统并发任务繁多的特点，详尽的日志信息是前期调试和后期维护的有力保障。

图 4-11 RAS Manager 运行主界面

表 4-6 日志存储格式及说明

字段名称	类型	长度	注释
Catagory	char	5	普通日志时为 "Log"，否则为 "Alarm"
Index	char	5	子分类，标识进程名和线程序号（GW，M，TR，DB）
Level	char	2	普通日志为 L，报警级别分为 A~D 四个级别，A 为最高级别
Date Time	char	24	日志时间
Message	char	100	日志详细内容

4.3.5 时间同步

考虑过程控制系统的对时精度要求只需达到毫秒级，系统采用软件方式进行对时，即客户机用对时软件与网络中的时间服务器通信请求对时，本地软件完成算法处理，得到修正时间写入到本地操作系统时间。

针对长型材轧制分布式网络布置结构，将 HMI 服务器作为时间同步服务器，负责广播发送时间戳，网络上的其他计算机作为时间客户端，监听收取时间戳广播，广播模式时间同步网络结构如图 4-12 所示。

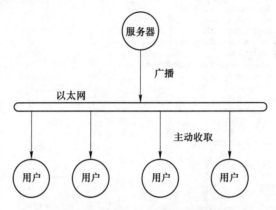

图 4-12　广播模式时间同步网络结构

时间客户端收取服务器发送的广播时间戳后，要依据图 4-13 算法设置时间。图中 T_{s1}，T_{s2}，$\cdots$，T_{sn} 为时间服务器发送时间戳的时刻，T_{c1}，T_{c2}，$\cdots$，T_{cn} 为时间客户端接收时间戳的时刻，δ_1，δ_2，$\cdots$，δ_n 为单程传送延时，θ 为时间服务器和客户端之间的时间偏差。服务器按周期向网络中广播时间同步数据包，客户端主动收取，在累积收取 n 次之后得到方程组，周期和次数 n 可以依据不同情况设定不同数值。

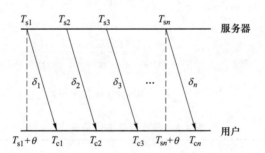

图 4-13　广播方式时间同步算法

$$\begin{cases} T_{c1} = T_{s1} + \theta + \delta_1 \\ T_{c2} = T_{s2} + \theta + \delta_2 \\ \quad\vdots \\ T_{cn} = T_{sn} + \theta + \delta_n \end{cases} \tag{4-1}$$

且假设所有传送延时都相等：

$$\delta_1 = \delta_2 = \cdots = \delta_n = \delta \tag{4-2}$$

依据上述公式可以计算出时间总偏差：

$$\theta + \delta = \frac{\sum_{i=1}^{n} (T_{ci} - T_{si})}{n} \tag{4-3}$$

进而在第 $n+1$ 次时间同步数据包收到后，时间客户端依据上述公式设置本地时间，周期循环此过程，逼近服务器时间。

$$T_{set} = T_{s(n+1)} + \theta + \delta$$

4.4 长型材轧制过程设定控制功能

长型材过程控制系统的稳定性是实现其他功能的前提，它的长期稳定运行直接影响生产的稳定。这就要求过程控制系统具有以下特点：

（1）良好的兼容性。由于过程控制系统常常需要和不同厂家的 PLC、测温仪等设备进行通信，所以需要尽量采用主流常用且成熟的软件和技术，包括服务器的操作系统、编程软件、数据库和各种接口协议等，这样既能保证系统的通用性，也便于系统的开发和维护。

（2）强大的健壮性。健壮性包括容错能力和快速恢复能力。容错能力是指在异常情况下，如操作工在人机界面输入数据错误或者操作错误，系统计算数据错误时，系统能够自动进行有效性检查，做出保护动作确保输入、输出数据准确有效，从而保证系统正常运行的能力；快速恢复能力是指系统发生异常后，如网络中断、生产废钢、突然断电等，系统能够快速恢复到错误发生之前的状态，从而保证后续工作不受影响的能力。

（3）各功能模块低耦合性。耦合性也叫模块间联系，是指系统中各功能模块间相互联系紧密程度的一种度量。模块之间联系越紧密，其耦合性就越强，模块的独立性则越差。过程控制系统必须是一种低耦合性系统，模块与模块之间的接口尽量少而简单，这就能够使各个功能模块独立地完成特定的子功能，有利于系统的容错和恢复。表 4-7 是精轧过程机功能构成。

表 4-7 精轧过程机功能构成

序号	子系统	主要任务
1	模型设定计算	依据初始及最终压下规程计算轧制过程的各种物理参数（如前滑、速度、温度、轧制力、轧制力矩、电机功率等），进行迭代计算以达到目标负荷分配比；依据各机架出口厚度计算各种设定基准值，包括辊缝、速度和张力等
2	模型自学习计算	自学习模块将预测值与实际值进行比较，计算自学习系数用于设定计算，使设定值更接近实际值；自学习包括变形抗力模型、温度模型、电机功率模型、前滑模型（修正速度）、辊缝位置模型等 5 个模型的自学习

在轧件整个轧制过程中，长型材轧制过程设定模型系统被触发多次。轧制模型设定计算及自学习计算的触发时序见表 4-8。

表 4-8　万能轧机轧制过程设定系统触发时序

序号	子系统	触发时序
1	模型设定计算	（1）钢坯到达加热炉出口测温仪（1次设定，控制用）； （2）钢坯头部到达轧机入口测温仪（2次设定，控制用）； （3）模拟轧钢请求（通过HMI界面按钮触发）
2	模型自学习计算	轧件头部到达轧机出口且实测数据采集完毕后启动

4.4.1　轧制过程设定计算

根据初始数据确定各个机架的压下规程，并使用轧制模型计算出各种轧制相关工艺数据（温度、轧制力、功率等），检查这些数据是否超过了设备能力的限制，对超限的情况进行处理，最后依据最终的压下规程计算轧机的设定值。当钢坯尚在加热炉中时，它能提前给操作员发出设定存在潜在问题的提示，该计算还给轧制节奏控制提供信息。

设定计算主要功能包括：

（1）输入处理。从其他相关模块获得模块计算值、轧制计划、操作工干预值、实际测量值等轧制规程计算所必需的数据并作相应处理，用于下一步的轧制规程计算。输入处理主要包括：

1）对实际数据和操作工输入数据进行限度检查，防止计算异常；

2）数据使用优先级别判断，当有操作工输入数据时，将首先使用操作工输入数据；

3）给出初始设定值，如轧机出口目标尺寸、产品长度检查、初始各个机架压下分配率等。

（2）轧制规程的计算。首先根据轧制节奏控制计算得到型钢在轧机各关键点的时间；其次应用温度模型计算型钢在轧制过程中的温度变化（传导热、变形热、摩擦热、水冷温降、空冷温降），计算中先给出一个各机架出口尺寸的初始值，用变形抗力模型、轧制力模型、轧制力矩模型、电机功率模型、前滑率模型等基于轧制理论的数学模型计算出水平/立辊的轧制力、轧制力矩、轧制功率等工艺参数，但所得负荷分配比不满足目标分配比时，修正初始的平辊规程和轧边压下规程；最后对初始轧制力、轧制力矩、电机功率进行限值检查，若存在超限则对目标分配比进行修正。

（3）设定值的计算。通过上述计算，最终确定各个轧机轧制规程的所有设定值，包括：

1）轧件形状：各机架前后轧件的尺寸预测值；

2）速度制度：咬钢速度、轧制速度、抛钢速度、前滑等；

3）辊缝及开口度：水平辊辊缝、立辊辊缝、侧导板开度；

4）立辊压下量；

5）辊道设定参数。

4.4.2　轧制模型自学习

在轧机出口获得实测数据后启动模型自学习，自学习的对象包括水平/立辊机架轧制力、轧制功率、型钢出口温度、型钢出口人工测量尺寸。

自学习功能从其他相关模块获得模块计算值、轧制计划、操作工干预值、实际测量值等自学习所必需的数据并作相应处理，用于学习系数的计算。

实际测量数据处理如下：周期收集 10 个采样数据。在各自学习功能中，从 10 个采样数据中选择出常态连续数据，除去最大、最小值之后，取余下值的算术平均值作为实测值，用于自学习系数的计算。

4.4.3　长型材轧制过程机数据流

长型材轧制过程机数据流，如图 4-14 所示。

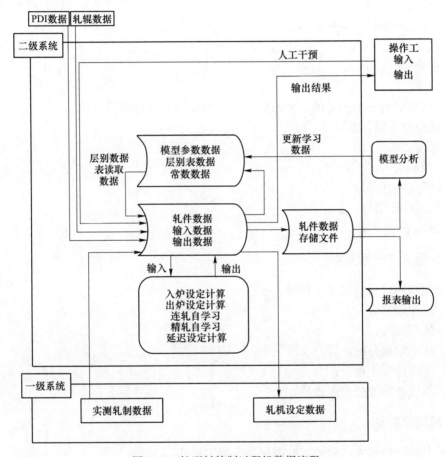

图 4-14　长型材轧制过程机数据流程

4.4.4　PDI 数据

PDI 数据包含将钢坯加工成型钢所必需的所有数据。在每块钢坯进入轧区之前，过程自动化接收它的原始数据。例如，原始数据包括：

（1）钢坯 ID 号；

（2）钢种；

（3）钢坯尺寸和质量；

（4）钢坯化学成分；

（5）目标值及要求；

（6）公差要求。

同时，轧制过程计算机 PDI 也可以直接由轧机 HMI 输入。

4.4.5 轧区实测数据

（1）从钢坯过来的测量值或从其他系统接收来的数值：

1）钢坯尺寸；

2）温度；

3）长度。

（2）从机架中得来的测量值：

1）电流；

2）辊缝；

3）速度。

（3）轧机后得来的测量值（测量的，或者根据测量值计算得来的）：

1）长型材不同位置尺寸；

2）温度。

（4）控制信号：

1）咬钢抛钢信号；

2）轧辊冷却信号；

3）跟踪信号。

4.4.6 轧区人工干预数据

（1）轧机出口目标尺寸干预量；

（2）机架除鳞方式；

（3）轧制速度；

（4）压下规程分配方式；

（5）负荷分配干预量；

（6）腹板和翼缘公差干预量。

4.4.7 层别表数据

（1）出口目标尺寸：钢种、型钢种类、型钢尺寸；

（2）机架除鳞方式：钢种、型钢种类、型钢尺寸；

（3）轧制速度：钢种、型钢种类、型钢尺寸；

（4）分配比裕量：钢种、型钢种类、型钢尺寸。

4.4.8 压下规程分配和模型

4.4.8.1 负荷分配算法

轧制负荷分配可采用压下率、轧制力、轧制功率三种分配模式，通过离线优化设定获得各种分配比并存储于层别表中，在线计算时由初始数据索引获取。

在线应用时，如采用压下量模式，无须对初始平辊和立辊压下规程进行修正；若采用另外两种模式，则需要根据不同的轧制温度、轧机情况循环计算修正平辊和立辊压下规程以维持该给定的负荷分配比，也可通过操作工灵活指定分配比。

4.4.8.2 轧制模型设定计算

轧制模型设定计算是轧制过程设定系统的核心，根据基于轧制理论的数学模型或经验统计模型，确定轧机的基准值，计算轧区各物理量，以满足轧制成品目标腹板厚度、翼缘高度等要求。轧制模型设定计算流程如图 4-15 所示。

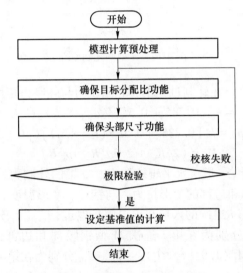

图 4-15　轧制模型设定计算流程

长型材轧制模型设定计算主要包括模型计算预处理、压下规程的计算、确保头部尺寸功能、轧机极限检查和基准值的确定。

4.4.8.3 轧制设定基本数学模型

数学模型是实现长型材轧制计算机控制的基础，广义的数学模型不但包括数学公式，还包括表格等，型钢热轧设定系统综合运用数学公式及图表等完成基准值的计算。长型材热轧过程设定系统主要涉及以下数学模型：

（1）温度模型；
（2）轧制力模型；
（3）轧制力矩模型；
（4）电机功率模型；
（5）轧制速度模型；
（6）辊缝模型。

4.4.8.4 轧机压下规程优化设计方法

以 H 型钢为例，H 型钢轧制原理如图 4-16 所示。

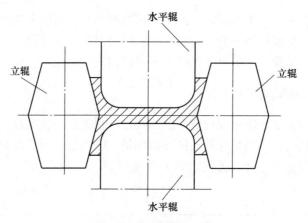

图 4-16 H 型钢轧制原理

对于 H 型钢轧机而言，在轧制过程中其轧制压力与轧制力矩可采用如下数学模型：

$$p_{wi} = k_{wi}[0.785 + 0.5l_{wi}/(d_{i-1} + d_i)]C_{wi}C_{Twi} \qquad (4-4)$$

$$p_{fi} = k_{fi}[0.785 + 0.5l_{fi}/(t_{i-1} + t_i)]C_{fi}C_{Tfi} \qquad (4-5)$$

$$M_i = (2\mu R_w + 2.5\mu_w R_{ww})p_{wi}B_i l_{wi} \qquad (4-6)$$

式中，p_{wi}、p_{fi}、M_i 分别为第 i 道次水平辊轧制力、立辊的轧制力、轧制力矩；k_{wi}、k_{fi} 分别为在第 i 道次 H 型钢腰部和边部的变形抗力，与钢种、变形温度、变形程度、变形速度密切相关；d_{i-1}、d_i 分别为第 i 道次的入口与出口腹板厚度；t_{i-1}、t_i 分别为第 i 道次的入口与出口翼缘厚度；C_{wi}、C_{fi} 分别为在第 i 道次 H 型钢腰部和边部的形状影响系数，$C_{wi} = 1/(1.7 - d_{i-1}/d_i)$、$C_{fi} = 1/(1.9 - t_{i-1}/t_i)$；$C_{Twi}$、$C_{Tfi}$ 分别为在第 i 道次 H 型钢腰部和边部的张力影响系数，$C_{Twi} = (1.0 - 0.75\tau_i/k_{wi})$、$C_{Tfi} = (1.0 - 0.5\tau_i/k_{fi})$（$\tau$ 为张应力值）；μ 为轧件与轧辊接触面上的摩擦系数；μ_w 为水平辊轴承摩擦系数；R_w 为水平辊半径；R_{ww} 为水平辊辊颈直径；B_i 为第 i 道次轧件内侧腰宽；l_{wi}、l_{fi} 为在第 i 道次水平辊与立辊的接触弧长，可以用下式表示：

$$\begin{cases} l_{wi} = \sqrt{\Delta d_i R_w} \\ l_{fi} = \sqrt{2(\Delta t_i - 0.5\Delta d_i \sin\theta - C)(R_f/\cos\theta - 0.25H\sin\theta)} \end{cases} \qquad (4-7)$$

式中，$\Delta d_i = d_i - d_{i-1}$；$\Delta t_i = t_i - t_{i-1}$；$\theta$ 为孔形边部倾角；R_f 为立辊半径；C 为修正系数。

分析式（4-4）~式（4-6）可知，在钢种、轧辊（包括水平辊与立辊）直径、出口速度以及总的轧制道次数给定的条件下，对于 H 型钢万能可逆轧机的任意 i 道次而言，其单位轧制压力 p_i、轧制力矩 M_i、水平辊轴承的附加摩擦力矩 M_{fwi}、立辊轴承摩擦力矩转换到水平辊上的当量摩擦力矩 M_{ffi} 分别可以用如下函数表示：

$$p_i = f_1(d_{i-1}, d_i, t_{i-1}, t_i) \qquad (4-8)$$

$$M_i = f_2(d_{i-1}, d_i, t_{i-1}, t_i) \qquad (4-9)$$

$$M_{fwi} = f_3(d_{i-1}, d_i, t_{i-1}, t_i) \qquad (4-10)$$

$$M_{fwi} = 2p_{wi}\mu_w R_w B_i l_{wi} \qquad (4-11)$$

$$M_{ffi} = f_4(d_{i-1}, d_i, t_{i-1}, t_i) \qquad (4-12)$$

$$M_{ffi} = \frac{2p_{fi}\mu_f R_f T_i l_{fi}}{i\omega_{fi}} \qquad (4-13)$$

式中，μ_f 为立辊轴承摩擦系数；T_i 为第 i 道次轧件边部宽度；ω_{ti} 为立辊角速度。

同时，在第 i 道次，轧机电机总功率可以用下式表示：

$$E_i = \frac{(M_{fwi} + M_{ffi} + M_i)\omega_{wi}}{\eta} \tag{4-14}$$

式中，ω_{wi} 为第 i 道次轧机水平辊角速度；η 为电机效率。

综合式 (4-9)~式(4-14)，如果定义 L_{di}、L_{ti} 分别为第 i 道次腹板与翼缘的相对变形量，则各道次总的能耗 E_i 可以表示为：

$$E_i = E(L_{di}, L_{ti}) \tag{4-15}$$

优化目标函数可以简单定义为：

$$F(X) = \sum_{i=1}^{m} E_i(X) \tag{4-16}$$

式中，$X = \{L_{di}, L_{ti}, i = 1, 2, \cdots, m\}$。

4.4.8.5 约束条件

为了使 H 型钢的轧制过程顺利进行，在压下规程的优化设定过程中还必须充分考虑以下约束条件：

(1) 设备能力约束。设备能力约束主要表现在道次轧制压力与轧制力矩不能超过轧辊的强度，即：

$$P_i \leqslant [p] \tag{4-17}$$

$$M_i \leqslant [m] \tag{4-18}$$

式中，$[p]$、$[m]$ 为设备允许的轧制力和轧制力矩。

(2) 工艺条件约束。H 型钢在万能孔型中轧制，其变形规律较为复杂，腹板的压下量与翼缘的压下量必须成一定比例，才能轧出合格产品，即要求满足：

$$\frac{\Delta d_i}{\Delta t_i} = \frac{d_{i-1}}{t_{i-1}} \tag{4-19}$$

式中，Δd_i、Δt_i 分别为第 i 道次腹板和翼缘的绝对压下量。

(3) 产品结构约束如下：

$$d_i \geqslant d_{i+1} \tag{4-20}$$

$$t_i \geqslant t_{i+1} \tag{4-21}$$

$$d_0 - \sum_{i-1}^{m} d_i = d_m \tag{4-22}$$

$$t_0 - \sum_{i-1}^{m} t_i = t_m \tag{4-23}$$

式中，t_0、t_m 分别为成品的翼缘和腹板厚度；d_0、d_m 分别为原料的翼缘和腹板厚度。

(4) 确定了各道次腹板与翼缘的相对变形量后，可以按照下式计算出各道次的压下量：

$$d_i = d_{i-1} - (d_0 - d_m) \times L_{di}/100 \tag{4-24}$$

$$t_i = t_{i-1} - (t_0 - t_m) \times L_{ti}/100 \tag{4-25}$$

式中，$i = 1, 2, 3, \cdots, m-1$。

4.5   基于机器学习的长型材变形抗力建模

大多数机器学习方法都依赖于数据驱动，在建立预测模型时，样本数据的规模和质量是确保最终模型精度的基石。在数据规模足够庞大、样本质量高的情况下，运用神经网络模型能够获得卓越的成果。然而，在实际的生产过程中，特别是随着钢铁企业逐渐向小规模、定制化的生产模式转变，历史数据的数量通常是有限的，因此获取大量有效样本以建立预测模型往往具有相当的困难。在处理小规模数据时，如何进行数据挖掘并建立高精度模型，已成为一个迫切需要解决的难题。为了解决小样本数据在数据挖掘中存在的问题，采用迁移学习的方法挖掘历史生产数据，并开发小批量钢种变形抗力预测模型，以优化轧制力设定的精度。

4.5.1   轧制力敏感性分析

在开发轧制力预测模型的过程中，一个重要的任务是对模型的特征参数进行优化，以确保预测的准确性，并减少规格变化时轧制力误差的波动范围。因轧制过程具有非线性、强耦合等特性，采用传统方法难以对轧制过程进行参数调优。在优化轧制力特征参数的过程中，众多的设计变量会对规格变化时的轧制力误差产生显著的影响，这些参数通常具有不确定性且不易精确获取。因此，通过建立数学模型分析了参数变化对轧制力的影响，得到各个特征量对轧制力的影响程度。通过量化分析不同特征参数与长型材规格变化时对轧制力误差的影响程度，可以确定对轧制力误差影响较大和较小的特征参数，并对其进行深入研究。

为了优化这些特性参数并排除对误差较为敏感的特征参数，需要计算这些参数对误差的敏感度，并将不太敏感的参数作为固定值，从而减少特征参数的优化维度，提高优化效果，最终达到接近理想的优化效果。

在研究多变量系统中，如何确定各设计参数值的敏感区间十分重要。假设目标函数与设计参数之间存在一种特定的函数关系：

$$F = f(x_i) \qquad (i = 1, 2, 3, \cdots, n) \tag{4-26}$$

式中，F 表示目标函数变量；x_i 表示第 i 个输入的设计变量。

当输入的设计变量 x_i 发生变化时，对应的目标函数值 F 也相应调整以适应变化。当 Δx_i 较小时：

$$\frac{\partial f}{\partial x_i} = \lim_{\Delta x_i \to 0} \left(\frac{\Delta F}{\Delta x_i} \right) \tag{4-27}$$

在各 Δx_i 变化取值或者相对变化取值不变的情况下，对于目标变量的变化量 ΔF 通常是不同的，$\partial f / \partial x_i$ 为目标函数变量的第 i 个输入设计变量的敏感性。

敏感性分析是一种重要的工具，用于确定不同输入参数对模型（或系统）中目标函数大小的影响。敏感性分析的核心在于如何根据模型的输出结果，对输入参数的重要性进行评估，以确保模型的准确性和可靠性。针对参数敏感性分析的意义在于：

（1）对输入参数进行敏感性分析，确定哪些输入参数对输出值影响显著。

（2）为了探究不同输入参数之间的相互作用，需要计算它们对输出目标值的影响。

（3）为了降低参数优化维度并提高优化效率，需要确定那些不受影响的输入参数，并将其设定为固定值。

4.5.2 敏感性分析方法的分类

（1）局部敏感性分析方法：基于线性模型量化分析每个输入参数对模型输出的影响。当研究非线性问题或存在不同数量级的输入参数时，或当多个输入参数相互作用时，局部敏感性分析方法难以提供有效的参数敏感性评估。局部敏感性分析的技术手段包括但不限于导数法、差分法、扰动法以及自动微分法等多种方法。

（2）全局敏感性分析方法：能够在合理的输入参数变化范围内，精确地描述模型输入参数对模型输出的敏感性程度，以及各种输入参数之间相互影响对模型输出的敏感性水平。

Sobol 法是一种计算输入参数方差贡献率和输入参数与输出参数交互作用方差贡献率的方法，以确定输入参数在模型输出中的重要性。通过对每个特征参数的输出方差贡献率进行计算，以及对交互作用效果进行评价时每个特征参数的总效应指数，可以评估输入参数对目标函数的影响，从而评估目标函数对输入因素的敏感性。不同于其他敏感性分析方法，该方法不需要对函数进行特殊要求，允许在整个取值范围内改变输入特征参数，并计算出高阶交叉影响项和不同特征参数的敏感性指数。

由于长型材轧制力预测模型中的多个输入参数之间存在相互作用，传统的优化设计方法难以实现最佳优化决策，系统特征参数对输出目标值的影响则因工作条件和规格的差异而发生变化。为了提高长型材轧制力的预报精度，需要研究一种新的多变量非线性规划问题求解算法。因此，本书采用基于方差的全局敏感性分析方法，对该预测系统的参数进行分析，以揭示多个输入特征参数与输出目标值之间的敏感性关系，从而实现对轧制力误差的敏感性判断。

4.5.3 基于方差分解的 Sobol 敏感性分析方法

Sobol 法通过计算决定各特征参数方差贡献率所占比例，决定输入参数对模型输出的贡献。Sobol 法假定模型可以被表述为：

$$Y = f(x) = f(x_1, x_2, x_3, \cdots, x_n) \tag{4-28}$$

式中，Y 为目标函数；$x = x_1, x_2, x_3, \cdots, x_n$ 为被假定为 n 维离散点。

设函数 $f(x)$ 可积，且 x_n 均匀分布于 [0, 1] 区间内，则 $f(x)$ 可表示为：

$$f(x) = f_0 + \sum_{s=1}^{n} \sum_{i_1 < \cdots < i_s}^{n} f_{i_1, \cdots, i_s}(x_{i_1}, \cdots, x_{i_s}) \tag{4-29}$$

$$f(x) = f_0 + \sum_{i=1}^{n} f_i(x_i) + \sum_{1 \leqslant i \leqslant j \leqslant n}^{n} f_{ij}(x_i, x_j) + \cdots + f_{1,2,\cdots,n}(x_1, x_2, \cdots, x_n) \tag{4-30}$$

式中，f_0 为常量，且被加项变量积分均为 0，即：

$$\int_0^1 f_{i_1, \cdots, i_s}(x_{i_1}, \cdots, x_{i_s}) \mathrm{d}x_k = 0 \qquad (k = i_1, \cdots, i_s) \tag{4-31}$$

式（4-30）、式（4-31）为函数 $f(x)$ 的方差分解表达式。

式（4-30）中所有子项均为正交，且任一子项均能用 $f(x)$ 的积分形式表示：

$$\int f(x)\,\mathrm{d}x = f_0 \tag{4-32}$$

$$\int f(x)\prod_{k\neq i}\mathrm{d}x_k = f_0 + f_i(x_i) \tag{4-33}$$

$$\int f(x)\prod_{k\neq i,j}\mathrm{d}x_k = f_0 + f_i(x_i) + f_j(x_j) + f_{ij}(x_i) \tag{4-34}$$

将式（4-30）和式（4-31）相结合，可得：

$$\int [f(x)]^2\mathrm{d}x - f_0^2 = \sum_{s=1}^{n}\sum_{i_1<\cdots<i_s}^{n}\int f_{i_1,\cdots,i_s}^2\mathrm{d}x_{i_1}\cdots\mathrm{d}x_{i_s} \tag{4-35}$$

$$D = \sum_i D_i + \sum_{i<j} D_{ij} + \cdots + D_{1,2,\cdots,n} \tag{4-36}$$

式中，D 为总方差；D_i 为参数 i 所产生的方差。

对式（4-36）进行分析，得出了描述参数变化过程的数学模型。通过对方程进行归一化处理，可以获得特征参数之间相互作用的敏感性指数，公式如下：

$$1 = \sum_i \frac{D_i}{D} + \sum_{i<j} \frac{D_{ij}}{D} + \cdots + \frac{D_{1,2,\cdots,n}}{D} \tag{4-37}$$

一阶敏感性指数：

$$S_i = \frac{D_i}{D} \tag{4-38}$$

二阶敏感性指数：

$$S_{ij} = \frac{D_{ij}}{D} \tag{4-39}$$

总效应指数：

$$S_{\mathrm{T}i} = \frac{D_{\sim i}}{D} \tag{4-40}$$

式中，S_i 为参数 x_i 单独作用的敏感性指数；$S_{\mathrm{T}i}$ 为参数 x_i 和其他参数共同作用的敏感性指数；$D_{\sim i}$ 为除参数 x_i 外其他参数共同作用所产生的方差。

4.5.4 基于 K-Means 聚类协同 CBR 案例推理的变形抗力数据检索

4.5.4.1 K 均值聚类算法

K-Means 算法是一种解决聚类问题的无监督算法。假设数据集中每一簇存在中心点，这个簇内所有样本点与中心点的距离要大于其他簇。该算法的核心思想是先从样本集随机抽取 k 个样本为簇类的中心，在确定各样本点与其对应聚类中心点间距离后，按距离大小把样本赋值给离其最近的聚类，并最终确定各样本在各个聚类上的均值为该组的聚类中心点。反复进行以上运算，直到损失函数趋于一致。K-Means 结果依赖于结果簇密集度以及簇与簇之间的互异性。

A K-Means 算法流程

（1）随机抽取 k 个聚类中心 u_1，u_2，$\cdots$，u_k。

（2）从训练数据集中分析全部数据集，计算 $x^{(i)}$ 分别到 u_1，u_2，$\cdots$，u_k 的距离，可得

距离最短的聚类中心点 $u_j(1 \leqslant j \leqslant k)$，把 $x^{(i)}$ 分配到 u_j 类别，即令 $c^{(i)}=j$ 计算距离时，通常采用 $\| x^{(i)} - u_j \|$ 来计算。

（3）计算全部聚类中心，并将新聚类中心移至该聚类平均值处。

$$u_j = \frac{1}{c}\Big(\sum_{d=1}^{c} x^{(d)} \Big) \tag{4-41}$$

式中，c 为该聚类中样本点个数；$x^{(d)}$ 为属于 u_j 类别的点。

（4）重复步骤（2），直至聚类中心位置不再变化。

从损失函数的定义可知，损失是指模型预测值和实际值之间的误差，损失函数为：

$$J = \frac{1}{m} \sum_{i=1}^{m} \| x^{(i)} - u_{c(i)} \|^2 \tag{4-42}$$

式中，i 为训练样例 $x^{(i)}$ 的聚类序号；$u_{c(i)}$ 为 $x^{(i)}$ 所属聚类的中心点。

B　K-Means 聚类算法的不足

K-Means 聚类算法具有运行效率高、速度快的特点，但是有两个主要的不足：

（1）聚类中心的初始化是通过随机选择来实现的。由于中心点的初始化是随机选择的，因此每一次选择的聚类中心都与之前不同，导致每次聚类的结果产生了差异。

（2）手动指定聚类的数量。在选择聚类个数时需要考虑实际问题，然而，人们常常难以确定应该为相关情景分配多少类别。因此，无法保证所有的聚类结果都是最优的。

以聚类个数为横坐标，以损失函数为纵坐标，绘制损失函数和聚类个数的曲线图。随着 k 值的不断攀升，损失值逐渐趋于平稳。寻找一个转折点，在此之前损失的下降速度相对较快，而在此之后损失的下降速度相对较慢，因此很有可能该拐点处的 k 值即为所追求的最优解。

C　K-Means++算法

K-Means++算法针对第一个缺陷进行了优化，即在初始阶段，为了最大化每个初始化聚类中心之间的距离，K-Means++算法会选择一个初始聚类中心点，使得距离较远的样本点具有更高的概率成为下一个聚类中心点。

K-Means++算法流程如下：

（1）在数据集中处进行随机抽样，选取一个样本点作为首个聚类中心 x_{c1}。

（2）判断数据集中全部样本点与 x_{c1} 之间的距离 $D(x)$，并选取下一聚类中心 x_{ci}。

（3）重复步骤（2），直至寻找到 k 个聚类中心点。

在实际的应用场景中，K-Means++的聚类效果常常优于 K-Means，因为它能够提供比原始 K-Means 算法更为优秀的初始聚类中心。

4.5.4.2　变形抗力数据聚类结果

运用长型材热轧变形抗力模型的理论，筛选并计算出适用于数据模型建立的输入特征。通过对影响长型材热轧生产过程的工艺因素与产品性能之间关系的分析和实验验证，确定了主要工艺参数及相关指标的选择方法，进而构建出能够反映各工艺条件下产品质量特性的数学模型。筛选出的关键数据涵盖了轧制速度、入口尺寸、出口尺寸、入口温度、钢种编码以及 10 种典型元素质量百分比（C、Si、Mn、Ni、Cr、Nb、V、Ti、Cu、Al），并引入二级控制系统中变形抗力预设定值作为变形抗力模型输入特征。基于特征筛选后的数据集，在实际数据建模之前还需要进行数据清洗、聚类分析等操作。经缺失值处理和异常值处理，最终得到 5835 条数据样本。对该数据集应用 K-Means++算法聚类分析，聚类后结果如图 4-17 所示。

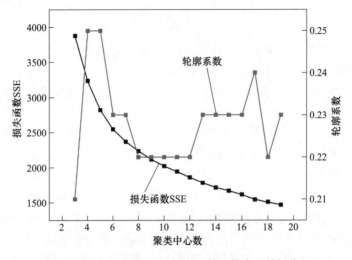

图 4-17   不同聚类中心损失函数和轮廓系数折线

由图 4-17 可知，损失函数 SSE 随着聚类中心数量的增加而减小，在聚类中心数量为 5 时，曲线斜率达到最小值，从损失函数角度考虑将聚类中心设定为 5；随着聚类中心数量的变化，数据集呈现出多种不同的聚类形式，同时轮廓系数也在不断变化。当聚类中心设置为 5 时，所得轮廓系数数值最大可达 0.25，从而获得了最佳的聚类效果。聚类后变形抗力数据集散点图如图 4-18 所示。经聚类后每个簇样本数量分别为 1053 个、1229 个、1458 个、1244 个和 851 个，最终设定变形抗力数据集聚类中心数量为 5，以供在后面的研究中调用。

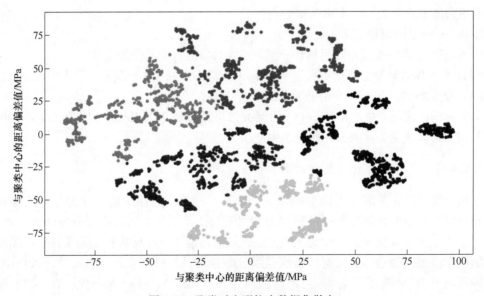

图 4-18   聚类后变形抗力数据集散点

4.5.4.3 CBR 案例检索法

构建长型材热轧变形抗力案例推理模型的目标是：在面对新的生产条件时，运用特定的算法从案例库中检索出可供参考的答案，以提高系统的效率和可靠性。

一般情况下，案例推理的基本程序主要由案例检索、案例重用、案例修正，以及案例学习构成。已知目标案例，根据历史案例进行相似度计算，先对局部指标进行相似度计算，再赋予各指标权重计算全局相似度。

（1）案例检索：对于长型材热轧变形抗力实例，按照案例库建立流程，将案例检索划分为初步检索与相似度计算。初步检索是针对目标案例将长型材热轧数据按照钢种代码归类，然后计算该类案例库内的相似度并准确检索。

（2）案例重用：利用先前检索到的相似案例，结合案例库中保存的解决方案和反馈内容，为目标案例提供参考和指导，以实现案例的重用。

（3）案例修正：在未发现与当前案例高度相似的匹配案例的情况下，需要进行案例修正，并根据目标案例的实际情况进行优化。修改后的案例解决措施和经验反馈内容将为目标案例提供指导和参考。将经过修改的案例作为全新的案例储存于案例库中。

（4）案例学习：增加和保存新的变形抗力生产数据案例，不仅扩大了案例库规模，同时也提高了案例检索的准确性。

4.5.4.4 基于 KNN 改进的 CBR 案例检索法

案例推理的核心过程在于案例检索，CBR 系统则是一种基于相似性的检索系统。在案例检索的过程中，KNN 算法被用于计算全局相似度，该算法基于局部相似度的权重，从长型材轧制数据案例知识库中检索出与当前轧制条件下和变形抗力案例最为相似的案例。

KNN 算法理论简明易于实现，且在处理数据集中的异常数据时表现出高度的鲁棒性。本书以 KNN 算法为核心，根据属性相似度推理变形抗力案例库。以下是 KNN 算法的查询流程：

（1）基于当前轧制条件对变形抗力案例的特征属性和案例知识库中全部案例的特征属性进行比较，其结果用矩阵形式表示：

$$\boldsymbol{a} = \begin{pmatrix} a_{11} & \cdots & a_{1n} \\ \vdots & a_{ij} & \vdots \\ a_{m1} & \cdots & a_{mn} \end{pmatrix} \tag{4-43}$$

式中，i 为案例知识库中第 i 个案例，$i = 1$，2，$\cdots$，m；j 为案例的第 j 个特征属性，$j = 1$，2，$\cdots$，n；a_{ij} 为当前变形抗力案例与案例知识库中第 i 个案例在第 j 个特征属性上的局部相似度。

（2）将局部相似度矩阵 $\boldsymbol{a}$ 与每个特征属性的权重 $(w_1, w_2, \cdots, w_n)^{\mathrm{T}}$ 相乘，得到 $(s_1, s_2, \cdots, s_m)^{\mathrm{T}}$，即当前变形抗力案例与案例知识库中 m 个案例的初始全局相似度 S。

$$\begin{pmatrix} a_{11} & \cdots & a_{1n} \\ \vdots & a_{ij} & \vdots \\ a_{m1} & \cdots & a_{mn} \end{pmatrix} \times \begin{pmatrix} w_1 \\ \vdots \\ w_n \end{pmatrix} = \begin{pmatrix} s_1 \\ \vdots \\ s_m \end{pmatrix} = \boldsymbol{S} \tag{4-44}$$

（3）将 S 标准化得出全局相似度 Sim。

$$\text{Sim} = \begin{pmatrix} s_1' & s_2' & \cdots & s_m' \end{pmatrix} \tag{4-45}$$

$$s_i' = \frac{s_i}{\sum_{i=1}^{n} w_i} \tag{4-46}$$

（4）从案例知识库中选择具有较高全局相似度的 k 个案例作为检索结果。

4.5.4.5　变形抗力案例库建立及推理结果

采用 K-Means++ 对变形抗力数据库进行聚类处理，针对案例特征属性输入并输出案例类别号，从而检索出与当前案例为一类的数据，并进行二次匹配。通过计算当前案例与源案例之间的距离，以确定最相似的一个或多个案例，并最终检索出所需结果。K-Means++ 协同 CBR 检索流程如图 4-19 所示。

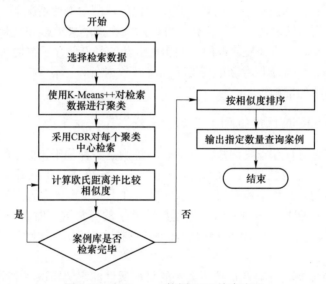

图 4-19　K-Means++ 协同 CBR 检索流程

这里根据上述方法构建案例库，其中钢种属性是一个类别属性。由于坯料的种类繁多，即使在某些长型材轧制钢种代码相同的情况下，其化学成分也会呈现出一定的差异。通过对钢材的化学成分进行分类，可以将其转化为数量属性，并用数字代码表示。为了提高检索的准确性，需要根据钢种、产品规格和坯料规格等对数据进行分类，并使用 K-Means++ 聚类算法对分类后的数据进行处理，以实现更加精准地检索。检索案例特征如图 4-20 所示，该案例结构为聚类中心号、长型材 PDI 编号、案例检索特征及查询结果。

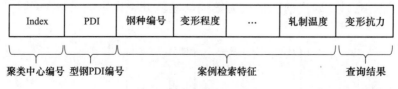

图 4-20　检索案例表示结构

检索的特征数据包括当前长型材轧制的预设数据以及相应主体的变形抗力数据。在输入目标案例的特征属性后，运用 K-Means++ 算法对原始数据进行聚类，然后根据每个聚类中心的数据进行识别，从而提取出相似的案例类。将所有相似案例类聚到一起，得到一个包含多个相同案例库的案例库集合。通过利用基于距离的相似度确定最小距离的案例，进行二次匹配，最终得到的案例索引 PDI 编号即为最相似的匹配案例。

在输入初次检索的数据后，最终输出的与当前案例的最相似案例的 PDI 编号及其历史轧制规程设定可以直接复用。为了提高案件检索的准确性和速度，K-Means++ 算法和最邻近法案例检索模型考虑了各种轧制数据类型的变化将其处理后进行聚类，输入案例先与聚类中心进行比较，然后对最近聚类中心周围的案件进行二次检索，在检索时赋予钢种编号指标最高权重，使得优先检索到相同钢种数据。

经对变形抗力数据集分析可得图 4-21，数据集平均变形抗力命中率为 96.281%，钢种数目排行前 8 的变形抗力命中率均在 96% 以上，而编号 57 和编号 677 变形抗力命中率分别为 93.505% 和 92.812%，远低于平均值。经查阅原数据库可知，编号 57 和编号 677 分别为钢种 Q235 和钢种 Q345。

以轧件钢种 Q345，坯料尺寸为 750 mm×370 mm×90 mm，成品尺寸为 500 mm×200 mm×10 mm×16 mm 的 H 型钢轧制案例为例。当前问题的特征属性被输入到检索模型中，使用二次检索的方法从特征属性案例库中检索出 200 个与待轧坯料最相似案例。检索案例的变形抗力数据见表 4-9。

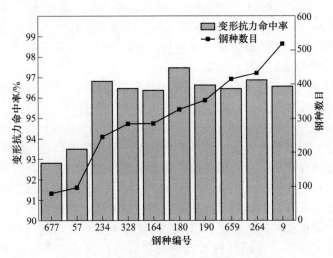

图 4-21　不同钢种数目和变形抗力命中率示意图

表 4-9　K-Means++ CBR 检索表

序号	钢种编码	平辊辊缝 /mm	立辊辊缝 /mm	轧后温度 /℃	压下量 /mm	轧制温度 /℃	…	预设定变形抗力/MPa	实测变形抗力/MPa
1	677	43.0	86.5	870	8.47	916.83	…	181.45	188.79
2	677	35.0	74.7	870	7.05	917.03	…	210.23	219.65
3	677	29.5	59.8	870	6.71	924.39	…	197.88	203.15
⋮	⋮	⋮	⋮	⋮	⋮	⋮	⋮	⋮	⋮

序号	钢种编码	平辊辊缝 /mm	立辊辊缝 /mm	轧后温度 /℃	压下量 /mm	轧制温度 /℃	…	预设定变形 抗力/MPa	实测变形 抗力/MPa
198	677	17.8	35.7	910	4.71	916.56	…	216.07	221.36
199	677	12.3	124.9	910	4.66	899.99	…	218.74	211.34
200	677	10.5	16.7	910	3.53	995.71	…	221.43	219.43

　　表4-9是检索结果部分数据，展示了小批量钢种和它的最相似案例的特征属性。当检索到的目标成品长型材三维尺寸、钢种成分以及中间坯三维尺寸三个关键指标一致时，可以直接进行复用。指标不一致的情况下，可以采用迁移学习的方法挖掘检索数据信息，以预测长型材轧制目标变形抗力，从而优化实际轧制力设定值。综上所述，案例推理方法可以为变形抗力设定提供直接可利用的数据或为变形抗力迁移学习提供初始数据。

4.5.5　小样本钢种变形抗力迁移学习建模

4.5.5.1　卷积神经元网络建模

A　卷积神经网络的结构

　　卷积神经网络是包含卷积结构的深度神经网络，它由多个不同类型的单元组成，每个单元都有其独立的处理机制及相应的输出结果。卷积层、池化层和全连接层，是CNN（Convolutional Neural Networks）模型中三种不同的结构层类型。

　　（1）卷积层：CNN模型采用的张量具有一种独特的形态特征。卷积层需要经过一系列二维结构的过滤或内核处理，以生成一系列特征矩阵，这些矩阵将被输入到下一个卷积层中，从而生成一组更为复杂的特征矩阵。

　　（2）池化层：通常与卷积层同时使用，通过对卷积层的特征进行修改和整合，池化层将其输出到下一层的一个单元中，从而实现了数据维度的降低。

　　（3）全连接层：前一层的所有单元与当前层中的所有单元相互连接，从而将上一层的所有输出组合输入下一层的每个单元中。一般情况下，卷积层或池化层所产生的张量在经过全连接层之前会被完全展开，全连接层通常作为卷积神经网络分类或回归的输出层。

　　卷积方法具有平移不变性，从而最大程度地减少了对样本重建的需求。通过提取特征，可以更加精确地表征提取数据信息，从而提高后续模型的准确性。采用不同的卷积方法、池化方式以及特征提取层的结构，可以对整体模型的拟合能力进行调整，从而提高卷积层和池化层的操作灵活性。在出现过拟合或欠拟合的情况下，可以对相关参数进行调整，以获得最佳的特征向量。CNN模型的结构如图4-22所示。

　　相较于其他网络模型，CNN模型预学习所获得的特征不会对模型的精确度产生任何影响。因此，运用CNN模型能够高效地进行特征向量的迁移学习和生成，以表征变形抗力结构的信息。为了提升CNN模型的特征提取能力，获得最精准的变形抗力数据结构表征，需要对CNN模型的部分核心超参数如优化器、激活函数、学习率等进行优化。

　　为了确保机器学习模型的准确性，需要使用大量数据对模型参数调整，然而由于工作环境或样本数据质量的变化，所创建的模型可能会变得不适用。只有在数据样本始终保持相同的特征分布且数据充足的情况下，才能创建出具有良好应用效果的模型。因此，如何选择适当的训练样本成为一个重要问题。由于神经网络对训练样本数量的需求较机器学习

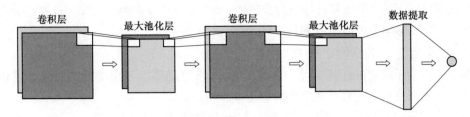

图 4-22 CNN 模型的结构

更高，因此在某些领域中，数据要求难以达标，神经网络的性能表现并不尽如人意。

在进行新的学习任务时，迁移学习不是简单地从头开始学习，而是以过去相似任务所获得的知识为基础，通过重新学习和改进不断提升性能。当源域和目标域具有相似的特征时，迁移学习模型需要在源域数据上进行特征学习，以获取完成目标域任务所需的相关知识，并通过特定的迁移方法将这些知识迁移，从而提高模型在特定任务上的性能。迁移学习是一个基于实例的推理过程，即根据当前样本对之前已训练好的输出器进行调整或更新，从而得到更好的输出效果。图 4-23 呈现的是迁移学习和传统机器学习之间的区别。

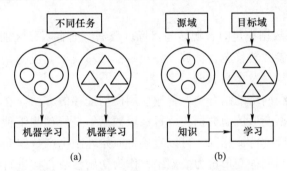

图 4-23 传统机器学习与迁移学习示意图
(a) 机器学习；(b) 迁移学习

B 迁移学习的主要方法

(1) 基于样本的迁移学习方法：通过对数据样本权重分析发现，源域与目标域特征相近的样本权重较大，特征差异明显的样本权重较小。使用对应权重，完成源域数据向目标域数据的迁移。

(2) 基于特征的迁移学习方法：在源域任务与目标域任务之间寻找相同或相似特征，使用特征信息将源域与目标域样本数据在同一特征空间内进行映射判定数据分布情况的特征具有相似性。在相同特征空间内，目标域测试数据与源域样本数据可用于模型训练。

(3) 基于模型的迁移学习方法：即共享模式参数构建出新任务所需的模型。针对不同对象构建的不同神经网络，其一般结构可能相似，但具体细节存在差异，从而可在神经网络内实现参数共享，利用目标域数据样本训练网络，并利用网络训练调整迁移参数来完成模型。

(4) 基于关系的迁移学习方法：该方法更注重源域样本与目标域样本间的关系，发掘并运用该关系类比迁移，这种迁移学习方法很少使用。

迁移学习原理如下：

$$D_S = \{X_S, L_S\}, \ D_r = \{X_r, L_r\} \qquad (P_S \neq P_r) \qquad (4-47)$$

式中，D_S 和 D_r 分别为源域和目标域的数据集；X、L 和 P 分别为数据集、标签与分布；下角标 S 和 r 为迁移学习中的源域和目标域。

C 基于模型的迁移学习方法

本节采用基于模型的迁移学习方法将 CNN 网络与迁移学习相结合，根据源域和目标域的特点，基于模型的迁移学习方法有以下 4 种情况。

（1）在目标域训练数据较少且源域与目标域数据特征没有显著改变时：由于源域和目标域相似度较高，因此不需要对训练神经网络模型结构进行改造，可将源域网络模型移植至目标域训练。

（2）在目标域训练数据充分且源域与目标域的数据特征没有显著改变时：考虑到源域与目标域间相似性较高，可将神经网络模型直接移植到目标域上，因为目标域上数据丰富，可先调整模型结构，然后将模型移植到相似结构上，最终使用目标域的数据训练以增强模型适用性。

（3）在目标域训练数据较少且源域与目标域数据特征差异显著时：由于目标域数据较少，为保证精度，网络训练会造成特征学习不足或者过拟合，因此模型结构迁移而无需更改模型结构。

（4）目标域训练数据充足时，源域与目标域数据特征有明显区别：为更好地拟合目标域数据可将源域模型参数转移至目标域，并对目标域新模型完成初始化，通过目标域数据对整个网络进行训练学习及参数微调。

在迁移学习与神经网络的结合中，普遍应用模型迁移的方法。在本研究中，源域数据集是原始轧制生产数据变形抗力数据集，目标域数据集是待预测钢种变形抗力数据集，两个数据集的输入输出维度特征相同，可以直接将原始轧制生产数据变形抗力预测模型中的模型结构迁移到待预测钢种变形抗力模型中，作为初始参数直接进行模型训练，迁移学习的迁移方法如图 4-24 所示。

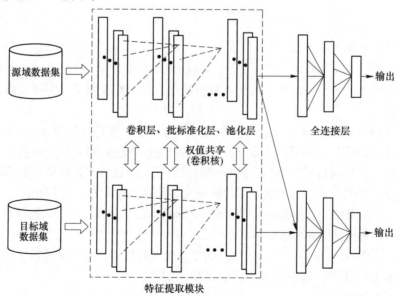

图 4-24 卷积神经网络迁移方法

4.5.5.2 基于 CNN 神经网络迁移学习预测模型开发及参数设计

迁移学习策略主要用于提高 CNN 神经网络在预测不同钢种变形抗力时的准确率。由于数值型数据的计算比图像简单，为避免出现过拟合的情况，对模型结构做了简化处理。经过多次实验，最后确定了基于卷积神经网络的变形抗力预测模型结构，设定 1 个输入层、4 个卷积层、2 个池化层、2 个全连接层以及 1 个输出层，其参数见表4-10。

表 4-10 一维卷积神经网络模型参数

卷积网络神经结构	结构参数
输入层	—
卷积层 1	kernel_size = 3
卷积层 2	kernel_size = 3
池化层 1	pool_size = 3
卷积层 3	kernel_size = 3
卷积层 4	kernel_size = 3
池化层 2	pool_size = 3
全连接层 1	—
全连接层 2	—
输出层	—

输入层是经过预处理的变形抗力数据集；然后进行第一次卷积运算，设置合适的卷积参数，最后输出卷积滤波器和局部感知特征；类似地，选择适当参数执行一个卷积操作以得到特征数值，将得到的结果转移到全连接层并以数据展平形式转移到输出层得到预测目标结果。CNN 在预测时没有因为窗口滑动导致权值的变化，在滑动之后全部窗口共享权值。另外，采用 dropout 函数并设定其数值为 0.3，使得 30% 神经元在训练过程中随机失活、70% 神经元得以保留，减小了模型过拟合风险。

对于构建的一维 CNN 网络而言，在更换钢种前后，轧制规程均经过二级控制系统进行计算，任务同样是实现变形抗力的预测，模型输入和学习任务一致，底层模型已学习到一般权重参数，通过迁移学习可解决小样本数据模型中由于钢种改变导致的性能降低问题。根据前后期数据类型相同、训练任务相同以及特征分布不相同等特点，利用基于参数迁移方法进行微调。

新任务要求微调时先调整网络尾层，再将除了尾层外的网络冻结，只需在新数据集上重新训练尾层参数。该方法假定除了尾层以外的网络参数作为一般知识。但对复杂的预测问题来说，整个模型增加训练将会得到较好的结果，学习率选取是决定结果的一个关键因素。由于层数越多知识就越具有普适性，训练强度也需随之减小，所以学习率需随着模型训练过程动态调整。

4.5.5.3 卷积神经网络学习率动态调节

在模型训练的过程中，学习率被用来表示权重调整的幅度。当学习率过低时，模型的收敛速度会减缓，同时训练时间也会被延长；过高的学习率可能导致过度修正，从而使得损失函数无法达到收敛状态。根据神经网络的操作原理，初始阶段的训练误差较大，因此模型需要更高的学习率以实现神经网络的快速收敛。在模型的后期训练阶段，权值和阈值的接近程度达到了最优状态，只需对这两个参数进行微调即可，此时要求模型具有较低的学习率。当网络达到稳定状态后，随着训练时间的增加，网络中存在一个固定值使得网络能够保持最小学习率，保证网络最终收敛到全局最优解。采用自适应学习率的技术，能够在模型训练期间自动调整学习率的大小，以适应不同的训练情况。具体的动态变化示意图如图 4-25 所示。

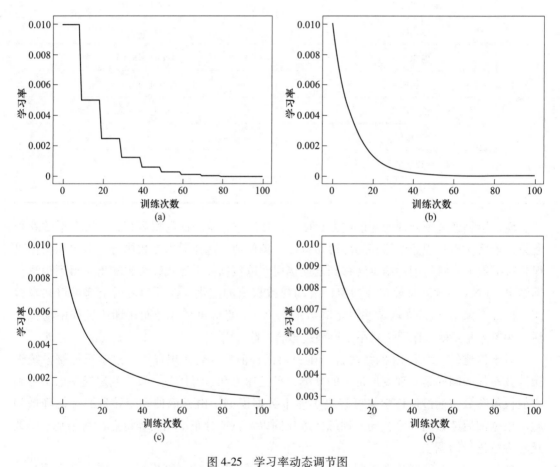

图 4-25 学习率动态调节图

（a）阶梯衰减；（b）指数衰减；（c）时间衰减；（d）幂函数衰减

（1）阶梯衰减（Step Decay）：在训练期间，当轮数固定时，学习率按固定因子衰减。

（2）指数衰减（Exponential Decay）：学习率在训练期间按指数函数衰减。指数函数的参数通常设置为固定值（例如 $k = 0.1$），表示每隔固定的轮数，学习率衰减为原来的

1/k 倍。

（3）时间衰减（Time-based Decay）：学习率在训练期间按时间函数衰减。通常将时间函数的参数设置为一个固定值（例如，decay_rate = 0.1），表示每隔一个固定的时间（例如，每个 Epoch），学习率就会衰减为原来的 1/（1+decay_rate×t）倍（其中，t 表示当前训练的 Epoch 数）。

（4）幂函数衰减（Power Decay）：学习率在训练期间按幂函数衰减。幂函数的参数通常设定为一个固定值（例如，decay_rate = 0.1），表示每隔一个固定的时间（例如，每个 Epoch），学习率衰减为原来的 1/sqrt(1+decay_rate×t) 倍。

4 种动态学习率下的迭代曲线如图 4-26 所示，可以看出基于时间衰减的调整学习率下的 MSE 损失函数指标降低较快，200 轮迭代后指标最低为 0.014。

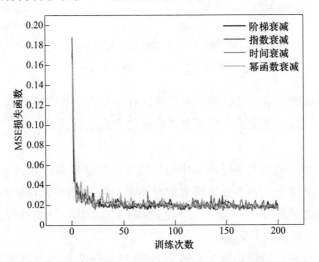

图 4-26　不同学习率调节方式损失函数曲线

4.5.5.4　模型预测精度

预测精度是评价一个预测模型是否具有良好性能的首要因素。为验证迁移学习效果，本研究分别对有无迁移学习卷积神经网络情况下网络预测准确率进行训练和检验，得到迁移学习前后的变形抗力预测散点图，如图 4-27 所示。

根据图 4-27，数据点在图中呈现出清晰、规则的分布，而基于迁移学习策略的预测模型则更加贴合图中的直线 $y=x$。对于绝对误差的分级，采用了多种颜色标识的方式进行区分；当颜色从红到蓝时，变形抗力的绝对误差由 0 提高至 18.35 MPa；当颜色从蓝到黑时，表示变形抗力的绝对误差大于 18.35 MPa。对基于迁移学习的热连轧变形抗力预测模型拟合决定系数可达 0.9857，无迁移学习卷积神经网络模型拟合决定系数 0.9762，比有迁移学习网络准确率低 0.0095，反映出原始预测模型与基于迁移学习的模型相比在建模过程中学习特征和数据量的不足，表明本研究设计的迁移策略有效。

4.5.5.5　模型重复性实验效果

由于本研究的预测模型以卷积神经网络为基础，而卷积神经网络在建模过程中的初始

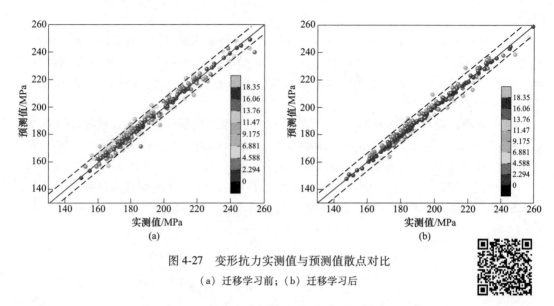

图 4-27 变形抗力实测值与预测值散点对比

（a）迁移学习前；（b）迁移学习后

彩图资源

参数初始化过程呈现出一定的随机性。为了确保在小样本情况下迁移学习模型的精确性和泛化能力，本实验采用了交叉验证的方式进行测试，以下是三种常见的交叉验证方式。

（1）留出法验证：从整个训练样本中随机抽取一部分数据作为训练数据，而剩余数据则用于验证。在此条件下，如果有足够大的样本量，可采用预留法进行验证。一般而言，训练集包含的数据数量超过了三分之二，这种操作方式虽然简便易行，但其效果极不稳定，且高度依赖于所处的划分环境。

（2）留一交叉验证：假设训练集包含 N 个数据，每个数据点被视为一个独立的验证集，而其他 $N-1$ 个数据点则被视为一个独立的训练集。为了获得 N 个模型的预测结果，需要进行 N 次训练，通过对预测结果的平均值进行评估，从而评估模型的性能。虽然这种方式的计算时间相对较长，但其结果较为可靠。

（3）K 折交叉验证：每次选取一组数据作为测试集，将剩余的 $K-1$ 组数据作为训练集，通过 K 次循环将原始数据平均分为 K 部分。经过循环计算，以 K 个预测模型的平均值作为最终的预测结果。

在实际应用中，需要对多个样本进行检验，而每个样本都有其自身的特征和分布规律，这就要求选取合适的测试集才能保证最终结果的准确性。本研究为了确保训练数据的可靠性采用了一种交叉验证的方法，将训练数据随机分为五个部分。一部分被挑选为验证集，另外四个部分被挑选为训练集。为了确保该迁移学习模型的预测准确性，进行了 5 次验证，以验证其有效性。

预测结果评价指标箱图如图 4-28 所示。由图可知，相较于迁移学习前的模型，经迁移学习后预测模型的 R^2、MSE 和 MAE 评价指标表现出更小的波动，同时保持了良好的稳定性，这一结果表明迁移学习策略在提高模型预测精度的同时，也能够确保模型的稳定性和可靠性，并且充分证明了该预测方法的普适性。

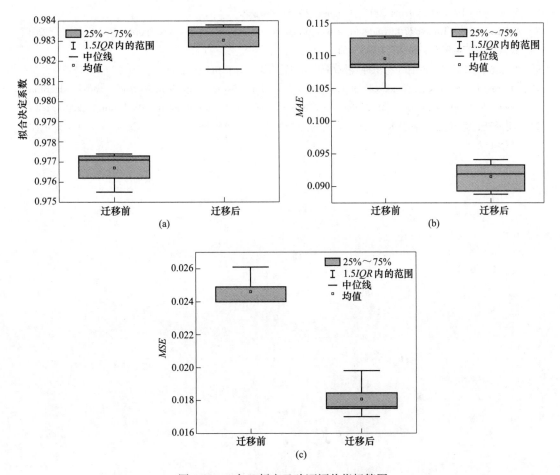

图4-28　5次K折交叉验证评价指标箱图

（a）R^2 指标箱图；（b）MAE 指标箱图；（c）MSE 指标箱图

参 考 文 献

［1］ Nossent J, Elsen P, Bauwens W. Sobol' sensitivity analysis of a complex environmental model ［J］. Environmental Modelling & Software, 2011, 26（12）: 1515-1525.

［2］ 聂祚兴, 于德介, 李蓉, 等. 基于 Sobol 法的车身噪声传递函数全局灵敏度分析 ［J］. 中国机械工程, 2012, 23（14）: 1753-1757.

［3］ 常晓栋, 徐宗学, 赵刚, 等. 基于 Sobol 方法的 SWMM 模型参数敏感性分析 ［J］. 水力发电学报, 2018, 37（3）: 59-68.

［4］ Likas A, Vlassis N, Verbeek J J. The global k-means clustering algorithm ［J］. Pattern Recognition, 2003, 36（2）: 451-461.

［5］ 侯玉梅, 许成媛. 基于案例推理法研究综述 ［J］. 燕山大学学报（哲学社会科学版）, 2011, 12（4）: 102-108.

［6］ 常春光, 崔建江, 汪定伟, 等. 案例推理中案例调整技术的研究 ［J］. 系统仿真学报, 2004, 16（6）: 1260-1265.

［7］ Guo G, Wang H, Bell D, et al. KNN model-based approach in classification ［C］// On the Move to

Meaningful Internet Systems 2003：Coopis，2003：986-996.

[8] Aghdam H H，Heravi E J. Guide to convolutional neural networks ［J］. New York，Ny：Springer，2017，10（973/974/975/976/977/978）：51.

[9] 李彦冬，郝宗波，雷航. 卷积神经网络研究综述 ［J］. 计算机应用，2016，36（9）：2508-2515.

[10] Torrey L，Shavlik J. Handbook of research on machine learning applications and trends：Algorithms，methods，and techniques ［M］. Information Science Reference-Imprint of：IGI Publishing，2010.

[11] 胡局新，张功杰. 基于 K 折交叉验证的选择性集成分类算法 ［J］. 科技通报，2013，29（12）：115-117.

5 基于数据驱动的钢轨在线热处理工艺模型开发

5.1 基于数据驱动的钢轨在线热处理工艺模型开发的背景及现状

5.1.1 基于数据驱动的钢轨在线热处理工艺模型开发的背景

近年来随着铁路行车速度、牵引质量、运输密度的不断增加，钢轨的耐磨性能以及抗疲劳性能要求更加严格，尤其是占线路里程 30%～40%的小半径曲线路段。传统热轧钢轨会迅速发生鱼鳞伤损、掉块、侧磨等缺陷，严重影响了钢轨使用寿命和行车安全。研究和应用结果表明，高强度热处理钢轨，可显著改善钢轨耐磨和抗接触疲劳性能。国铁集团已明确规定，货运及客货混运铁路小曲线路段需使用热处理钢轨，预测未来热处理钢轨年需求量在 100 万吨以上。目前国内攀钢、鞍钢、包钢均具备热处理钢轨的量产供货能力，邯钢即将形成供货能力，热处理钢轨已成为决定钢轨生产企业核心竞争力的关键产品，开发热处理钢轨，可进一步优化钢轨产品结构，提升企业盈利能力，提高钢轨产品市场竞争力。

传统的钢轨热处理工艺为淬火-回火工艺（Q-T 工艺），在 20 世纪逐渐被淘汰。更为先进的淬火工艺为亚临界淬火工艺，也称为欠速淬火工艺（S-Q 工艺），即对轧后处于奥氏体状态的钢轨加速冷却，在轨头表面形成一个"帽形"硬化层，组织为细片状珠光体。目前钢轨在线热处理工艺主要有喷风、喷雾、水冷和聚合物冷却四种冷却方式。实际应用表明，无论从冷却介质及冷却方式控制难度，还是从微观组织保证能力来看，喷风冷却都是钢轨在线热处理技术的发展趋势。

2017 年武汉钢铁集团有限公司自主完成了钢轨在线热处理产线建设和产品开发，虽然能生产合格产品，但是钢轨性能存在一定波动。在线热处理钢轨组织和性能受化学成分、开冷温度、终冷温度、冷却强度、环境温度等诸多因素的交互影响，目前国内钢厂钢轨热处理工艺基本依靠人工经验，再根据相应工艺条件进行调整和优化，存在工艺调整周期长、成本高、控制精度差以及严重依赖人工经验等问题，严重制约了热处理钢轨性能的进一步提升和发展，因此亟须提高热处理工艺控制精度。开展钢轨在线热处理高精度自学习工艺模型开发可以提高热处理钢轨产品开发效率和智慧制造水平，进而降低工艺调试成本，提高产品合格率，具有重要的意义。

5.1.2 数据驱动方法在钢轨热处理中的应用

5.1.2.1 工业大数据挖掘技术

数据挖掘主要是依托传统统计学原理和现代人工智能技术，提取数据中蕴含信息的一种手段。一般来讲，数据挖掘主要分为明确问题、收集数据、数据处理、建立模型、模型评估及解释和得出结论等步骤。常见数据挖掘手段分为回归分析、方差分析、主成分分析、因子分析、聚类分析、判别分析、典型相关分析和对应分析等。随着工业自动化技术和信息技术的进步，数据挖掘在工业上的应用越来越多。目前，针对工业数据的挖掘方法主要集中在填补空缺值、归一化、正则化、数据聚类和数据均衡化几个方面。Skatvedt 等基于传统统计原理和信息熵理论提出一种数据均衡化和变量选择技术，将数据处理过程分为数据异常值检测和建模变量选择两部分。第一阶段剔除异常数据和补充缺失数据，第二阶段根据信息熵理论对建模变量进行调整。Zhang 等将数据处理分为剔除缺失值、数据聚类、选择代表性数据和补充缺失数据等步骤，通过将模糊系统和多目标优化算法相结合，在考虑模型预测精度和模型可解释性的前提下建立了力学性能预测模型，如图 5-1 所示。

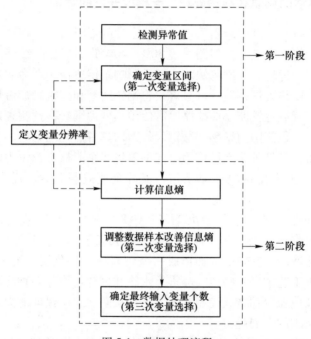

图 5-1　数据处理流程

　　张冬雪研究了欠采样不均衡数据环境下的支持向量机建模技术，提出了基于谱聚类欠采样不均衡数据支持向量机算法和基于精简集欠采样不均衡数据支持向量机算法，并将建立的模型应用至轴承故障检测中。邵臻以电力系统负荷数据、电力市场价格数据为研究对象，对复杂维度数据集下数据驱动模型预测及分类技术展开了研究，融合数据筛选和多目标优化的模糊模型构建流程如图 5-2 所示。

　　基于神经网络对数据中知识的提取也是数据挖掘常用的一种手段，目前采用神经网络对数据规律的挖掘主要分为两种。第一种是研究神经网络输入变量对输出变量的影响程度。例如，Sasikumar 等采用 Taguchi 技术建立了麻风树甲酯回收率模型，分析了模型各输入变量对输出变量的影响程度。Reddy 等采用神经网络研究了合金元素和热处理制度对钛合金中 α 相和 β 相稳态性质的影响程度。第二种是研究神经网络模型输出变量与输入变量的对应关系。Sun 等采用神经网络建立了 Ti-6Al-4V 合金的力学性能预测模型，并研究了

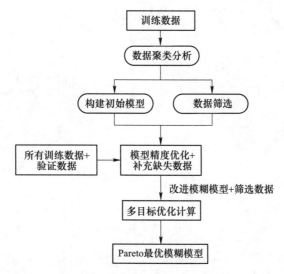

图 5-2 融合数据筛选和多目标优化的模糊模型构建流程

变形度和锻造温度随着屈服强度（Yield Strength，YS）和伸长率（Elongation，EL）的变化规律，绘制的曲线如图 5-3 所示，然而，该研究没有对建模数据的前期处理做详细说明。吕游对过程数据采用传统的数据清洗、数据标准化和数据降维等方法，以某电站燃煤锅炉的实际热态试验数据为研究对象，建立了 NO_x 排放模型。

Powar 等采用神经网络对经过热处理的 30CrMoNiV5-11 钢的屈服强度、抗拉强度、伸长率、贝氏体相体积百分数、珠光体相体积百分数和铁素体相体积百分数进行预测，预测结果与实测结果的相关系数在 0.9 以上。此外，宝钢郭朝晖对工业大数据在钢铁生产中的应用进行了深入的研究，从数理统计的角度对工业数据建模过程中影响模型预测精度的因素进行分析，提出了采用多个钢种同时建模的方法，针对宝钢 2050 生产线开发了全局通用型热轧带钢力学性能预报模型。由于钢铁生产中有大量的前馈和反馈调节，且要考虑轧钢工艺制定离散性的特点，因此传统的数据处理已远远不能满足建模需求，需要结合热轧带钢生产过程开发工业数据处理方法。

5.1.2.2 基于数据驱动的自学习模型开发技术

传统物理冶金学模型在使用过程中有着很大的局限性。一方面，开发一套完整的物理冶金学模型需要进行大量的破坏性实验确定大量复杂的参数；另一方面，模型中的参数通常通过实验室实验确定，而工业现场的实际情况又十分复杂，当模型应用于工业生产时，模型的预测精度又很有限。近些年来，随着自动化技术、数据库技术、通信技术以及企业生产水平的提高，很多企业已经有能力在热轧生产中提取大量的工业数据，这些数据为热处理产品工艺及性能分析奠定了基础。鉴于此，本研究提出了基于人工智能理论的钢轨在线热处理自学习工艺模型，该模型具有很多物理冶金学模型不具备的优点。一方面，它不需要大量的专业知识和破坏性的实验；另一方面，它是基于实际生产数据建立的模型，包含了生产现场复杂的环境因素。因此，基于人工智能理论的组织性能预测模型展现出了很好的工业应用前景。

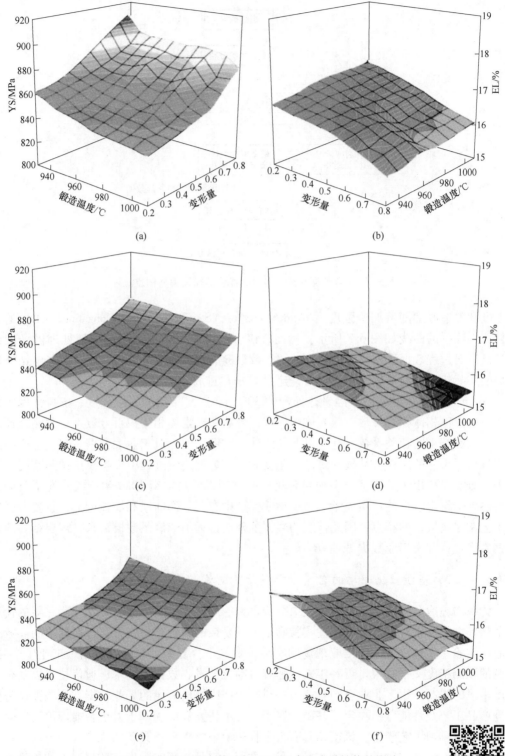

图 5-3 热加工工艺参数对 Ti-6Al-4V 合金力学性能的影响

(a)（b）600 ℃下退火屈服强度和伸长率；（c）（d）700 ℃下退火
屈服强度和伸长率；（e）（f）800 ℃下退火屈服强度和伸长率

彩图资源

　　当钢轨热处理工艺预测模型在钢轨热处理生产现场应用时，复杂的生产环境导致不可避免地存在各种影响因素的干扰（环境温度、湿度、冷却水温度等），在这种情况下，传统的物理冶金学模型因为在建模过程中没有考虑这些因素而不再适用。随着计算机技术和信息技术的进步，采用人工智能手段建立的热轧产品化学成分-工艺参数-力学性能对应关系模型逐渐被应用于热处理工艺参数预测领域，其中，人工神经网络成为一种广受欢迎的建模手段。1995 年，刘振宇等首次将 BP（Back Propagation）神经网络应用到钢材组织性能预测领域，实现了热轧带钢的力学性能预测，取得了满意的效果。然而，BP 神经网络在应用过程中很容易产生过拟合现象。过拟合现象是指由于模型过度追求拟合精度，在建模时会将噪声数据包含到模型之中，导致模型过于复杂，降低模型的泛化能力，如图 5-4 所示。从图中可以看出，采用线性关系拟合的数据效果较差，采用三次曲线拟合时，测试数据和训练数据均获得较好精度，采用五次曲线拟合时，训练精度较高，但泛化能力较差。因此，过拟合现象严重影响了神经网络模型的准确性和合理性。

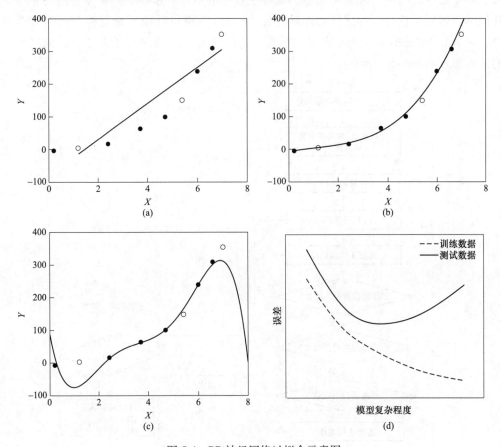

图 5-4　BP 神经网络过拟合示意图
（实心点为建模用数据点，空心点为测试用数据点）
（a）采用线性关系拟合数据；（b）采用三次曲线拟合；（c）采用五次曲线拟合；
（d）训练数据和测试数据误差与模型复杂程度的关系

　　建模的过程通常会存在两种误差：数据噪声和模型的不确定性。针对这两种误差，Mackey 研究了基于贝叶斯正则化方法的神经网络，同传统 BP 神经网络相比，基于贝叶斯正则化方法的神经网络在网络训练目标函数中引入了代表网络复杂程度的惩罚项，改善了神经网络的泛化能力。Bhadeshia 和 Mackey 将基于贝叶斯正则化神经网络应用于钢材扭转过程中应力应变曲线与化学成分、工艺参数的关系建模，钢材焊接后化学成分、焊接工艺与力学性能关系建模，以及镍基合金裂纹扩展速率预测等领域。Grylls 等将贝叶斯正则化神经网络应用到高强度白铜合金的力学性能分析和预测。在奥氏体向珠光体的恒温相变建模研究中，Yoshitake 等成功预测了镍基超合金中 γ 和 γ' 点阵参数。Ayescas 等将等温淬火球墨铸铁中残余奥氏体含量视为成分和热处理参数的函数，采用贝叶斯正则化神经网络建立了描述其随成分和热处理参数的对应关系模型。Yoo 等采用贝叶斯正则化神经网络计算了镍基超合金蠕变断裂寿命。Vasudevan 等基于 309 奥氏体不锈钢和 2205 双相不锈钢，采用贝叶斯正则化神经网络建立了铁素体相体积分数与化学成分的对应关系模型。Capadevila 等采用贝叶斯正则化神经网络建立了珠光体片层间距、珠光体长大速率与化学成分、相变温度之间的对应关系模型，取得了良好的效果。Karimzadeh 等采用贝叶斯正则化神经网络研究了钛合金焊接件的外延生长。Salehi 等将贝叶斯正则化神经网络和有限元结合，对 AA5038 铝合金的再结晶动力学模型进行研究，成功预测了再结晶晶粒尺寸，建模的计算流程如图 5-5 所示。

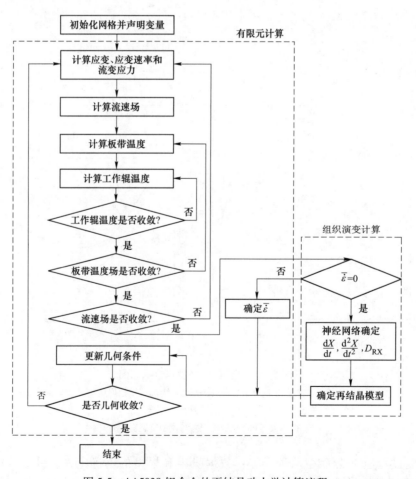

图 5-5 AA5038 铝合金的再结晶动力学计算流程

　　Khlybov 等基于贝叶斯正则化神经网络模型实现了热轧带钢的力学性能预测。Agarwal 等基于生产线实时数据实现了热轧带钢的力学性能在线预测，对于多数钢种，力学性能预测精度可控制在±5%以内。Zhao 等基于贝叶斯正则化神经网络研究了钛合金的热变形行为。贾涛等基于贝叶斯正则化神经网络，在梅钢 1422 热轧生产线实现了热轧带钢的力学性能在线预测，该模型在收敛速度和泛化能力方面均优于传统的 BP 神经网络。

　　随机森林算法作为一种统计学习理论，在 2001 年由 Breiman 提出。它基于重采样方法从原始数据集中抽取多个数据样本，对每个数据样本采用分类回归树建模，然后综合多棵树的预测结果得出最终的预测结果。随机森林的每棵分类回归树，都是对原始记录进行有放回的重采样后生成的，每次重采样后会剩下大约三分之一数据未被抽取，未被抽取的数据自然形成一个对照数据集，因此随机森林不需要在建模前预留数据做交叉验证。

　　近 10 年来，随机森林的理论和方法在许多领域都有了迅速的发展。随机森林算法最初是作为分类算法提出的，目前在分类领域已经进行了深入的研究。Manuel 等通过从 179 个不同的分类算法在 121 个数据集上进行大量的实验对比研究，验证了随机森林算法在分类问题中的优越性能。针对回归问题，在国际上，Prasad 等将随机森林算法用在生态预测上。Rodriguez-Galiano 等分别采用神经网络、随机森林、回归树和支持向量机算法对金矿分布进行了预测，并对这几种算法进行了比较，随机森林算法取得了最好的效果。Yang、Zhang 和 Were 等分别采用回归树、线性回归、神经网络和随机森林算法对土壤有机碳浓度进行了预测，并对这几种算法进行了比较发现，随机森林算法表现出了优异的性能。Bart 等利用随机森林算法对客户关系进行管理，取得了良好的效果。Xie 等在随机森林算法中融合了抽样技术和成本惩罚，并以银行客户数据为例进行了客户流失预测。Buckinx 等基于客户交易数据，采用随机森林算法对客户忠诚度进行了预测。Zhi 等利用随机森林算法预测了草毡表层的分布。Adusumilli 等利用随机森林算法确定了 GPS 故障间隔时间。在国内，李欣海等最早将随机森林算法应用到生态领域，用环境变量（包括连续变量和分类变量两个类型）分析集水区内朱鹮的巢数变化。在此之后，随机森林算法在农业、军械器材、水生态文明、地震储层预测、电力系统和中医药等多个领域得到了迅速的推广。然而，在钢铁行业的钢轨在线热处理工艺参数预测中还未见报道。

5.2　基于数据驱动的钢轨在线热处理工艺模型研究

5.2.1　钢轨在线热处理自学习工艺模型开发

　　本书拟开展基于数据驱动的钢轨在线热处理自学习工艺模型开发，将目前热处理钢轨各项工艺数据进行梳理，研究钢轨的化学成分、入口温度、环境温度等对热处理钢轨性能的综合影响规律，并开发与之相适应的描述算法，建立在线热处理自学习工艺模型；通过软件模型的开发和算法的不断反馈迭代和完善，提高热处理钢轨产品开发效率和智慧制造水平，降低工艺调试成本，提高热处理钢轨性能的合格率，解决方案逻辑如图 5-6 所示。

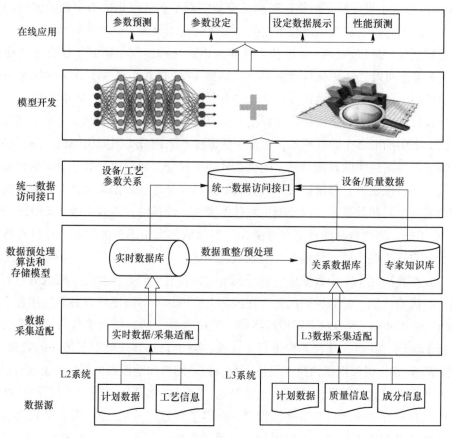

图 5-6　解决方案逻辑图

5.2.2　计划数据与跟踪数据读取

5.2.2.1　计划数据结构设计

在开发数据驱动的钢轨在线热处理自学习工艺模型时，首先要获取钢轨的 ID 号、产品规格、化学成分等 PDI 信息，因此，需要将 L3 的 PDI 信息导入新的模型系统中。系统拟选用 Oracle12c 作为数据库平台 ADO 接口，通过模块化方式把 L3 系统的 PDI 数据进行提取转换，并经过数据清洗、整理后，加载进入基于 Oracle 的数据仓库中。数据的提取方式有两种：一种是直接通过网络读取操作数据库中的数据；另一种是针对部分应用系统的实际情况，在数据源端数据导出，定期将数据提取出来并以一定格式导入数据仓库。数据提取的同时，也提取数据之间的关系，并以一定的公式保存在数据仓库中。

当数据从操作数据源中被提取、存储到数据仓库中时，数据的结构经过了优化，原始数据库中的某些项目转化成为 Oracle 中新的项目，数据分析工具会提供多种角度、多种方式的数据分析、预测、诊断手段，指导现场的生产需要。钢轨三级计划格式表如图 5-7 所示。

钢轨三级计划数据导入后的数据格式如图 5-8 所示。

钢轨三级化学成分格式表如图 5-9 所示。

Column Name	I /	PK	Index Pos	Null?	Data Type	Def...	Histog...	Num Di...	Num ...	Density	Encryptio...	Salt	Seq/Trigger	Virtual
CHECK_STR	1			Y	VARCHAR2 (32 Byte)		None	1	0	1		☐	☐	☐
ROLL_PLAN_NO	2			Y	VARCHAR2 (32 Byte)		None	11	0	0.0909 1		☐	☐	☐
PLAN_NO	3			Y	VARCHAR2 (32 Byte)		None	11	0	0.0909 1		☐	☐	☐
CONTRACT_NO	4			Y	VARCHAR2 (32 Byte)		None	3	0	0.3333 3		☐	☐	☐
ORDER_ID	5			N	VARCHAR2 (32 Byte)		None	11	0	0.0909 1		☐	☐	☐
SMELT_ID	6			Y	VARCHAR2 (32 Byte)		None	11	0	0.0909 1		☐	☐	☐
STEEL_GRADE	7			Y	VARCHAR2 (32 Byte)		None	2	0	0.5		☐	☐	☐
STADARD	8			Y	VARCHAR2 (32 Byte)		None	2	0	0.5		☐	☐	☐
WORK_PROCESS	9			Y	VARCHAR2 (32 Byte)		None	1	0	1		☐	☐	☐
PLAN_STATUS	10			Y	VARCHAR2 (32 Byte)		None	3	0	0.3333 3		☐	☐	☐
PROFILE_CODE	11			Y	VARCHAR2 (32 Byte)		None	2	0	0.5		☐	☐	☐
THICK_OUT	12			Y	NUMBER (10,2)		None	1	0	1		☐	☐	☐
WIDTH_OUT	13			Y	NUMBER (10,2)		None	1	0	1		☐	☐	☐
LENGTH_OUT	14			Y	NUMBER (10,2)		None	1	0	1		☐	☐	☐
CHARGE_MODE_PLAN	15			Y	VARCHAR2 (32 Byte)		None	1	0	1		☐	☐	☐
MAT_COUNT_TOTAL	16			Y	NUMBER (10,2)		None	8	0	0.125		☐	☐	☐
MAT_WEIGHT_TOTAL	17			Y	NUMBER (10,2)		None	8	0	0.125		☐	☐	☐
COMMETS	18			Y	VARCHAR2 (32 Byte)		None	0	11			☐	☐	☐
TOC	19			Y	DATE	sysdate	None	1	0	1		☐	☐	☐

图 5-7　钢轨三级计划格式表

ROLL_PLAN_NO	PLAN_NO	CONTRACT_NO	ORDER_ID	SMELT_ID	STEEL_GRADE	STADARD	WORK_PROCESS	PLAN_STATUS	PROFILE_CODE	THICK_OUT	WIDTH_OUT	LENGTH_OUT
E1032000	387	W1PA056300	51146744	A113911	U71MnG	TB/T 3276	D6	出炉	钢轨60N	0	0	100000
E1032010	388	W1PA056300	51146727	A123808	U71MnG	TB/T 3276	D6	出炉	钢轨60N	0	0	100000
E1032020	389	W1PA056300	51146686	A123758	U71MnG	TB/T 3276	D6	装炉	钢轨60N	0	0	100000
E1032030	390	W1PA056300	51146730	A123811	U71MnG	TB/T 3276	D6	装炉	钢轨60N	0	0	100000
E1032070	391	P1A0000498	51146888	A124014	U71Mn	TB/T 2344	D6	装炉	钢轨50	0	0	100000
E1032080	392	W1PA053200	51146986	A114107	U71Mn	TB/T 2344	D6	下发L2	钢轨50	0	0	100000
E1032110	395	W1PA053200	51146470	A113840	U71Mn	TB/T 2344	D6	下发L2	钢轨50	0	0	100000

图 5-8　钢轨三级计划数据格式表

钢轨三级化学成分数据导入后的数据格式表如图 5-10 所示。

5.2.2.2　跟踪数据读取

当钢轨进入热处理机组前，需要根据在线的跟踪信息，索引出三级下发的化学成分、钢种等信息。因此，需要与在线跟踪系统建立 DB-Link 链接，并对在线的跟踪信息进行数据映射和读取，从而完成在线设定模型的预计算触发功能。

（1）数据转储方法。工艺控制参数设定软件是在数据仓库基础上进行分析，所以在使用该系统时，必须把实际生产数据库内数据、控制系统采集到的数据以及化学成分和热处理工艺参数执行的标准数据，集中存储到数据仓库中。ETL 程序任务是完成各种形式的数据源转换成统一的存储格式。在编写该程序时要求数据提取、转化和传输不失真，而且还要求具有人性化、智能化、自动化和鲁棒性极强等特点。开发 ETL 程序，输入数据所在的机器 IP 地址、数据源名称、数据存储格式，以及导入数据时间范围，系统以手工点击和按系统设置条件自动完成数据转储。

Column Name	I △	PK	Index Pos	Null?	Data Type	Def...	Histog...	Num Di...	Num ...	Density	Encryptio...	Salt	Seq/Trigger	Virtual
▶ CHECK_STR	1			Y	VARCHAR2 (32 Byte)	None		1	0	1		☐	☐	☐
ORDER_ID	2			N	VARCHAR2 (32 Byte)	None		20	0	0.05		☐	☐	☐
DATA_FROM	3			Y	VARCHAR2 (32 Byte)	None		1	0	1		☐	☐	☐
INPUT_MODE	4			Y	VARCHAR2 (32 Byte)	None		1	0	1		☐	☐	☐
SMELT_ID	5			Y	VARCHAR2 (32 Byte)	None		1	0	1		☐	☐	☐
ELEMENT_CLASS	6			Y	VARCHAR2 (32 Byte)	None		1	0	1		☐	☐	☐
FURNACE_GRADE	7			Y	VARCHAR2 (32 Byte)	None		1	0	1		☐	☐	☐
OUT_ID_PLAN	8			Y	VARCHAR2 (32 Byte)	None		1	0	1		☐	☐	☐
OUT_ID_DECIDE	9			Y	VARCHAR2 (32 Byte)	None		1	0	1		☐	☐	☐
OUT_ID_FINAL	10			Y	VARCHAR2 (32 Byte)	None		0	20	0		☐	☐	☐
DATE_FD	11			Y	VARCHAR2 (32 Byte)	None		0	20	0		☐	☐	☐
DATE_FD_FINAL	12			Y	VARCHAR2 (32 Byte)	None		0	20	0		☐	☐	☐
C	13			Y	NUMBER (10,5)	None		1	0	1		☐	☐	☐
Si	14			Y	NUMBER (10,5)	None		1	0	1		☐	☐	☐
Mn	15			Y	NUMBER (10,5)	None		1	0	1		☐	☐	☐
P	16			Y	NUMBER (10,5)	None		1	0	1		☐	☐	☐
S	17			Y	NUMBER (10,5)	None		1	0	1		☐	☐	☐
AIT	18			Y	NUMBER (10,5)	None		1	0	1		☐	☐	☐
AIS	19			Y	NUMBER (10,5)	None		1	0	1		☐	☐	☐
Nb	20			Y	NUMBER (10,5)	None		1	0	1		☐	☐	☐
Ti	21			Y	NUMBER (10,5)	None		1	0	1		☐	☐	☐
B	22			Y	NUMBER (10,5)	None		1	0	1		☐	☐	☐
Cu	23			Y	NUMBER (10,5)	None		1	0	1		☐	☐	☐
Ni	24			Y	NUMBER (10,5)	None		1	0	1		☐	☐	☐
Cr	25			Y	NUMBER (10,5)	None		1	0	1		☐	☐	☐
Mo	26			Y	NUMBER (10,5)	None		1	0	1		☐	☐	☐
V	27			Y	NUMBER (10,5)	None		1	0	1		☐	☐	☐
Sn	28			Y	NUMBER (10,5)	None		1	0	1		☐	☐	☐
As_e	29			Y	NUMBER (10,5)	None		1	0	1		☐	☐	☐
Sb	30			Y	NUMBER (10,5)	None		1	0	1		☐	☐	☐
Pb	31			Y	NUMBER (10,5)	None		1	0	1		☐	☐	☐
Zn	32			Y	NUMBER (10,5)	None		1	0	1		☐	☐	☐
Ca	33			Y	NUMBER (10,5)	None		1	0	1		☐	☐	☐
Zr	34			Y	NUMBER (10,5)	None		1	0	1		☐	☐	☐
W	35			Y	NUMBER (10,5)	None		1	0	1		☐	☐	☐
Bi	36			Y	NUMBER (10,5)	None		1	0	1		☐	☐	☐
La	37			Y	NUMBER (10,5)	None		1	0	1		☐	☐	☐
Ce	38			Y	NUMBER (10,5)	None		1	0	1		☐	☐	☐
Re	39			Y	NUMBER (10,5)	None		1	0	1		☐	☐	☐
N	40			Y	NUMBER (10,5)	None		1	0	1		☐	☐	☐
O	41			Y	NUMBER (10,5)	None		1	0	1		☐	☐	☐
H	42			Y	NUMBER (10,5)	None		1	0	1		☐	☐	☐
SPECIAL_NAME_1	43			Y	VARCHAR2 (32 Byte)	None		0	20	0		☐	☐	☐
SPECIAL_VALUE_1	44			Y	NUMBER (10,5)	None		1	0	1		☐	☐	☐

图 5-9　钢轨三级化学成分格式表

ORDER_ID	OUT_ID_PLAN	C	SI	MN	P	S	ALT	ALS	NB	TI	B	CU	NI	CR	MO
▶ 51146727	NJ1826I3	0.71003	0.35846	0.96232	0.01402	0.00275	0.00164	0.00135	0.00104	0.00178	0.00046	0.02312	0.01185	0.03825	0.00339
51146730	NJ1826I3	0.71003	0.35846	0.96232	0.01402	0.00275	0.00164	0.00135	0.00104	0.00178	0.00046	0.02312	0.01185	0.03825	0.00339
51146986	NJ1826I3	0.71003	0.35846	0.96232	0.01402	0.00275	0.00164	0.00135	0.00104	0.00178	0.00046	0.02312	0.01185	0.03825	0.00339
51147022	NJ1826I3	0.71003	0.35846	0.96232	0.01402	0.00275	0.00164	0.00135	0.00104	0.00178	0.00046	0.02312	0.01185	0.03825	0.00339
51146869	NJ1826I3	0.71003	0.35846	0.96232	0.01402	0.00275	0.00164	0.00135	0.00104	0.00178	0.00046	0.02312	0.01185	0.03825	0.00339
51146755	NJ1826I3	0.71003	0.35846	0.96232	0.01402	0.00275	0.00164	0.00135	0.00104	0.00178	0.00046	0.02312	0.01185	0.03825	0.00339
51146757	NJ1826I3	0.71003	0.35846	0.96232	0.01402	0.00275	0.00164	0.00135	0.00104	0.00178	0.00046	0.02312	0.01185	0.03825	0.00339
51146759	NJ1826I3	0.71003	0.35846	0.96232	0.01402	0.00275	0.00164	0.00135	0.00104	0.00178	0.00046	0.02312	0.01185	0.03825	0.00339
51146761	NJ1826I3	0.71003	0.35846	0.96232	0.01402	0.00275	0.00164	0.00135	0.00104	0.00178	0.00046	0.02312	0.01185	0.03825	0.00339
51146763	NJ1826I3	0.71003	0.35846	0.96232	0.01402	0.00275	0.00164	0.00135	0.00104	0.00178	0.00046	0.02312	0.01185	0.03825	0.00339
51146744	NJ1826I3	0.71003	0.35846	0.96232	0.01402	0.00275	0.00164	0.00135	0.00104	0.00178	0.00046	0.02312	0.01185	0.03825	0.00339
51146686	NJ1826I3	0.71003	0.35846	0.96232	0.01402	0.00275	0.00164	0.00135	0.00104	0.00178	0.00046	0.02312	0.01185	0.03825	0.00339
51146888	NJ1826I3	0.71003	0.35846	0.96232	0.01402	0.00275	0.00164	0.00135	0.00104	0.00178	0.00046	0.02312	0.01185	0.03825	0.00339
51147113	NJ1826I3	0.71003	0.35846	0.96232	0.01402	0.00275	0.00164	0.00135	0.00104	0.00178	0.00046	0.02312	0.01185	0.03825	0.00339
51146470	NJ1826I3	0.71003	0.35846	0.96232	0.01402	0.00275	0.00164	0.00135	0.00104	0.00178	0.00046	0.02312	0.01185	0.03825	0.00339
51146693	NJ1826I3	0.71003	0.35846	0.96232	0.01402	0.00275	0.00164	0.00135	0.00104	0.00178	0.00046	0.02312	0.01185	0.03825	0.00339
51146756	NJ1826I3	0.71003	0.35846	0.96232	0.01402	0.00275	0.00164	0.00135	0.00104	0.00178	0.00046	0.02312	0.01185	0.03825	0.00339
51146758	NJ1826I3	0.71003	0.35846	0.96232	0.01402	0.00275	0.00164	0.00135	0.00104	0.00178	0.00046	0.02312	0.01185	0.03825	0.00339
51146760	NJ1826I3	0.71003	0.35846	0.96232	0.01402	0.00275	0.00164	0.00135	0.00104	0.00178	0.00046	0.02312	0.01185	0.03825	0.00339
51146762	NJ1826I3	0.71003	0.35846	0.96232	0.01402	0.00275	0.00164	0.00135	0.00104	0.00178	0.00046	0.02312	0.01185	0.03825	0.00339
51146745	NJ1826I3	0.71003	0.35846	0.96232	0.01402	0.00275	0.00164	0.00135	0.00104	0.00178	0.00046	0.02312	0.01185	0.03825	0.00339

图 5-10　钢轨三级化学成分数据格式表

（2）数据存储形式。经 ETL 程序把数据转储到数据仓库中，数据在数据仓库中以二维表格形式进行存储，并且在表格内各条记录加上时间戳。表与表之间的关系以主键和外键进行联系，这样既满足关系数据库，又能非常直观、规范进行数据存储，查询和处理数据的速度远远优于其他形式的数据存储，如文本格式数据等。

5.2.2.3　数据处理与标准化

数据的采集和处理是利用数据建模前的基础性工作，其基本原则是为后续数据建模研究提供完备、真实、可靠的数据。对数据库中的数据采用以天为单位、分多次采集，其中包括钢轨的原始数据、实际生产产生的数据和目标产品的数据，最终以 Excel 表格的形式输出，然后导入到数据库中。表 5-1 中，根据钢轨热处理控制理论筛选并计算用于建立数据模型的输入特征，实际筛选出的关键数据包括规格、温度、成分、力学性能等。基于特征筛选后的数据集，在实际数据建模之前还需要进行数据清洗、聚类分析等操作。

表 5-1　模型参数输入特征表述

编号	参数	单位
1	环境温度	℃
2	钢轨温度	℃
3~31	风压参数	MPa
32~37	化学成分	—
38~41	力学性能	MPa
42~51	硬度指标	—

数据的清洗是以处理钢轨热处理样本数据中错误数据和缺失值以及过滤数据中的噪声为目的。对于错误数据，在数据集中主要体现在钢轨热处理生产中工艺和产品性能数据，对这些数据进行删除；对于缺失值，不同的情况，处理的方式也有所不同。一般来说，处理缺失值的方法主要包括两类，分别为删除法和插补法。删除法是比较传统的处理数据缺失的方法，尽管该方法会对数据量级造成损失，但为了钢轨热处理数据的可靠性，对于有特征值缺失的样本数据都进行了删除。

针对上述数据，采用 Pauta 准则去除异常点（见图 5-11），具体的步骤为：计算整体样本的平均值与标准差，计算每个样本与总体平均值之差的绝对值，将上述绝对值中超过 3 倍标准差的数据点作为异常值予以剔除。Pauta 准则的公式如下：

$$|y_i - \bar{y}| > 3S_y \tag{5-1}$$

$$\bar{y} = \frac{1}{L} \sum_{i=1}^{L} y_i \tag{5-2}$$

$$S_y = \sqrt{\frac{1}{L} \sum_{i=1}^{L} (y_i - \bar{y})^2} \tag{5-3}$$

式中，$\bar{y}$ 和 S_y 分别为整体样本的平均值和标准差；L 为样本数量；y_i 为第 i 个样本。

钢轨热处理生产过程中取得的存在部分错误或者偏差较大的数据，需要对其进行数据处理，因此需要对数据采取平滑处理方法。通过五点三次平滑算法对数据进行平滑降噪（见图 5-12），利用连续的 5 个样本构造三次函数，其公式如下：

$$
\begin{cases}
\overline{Y_{i-2}} = \dfrac{1}{70}(69y_{-2} + 4y_{-1} - 6y_0 + 4y_1 - y_2) \\[2mm]
\overline{Y_{i-1}} = \dfrac{1}{30}(2y_{-2} + 27y_{-1} + 12y_0 - 8y_1 + 2y_2) \\[2mm]
\overline{Y_i} = \dfrac{1}{35}(-3y_{-2} + 12y_{-1} + 17y_0 + 12y_1 - 3y_2) \\[2mm]
\overline{Y_{i+1}} = \dfrac{1}{35}(2y_{-2} - 8y_{-1} + 12y_0 + 27y_1 + 2y_2) \\[2mm]
\overline{Y_{i+2}} = \dfrac{1}{70}(-y_{-2} + 4y_{-1} - 6y_0 + 4y_1 + 69y_2)
\end{cases}
\tag{5-4}
$$

式中，$\overline{Y_i}$为平滑降噪后的 y_i。

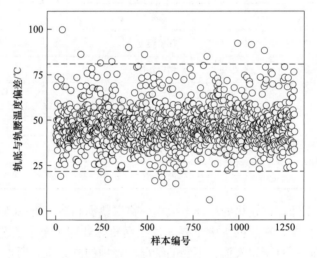

图 5-11　Pauta 准则去除异常值

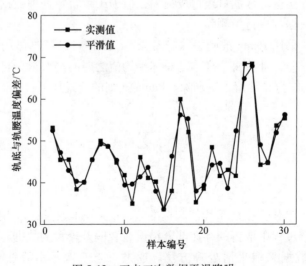

图 5-12　五点三次数据平滑降噪

5.2.3 数据驱动工艺模型开发

5.2.3.1 知识库设计

知识获取的基本任务是为专家系统获取知识，建立起健全、完善、有效的知识库，以满足求解领域的需要。知识库是由计算机按照一定规则分析现场生产数据自动生成，并不断积累学习，使得专家系统随着生产状况的改变而及时调整相关知识，保证了专家系统的生命活力。它的具体做法是：从工艺数据库中读取有关数据，构成基础数据库，在基础数据库中寻找力学性能优越的数据集，分析化学成分和工艺参数分布状况，确定实际生产取值范围，形成专家知识库。

专家系统常用的推理策略有正向推理、反向推理和正反向混合推理三种方式。正向推理是指从原始数据和已知条件推断出结论的方法，也称为数据驱动策略或由下向上策略。反向推理是先提出结论或假设，然后去找支持这个结论或假设的条件或证据是否存在。如果条件满足，则结论成立，否则再设法提出新的假设，再重复上述过程，直到得出满意答案为止。正反向混合推理是根据数据库中的原始数据，通过正向推理帮助系统提出假设，再运用反向推理，进一步寻找支持假设的证据，如此反复，直到得出结论（答案）或不再有新的事实加到数据库为止。采用正反向推理的搜索方法是压缩搜索空间、提高搜索效率的有效途径之一。

专家系统典型的推理过程是从知识库中选择相应的规则集，然后在规则集进行正向推理，具体推理流程如图 5-13 所示。

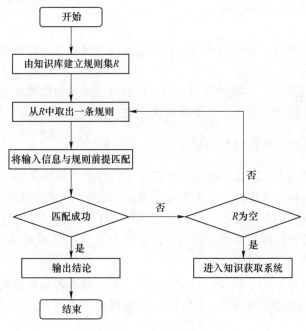

图 5-13 知识推理流程

在专家系统投入使用以后，知识运用的一个重要方面是对知识进行组织、管理和维护，简称知识库的管理。具体地讲，知识库的管理包括：知识的分类，知识的组织和存储，知识的检索，知识的增加，知识的删除，知识的修改，知识的拷贝和转储，知识的一致性、完整性和无冗余性检查等。

A　专家系统知识库的基本功能

（1）知识库的建立与撤销。

（2）知识的增加、插入、删除、修改和检索。

（3）知识的一致性、完整性、无冗余性检索与维护。当知识库的状态发生变化时，能自动进行检查并将结果告诉用户。

（4）友好的输出方式，以直观易于理解的方式输出指定的知识。

（5）知识库具有分块交换功能。对于大型的知识库来说，采用这种技术不仅可以减轻内存空间的压力，还可以提高知识的运用和处理效率。

（6）知识库的重组。知识库运行很长一段时间后，由于知识的不断增加、删除和修改使得知识库的物理组织变坏，影响了知识库的存取空间、运用效率和存取效率。另外，知识库的应用环境发生变化，知识的观点也发生变化，或者说增加了新的应用等。为了改变这种状态，需要对知识库进行重组。

（7）知识库的安全与保密。知识库的安全性能是指保护知识库以防止不合法的使用，在系统能够投入运行以后，应该设定一些不同权限的账号，并根据用户的权限执行存储控制。

（8）知识库的恢复。知识库的安全与保密措施可以预防对知识库的不正确操作事故的发生，由于各种各样的原因使得知识库很可能发生事故，所以必须有强有力的应急恢复措施，将知识库恢复到一个初始状态。

B　规则库的生成

（1）化学成分规则库。根据钢轨力学性能标准以及现场力学性能数据分析，确定在一定生产条件下化学成分的优化值。

（2）工艺参数规则库。根据钢轨力学性能标准以及现场力学性能数据分析，确定在工艺参数的范围值、不同热处理工艺下的规则优化值。

5.2.3.2　数据驱动工艺模型的设计

首先从现场采集的工艺数据中挑选出热处理工艺数据，并将其划分为训练样本数据集和测试样本数据集；再将训练样本数据划分为有标签数据和无标签数据，先将无标签样本数据用于模型自下而上的无监督预训练，接着用标签样本数据对模型进行自上而下的有监督参数微调；最后用测试样本对模型进行测试。图 5-14 为整个预测模型的构建过程。

A　建模步骤

（1）为了消除化学成分、温度、压力等指标之间的量级差别对预测模型训练和测试的影响，本研究对原始数据进行归一化处理，使数据范围在［0，1］之间。归一化的公式为：

$$X^* = \frac{X_0 - X_{\min}}{X_{\max} - X_{\min}} \tag{5-5}$$

式中，X_0 为原始数据；X^* 为归一化值；$X_{\max}$、$X_{\min}$ 为输入数据的最大值和最小值。

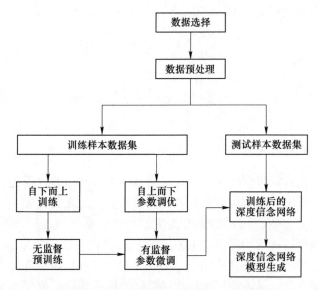

图 5-14 钢轨热处理工艺模型的构建过程

（2）从大量的工艺数据中，选取 70%作为训练样本、30%作为测试样本，再将训练样本分为有标签训练样本和无标签训练样本。无标签训练样本只选取其输入数据，对于有标签训练样本和测试数据，选取其输入向量（化学成分、温度）和输出向量（风压）。

（3）利用无标签训练样本按自下而上的方式进行模型预训练。对于第 k 层，其参数空间 (w^k, b^k) 由第 $k-1$ 层的数据作为输入，再通过 k 层的数据对 $k-1$ 层的参数进行训练。各层神经元的激活概率根据式（5-6）和式（5-7）计算，根据式（5-8）实现权值的更新。

$$P(h_j = 1 \mid v, \theta) = \sigma\Big(b_j + \sum_i w_{ij} v_i\Big) \tag{5-6}$$

$$P(v_i = 1 \mid h, \theta) = \sigma\Big(a_i + \sum_i w_{ij} h_j\Big) \tag{5-7}$$

$$\Delta w_{ij} = \Delta w_{ij} + P(h_j = 1 \mid v^{(0)}, \theta) v_i^{(0)} - P(h_j = 1 \mid v^{(k)}, \theta) v_i^{(k)} \tag{5-8}$$

（4）经过预训练后，利用有标签的训练样本按自上而下的方式，以平方重构误差作为目标函数采用梯度下降法对 DBN-DNN 模型进行调整。

（5）使用测试样本输入微调后的 DBN-DNN 模型中，输出测试数据，并将测试数据反归一化得到完整的热处理工艺预测值。

（6）对比测试样本数据中的输出向量和步骤（5）中得到的热处理工艺预测值，采用预测平均准确率等指标衡量 DBN-DNN 热处理工艺预测模型的预测性能。

B　评价标准

在测试过程中需要根据性能度量对模型的准确性、可靠性进行优劣评价。本研究采用平均绝对百分比误差（*MAPE*）和绝对百分比误差均值（*RMSE*）作为预测模型预测效果的评价标准。

（1）均方根误差（Root Mean Square Error，RMSE）：

$$RMSE = \frac{1}{n} \sqrt{\sum_{i=1}^{n} (y_i - y_i^*)^2} \tag{5-9}$$

（2）平均绝对百分比误差（Mean Abs Percent Error，MAPE）：

$$MAPE = \frac{1}{n} \sum_{i=1}^{n} \left| \frac{y_i - y_i^*}{y_i} \right| \times 100\% \qquad (5\text{-}10)$$

式中，y_i 为真实值；y_i^* 为预测值；n 为测试集样本数。

MAPE 和 *RMSE* 的值越小，表明模型的预测值与真实值越接近，预测精度越高；反之，预测精度越低。

5.2.3.3 基于神经元网络的工艺模型开发

神经元网络是一种有监督学习的多层神经网络，网络的学习过程包括正向传播和反向传播。在正向传播过程中，输入信息从输入层经隐含层单元逐层处理，并传向输出层，经活化函数运算后得到输出值。将输出值与期望值比较后获得误差，然后再将误差反向传播，沿原先的连接通路逐层返回并修改各层连接权值，使得误差信号减小。重复此过程，直至误差满足要求，神经元网络训练结束，至此得到一权重系数矩阵。神经元网络的预报过程只包括正向传播过程，其输出层的输出结果即为网络的预报值。本方案采用三层神经网络，该模型的学习算法采用带有冲量项的算法，如图 5-15 所示。

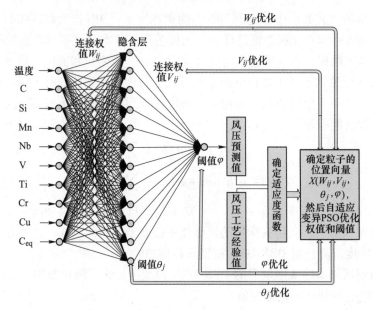

图 5-15 神经元网络结构图

神经元网络算法框图如图 5-16 所示。

网络的训练过程如下：

（1）权值和阈值的初始值 $\omega_{ij}(0)$、$\theta_j(0)$ 为小的非零随机数。

（2）输入学习样本：输入向量 $X_p(p=1,~2,~\cdots,~P)$ 和目标输出 $T_p(p=1,~2,~\cdots,~P)$。

（3）网络的实际输出及隐含单元的状态：$O_{pj} = f_j(\sum \omega_{ij} O_i - \theta_j)$

式中，O_{pj} 是神经元输出；ω_{ij} 是连接权值；θ_j 是神经元的阈值；激发函数 f 为 Sigmoid 函数，即 $f(x) = 1/[1 + \exp(-x)]$。

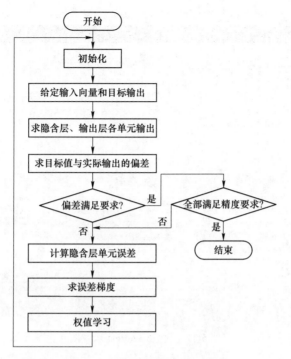

图 5-16 工艺模型开发算法框图

（4）计算训练误差：

输出层：$\delta_{pj} = O_{pj}(1 - O_{pj})(t_{pj} - O_{pj})$

隐含层：$\delta_{pj} = O_{pj}(1 - O_{pj}) \sum_k \delta_{pk}\omega_{jk}$

式中，t_{pj} 为各输出节点的期望输出值；k 为 j 节点所在层的上面一层的节点号。

（5）修改权值和阈值：

$$\theta_j(t + 1) = \theta_j(t) + \eta\delta_j + \alpha[\theta_j(t) - \theta_j(t - 1)]$$
$$\omega_{ij}(t + 1) = \omega_{ij}(t) + \eta\delta_j O_{pj} + \alpha[\omega_{ij}(t) - \omega_{ij}(t - 1)]$$

式中，η 为学习步长，本模型取 0.5；α 为势态项，本模型取 0.5。

（6）当 p 经历 $1\sim P$ 后，判断指标是否满足精度要求 E，这里 $E<\varepsilon$。其中：$E = \sum E_p$，$E_p = \sum (t_{pj} - O_{pj})^2/2$，$\varepsilon$ 为精度，本模型取 $\varepsilon = 0.001$。

若满足要求则转到步骤（7），否则转到步骤（3）。

（7）停止，结束。

5.3 钢轨热处理自学习工艺模型软件开发

5.3.1 计划读取与管理模块

热处理生产计划和化学成分通过计划读取软件从 Excel 数据表中读入系统中，首先在系统菜单（File）中，选择"Import"按钮，如图 5-17 所示；点击该按钮后，会弹出一个导入数据文件选择对话框，如图 5-18 所示。

图 5-17　数据导入界面示意图

彩图资源

图 5-18　导入数据文件选择对话框示意图

彩图资源

　　图 5-18 的对话框中，可选择热处理生产计划数据表和化学成分数据表，导入的数据会分别显示在界面的上半部分和下半部分，如图 5-19 所示。

　　在菜单删除中，可选择"删除计划"按钮删除已导入的热处理生产计划数据，选择"删除化学成分"按钮删除已导入的化学成分数据，如图 5-20 所示。

图 5-19 导入数据后的界面示意图

彩图资源

图 5-20 计划数据删除界面示意图

彩图资源

5.3.2 自学习模型计算模块

在热处理生产计划主界面上，选择一条即将生产的计划数据，点击右键会弹出一个菜单，如图 5-21 所示。选择"模型计算"选项，则系统会根据当前计划及其所对应的化学成分表，经过数据读取后显示在即将弹出的模型计算窗口中，如图 5-22 所示。

图 5-21   计划选择和模型计算菜单示意图

彩图资源

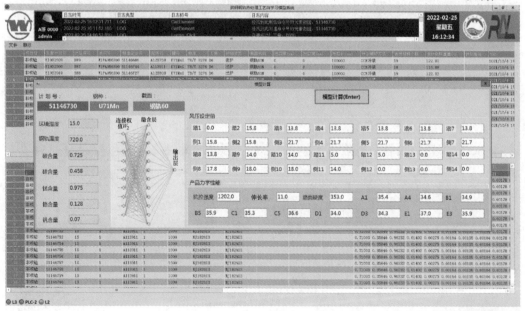

图 5-22   模型计算界面示意图

彩图资源

从图 5-22 中可以看到，根据计划数据可将生产计划号、产品规格、化学成分等参数读入到系统中，再根据可干预的环境温度、钢轨温度等参数，可以计算出钢轨热处理过程中，在 14 个踏面和 14 个侧面的风冷风压设定值；同时，还可以根据这些风压参数，基于已建立好的自学习工艺模型计算出钢轨经过热处理后的抗拉强度、伸长率、踏面硬度、A1 值、A4 值等参数，操作工可根据这些参数进行在线的风压设定和开口度的调整。

5.3.3 钢轨工艺数据信息模块

点击快捷键"M"键，可弹出如图 5-23 所示的对话框。该对话框中，包括计划数据读取、50kg U71Mn 钢轨工艺数据信息、50kg U75V 钢轨工艺数据信息、60kg U71Mn 钢轨工艺数据信息、60kg U75V 钢轨工艺数据信息、数据跟踪等模块。点击"50kg U71Mn 钢轨"工艺数据信息菜单，则进入图 5-24 所示的界面。

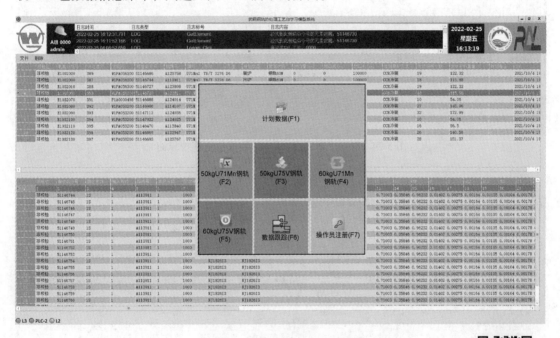

图 5-23 对话框选择菜单示意图

从图 5-24 中可以看到，该模块的数据表中已经显示了所有经过数据处理后 50kg U71Mn 钢轨的工艺实验数据和质量参数数据。右键双击每一个工艺数据，即可对工艺数据信息表中的数据进行修改，然后右键点击会弹出一列菜单，如图 5-25 所示。该菜单可以对数据表的数据进行添加、删除、更新选中数据、更新全部数据、重新载入数据，可以拷贝一条数据然后粘贴到下一行。因此，模型维护工程师可采用这些菜单对工艺数据进行维护和增减。

图 5-25 中的下半部分是基于 50kg U71Mn 钢轨产品规格、化学成分等参数，根据可干预的环境温度、钢轨温度等参数，计算和测试钢轨热处理过程中，在 14 个踏面和 14 个侧面的风冷风压设定值；同时，还可以根据这些风压参数，基于已建立好的自学习工艺模型计算出钢轨经过热处理后的抗拉强度、伸长率、踏面硬度、A1 值、A4 值等参数，操作工

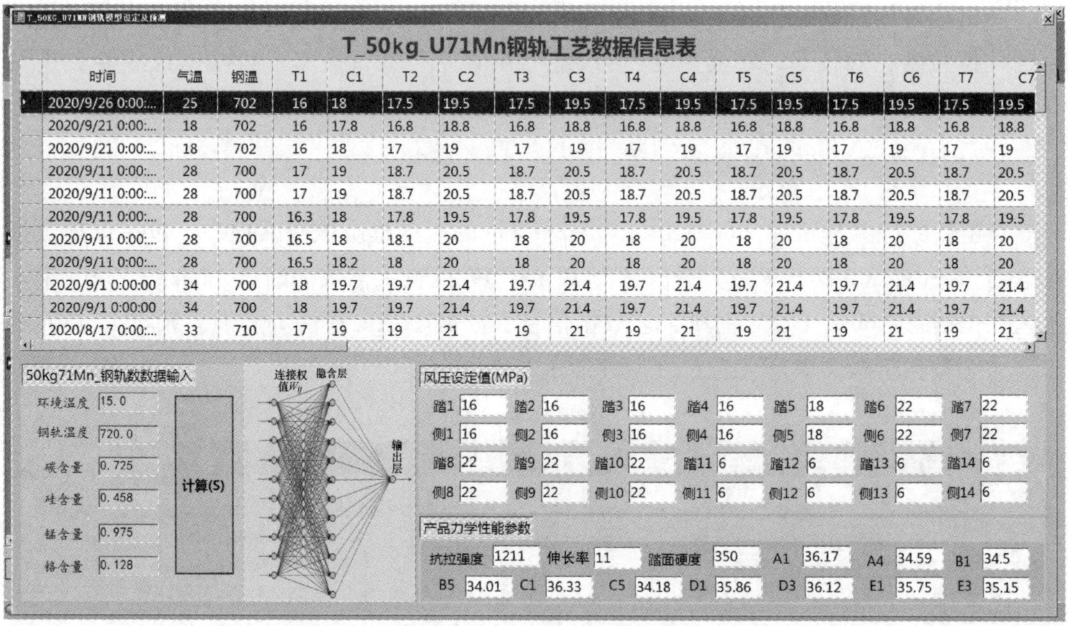

图 5-24 50kg U71Mn 钢轨工艺数据信息管理界面

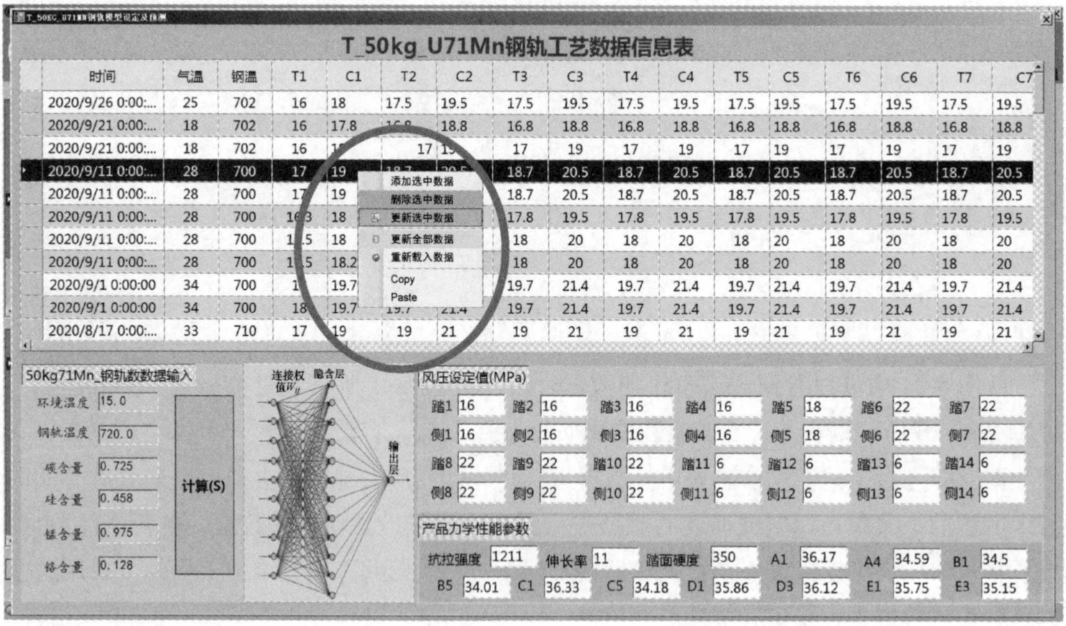

图 5-25 50kg U71Mn 钢轨工艺数据维护菜单

可根据这些参数进行在线的风压设定和开口度的调整，也可用于新产品开发前工艺参数的模拟计算。

5.4　模型应用数据统计与分析

5.4.1　T_50kg_U71Mn 产品自学习模型应用

本项目开发的钢轨热处理自学习工艺模型软件，对不同工艺条件下的 T_50kg_U71Mn 产品性能参数进行了预测，并将预测值与实测值进行了对比与统计。

图 5-26 为 T_50kg_U71Mn 钢轨实测抗拉强度值和新模型预测抗拉强度值对比以及模型预测误差分布，从图中可以看出，该模型误差在±5%以内的比例达到 88.4%。

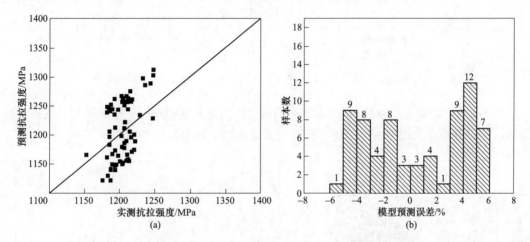

图 5-26　T_50kg_U71Mn 钢轨实测抗拉强度统计（a）和模型预测误差分布（b）

图 5-27 为 T_50kg_U71Mn 钢轨实测伸长率和新模型预测伸长率对比以及模型预测误差分布，从图中可以看出，该模型误差在±5%以内的比例达到 89.8%。

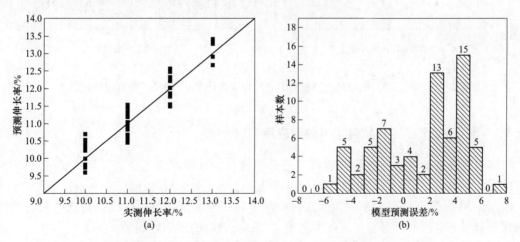

图 5-27　T_50kg_U71Mn 钢轨实测伸长率统计（a）和模型预测误差分布（b）

图 5-28 为 T_50kg_U71Mn 钢轨实测踏面硬度和新模型预测踏面硬度对比以及模型预测误差分布，从图中可以看出，该模型误差在±5%以内的比例达到 88.4%。

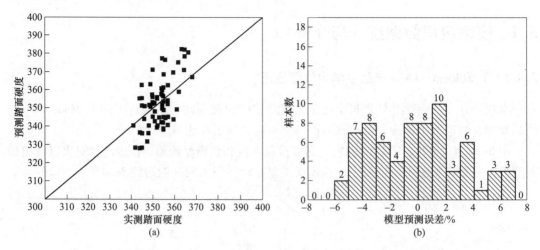

图 5-28   T_50kg_U71Mn 钢轨实测踏面硬度统计（a）和模型预测误差分布（b）

图 5-29 为 T_50kg_U71Mn 钢轨实测横断面洛氏硬度和新模型预测洛氏硬度对比以及模型预测误差分布，从图中可以看出，该模型误差在±5%以内的比例达到 90.28%。

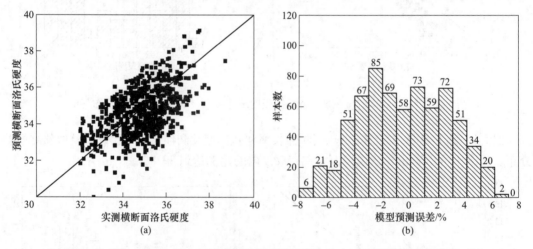

图 5-29   T_50kg_U71Mn 钢轨实测横断面洛氏硬度统计（a）和模型预测误差分布（b）

5.4.2   T_50kg_U75V 产品自学习模型应用

本项目开发的钢轨热处理自学习工艺模型软件，对不同工艺条件下的 T_50kg_U75V 产品性能参数进行了预测，并将预测值与实测值进行了对比与统计。

图 5-30 为 T_50kg_U75V 钢轨实测抗拉强度和新模型预测抗拉强度值对比以及模型预测误差分布，从图中可以看出，该模型误差在±5%以内的比例达到 89.5%。

图 5-31 为 T_50kg_U75V 钢轨实测伸长率和新模型预测伸长率对比以及模型预测误差分布，从图中可以看出，该模型误差在±5%以内的比例达到 92.1%。

图 5-32 为 T_50kg_U75V 钢轨实测踏面硬度和新模型预测踏面硬度对比以及模型预测误差分布，从图中可以看出，该模型误差在±5%以内的比例达到 90.8%。

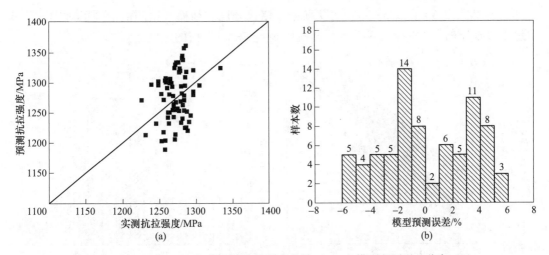

图 5-30　T_50kg_U75V 钢轨实测抗拉强度统计（a）和模型预测误差分布（b）

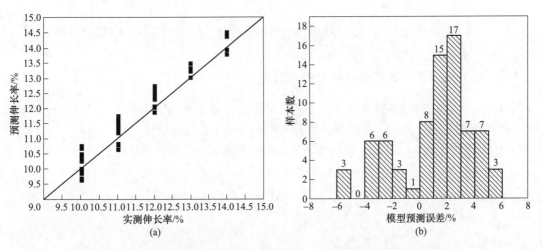

图 5-31　T_50kg_U75V 钢轨实测伸长率统计（a）和模型预测误差分布（b）

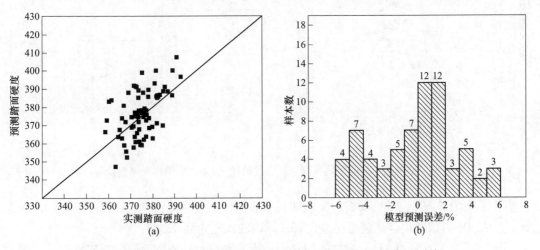

图 5-32　T_50kg_U75V 钢轨实测踏面硬度统计（a）和模型预测误差分布（b）

图 5-33 为 T_50kg_U75V 钢轨实测横断面洛氏硬度和新模型预测洛氏硬度对比以及模型预测误差分布，从图中可以看出，该模型误差在±5%以内的比例达到91.7%。

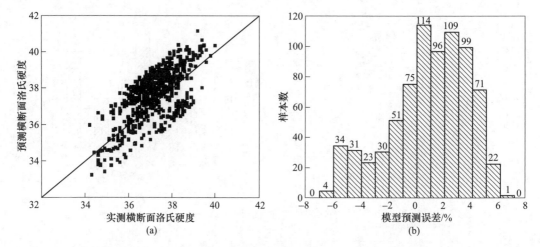

图 5-33 T_50kg_U75V 钢轨实测横断面洛氏硬度统计（a）和模型预测误差分布（b）

5.4.3 T_60kg_U71Mn 产品自学习模型应用

本项目开发的钢轨热处理自学习工艺模型软件，对不同工艺条件下的 T_60kg_U71Mn 产品性能参数进行了预测，并将预测值与实测值进行了对比与统计。

图 5-34 为 T_60kg_U71Mn 钢轨实测抗拉强度和新模型预测抗拉强度值对比以及模型预测误差分布，从图中可以看出，该模型误差在±5%以内的比例达到91.6%。

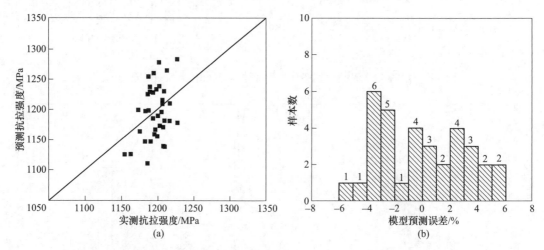

图 5-34 T_60kg_U71Mn 钢轨实测抗拉强度统计（a）和模型预测误差分布（b）

图 5-35 为 T_60kg_U71Mn 钢轨实测伸长率和新模型预测伸长率对比以及模型预测误差分布，从图中可以看出，该模型误差在±5%以内的比例达到92.4%。

图 5-36 为 T_60kg_U71Mn 钢轨实测踏面硬度和新模型预测踏面硬度对比图以及模型预测误差分布图，从图中可以看出，该模型误差在±5%以内的比例达到91.6%。

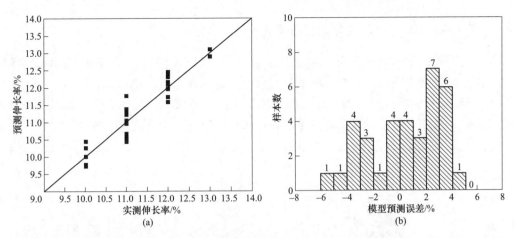

图 5-35 T_60kg_U71Mn 钢轨实测伸长率统计（a）和模型预测误差分布（b）

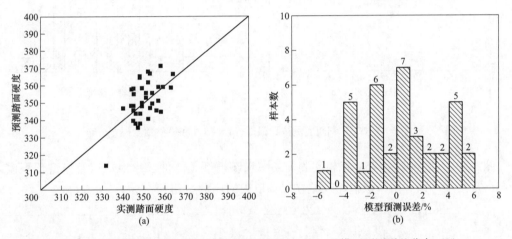

图 5-36 T_60kg_U71Mn 钢轨实测踏面硬度统计（a）和模型预测误差分布（b）

图 5-37 为 T_60kg_U71Mn 钢轨实测横断面洛氏硬度和新模型预测洛氏硬度对比以及模型预测误差分布，从图中可以看出，该模型误差在±5%以内的比例达到 90.8%。

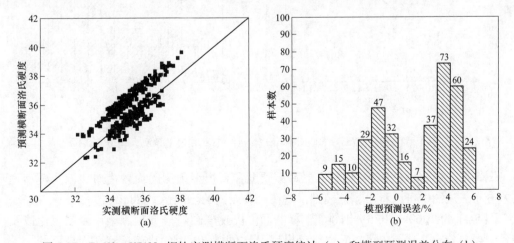

图 5-37 T_60kg_U71Mn 钢轨实测横断面洛氏硬度统计（a）和模型预测误差分布（b）

5.4.4 T_60kg_U75V 产品自学习模型应用

本项目开发的钢轨热处理自学习工艺模型软件，对不同工艺条件下的 T_60kg_U75V 产品性能参数进行了预测，并将预测值与实测值进行了对比与统计。

图 5-38 为 T_60kg_U75V 钢轨实测抗拉强度和新模型预测抗拉强度值对比以及模型预测误差分布，从图中可以看出，该模型误差在 ±5% 以内的比例达到 89.5%。

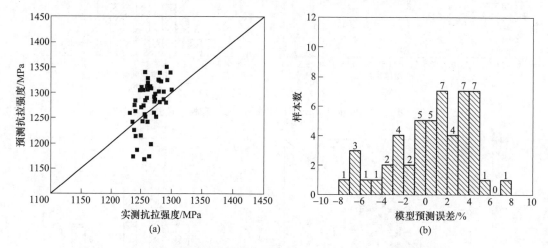

图 5-38 T_60kg_U75V 钢轨实测抗拉强度统计（a）和模型预测误差分布（b）

图 5-39 为 T_60kg_U75V 钢轨实测伸长率和新模型预测伸长率对比以及模型预测误差分布，从图中可以看出，该模型误差在 ±5% 以内的比例达到 88.2%。

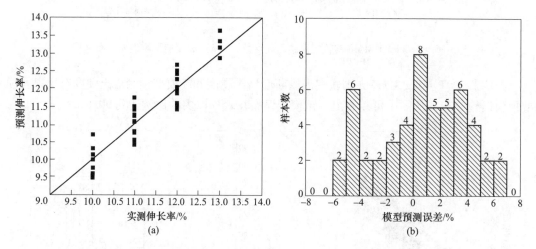

图 5-39 T_60kg_U75V 钢轨实测伸长率统计（a）和模型预测误差分布（b）

图 5-40 为 T_60kg_U75V 钢轨实测踏面硬度和新模型预测踏面硬度对比以及模型预测误差分布，从图中可以看出，该模型误差在 ±5% 以内的比例达到 88.2%。

图 5-41 为 T_60kg_U75V 钢轨实测横断面洛氏硬度和新模型预测洛氏硬度对比以及模型预测误差分布，从图中可以看出，该模型误差在 ±5% 以内的比例达到 91.5%。

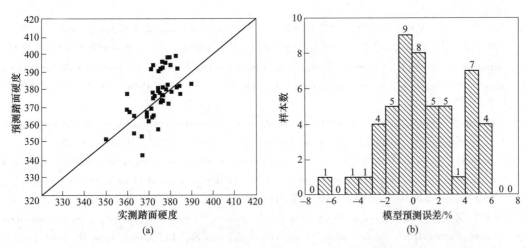

图 5-40 T_60kg_U75V 钢轨实测踏面硬度统计（a）和模型预测误差分布（b）

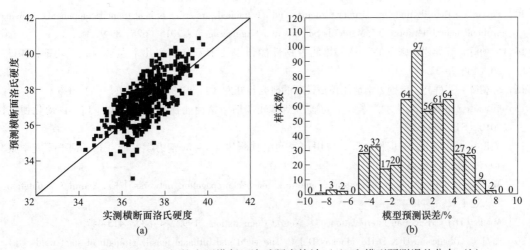

图 5-41 T_60kg_U75V 钢轨实测横断面洛氏硬度统计（a）和模型预测误差分布（b）

参 考 文 献

［1］ Skatvedt M. Variable selection and data pre-processing in NN modelling of complex chemical processes ［J］. Computers and Chemical Engineering, 2005, 29（7）: 1647-1659.

［2］ Zhang Q. Nature-inspired multi-objective optimisation and transparent knowledge discovery via hierarchical fuzzy modelling ［J］. University of Sheffield, 2008: 115-116.

［3］ Zhang Q, Mahfouf M, Yates J R, et al. Model fusion using fuzzy aggregation: Special applications to metal properties ［J］. Applied Soft Computing, 2012, 12（6）: 1678-1692.

［4］ Zhang Q, Mahfouf M. A hierarchical Mamdani-type fuzzy modelling approach with new training data selection and multi-objective optimisation mechanisms: A special application for the prediction of mechanical properties of alloy steels ［J］. Applied Soft Computing, 2011, 11（2）: 2419-2443.

［5］ Zhang Q, Mahfouf M, Leon L D, et al. Prediction of machining induced residual stresses in aluminium alloys using a hierarchical data-driven fuzzy modelling approach ［J］. IFAC Proceedings Volumes, 2009,

42 (23)：231-236.

［6］张冬雪. 基于欠采样不均衡数据 SVM 算法与应用［D］. 哈尔滨：哈尔滨工程大学，2013.

［7］邵臻. 基于特征分析和数据降维的复杂数据预测与分类方法研究［D］. 合肥：合肥工业大学，2015.

［8］Sterjovski Z, Nolan D, Carpenter K R, et al. Artificial neural networks for modelling the mechanical properties of steels in various applications［J］. Journal of Materials Processing Technology, 2005, 170 (3)：536-544.

［9］Sasikumar C, Balamurugan K, Rajendran S, et al. Process parameter optimization in jatropha methyl ester yield using taguchi technique［J］. Advanced Manufacturing Processes, 2015, 31 (6)：701-706.

［10］Reddy N S, Panigrahi B B, Ho C M, et al. Artificial neural network modeling on the relative importance of alloying elements and heat treatment temperature to the stability of α and β phase in titanium alloys［J］. Computational Materials Science, 2015, 107：175-183.

［11］Sun Y, Zeng W, Han Y, et al. Determination of the influence of processing parameters on the mechanical properties of the Ti-6Al-4V alloy using an artificial neural network［J］. Computational Materials Science, 2012, 60：239-244.

［12］吕游. 基于过程数据的建模方法研究及应用［D］. 北京：华北电力大学，2014.

［13］Powar A, Date P. Modeling of microstructure and mechanical properties of heat treated components by using artificial neural network［J］. Materials Science and Engineering A, 2015, 628：89-97.

［14］郭朝晖，苏异才，张群亮，等. 热轧带钢性能预报技术研究中的几个误区［J］. 轧钢，2013，30 (1)：29-32.

［15］郭朝晖，张群亮. 宝钢力学性能预报模型的研究与开发［J］. 宝钢技术，2011 (5)：1-6.

［16］郭朝晖，王巍，苏异才，等. 全局通用型热轧带钢力学性能预报模型技术［J］. 自动化博览，2010 (S1)：59-62.

［17］刘振宇，王昭东，王国栋，等. 应用神经网络预测热轧 C-Mn 钢力学性能［J］. 钢铁研究学报，1995，7 (4)：61-66.

［18］Mackay D J C. A practical bayesian framework for backpropagation networks［J］. Neural Computation, 1992, 4 (3)：448-472.

［19］Mackay D J C. Bayesian interpolation［J］. Neural Computation, 1992, 4 (3)：415-447.

［20］Cool T, Bhadeshia H K D H, Mackay D J C. The yield and ultimate tensile strength of steel welds［J］. Materials Science and Engineering A, 1997, 223 (1/2)：186-200.

［21］Grylls R J. Mechanical properties of a high-strength cupronickel alloy-Bayesian neural network analysis［J］. Materials Science and Engineering A, 1997, 234：267-270.

［22］Yoshitake S, Narayan V, Harada H, et al. Estimation of the γ and γ′ lattice parameters in nickel-base superalloys using neural network analysis［J］. ISIJ International, 1998, 38 (5)：495-502.

［23］Yescas M A, Bhadeshia H, Mackay D J. Estimation of the amount of retained austenite in austempered ductile irons using neural networks［J］. Materials Science and Engineering A, 2001, 311 (1/2)：162-173.

［24］Yoo Y S, Jo C Y, Jones C N. Compositional prediction of creep rupture life of single crystal Ni base superalloy by Bayesian neural network［J］. Materials Science and Engineering A, 2002, 336 (1)：22-29.

［25］Vasudevan M, Bhaduri A K, Raj B, et al. Delta ferrite prediction in stainless steel welds using neural network analysis and comparison with other prediction methods［J］. Journal of Materials Processing Technology, 2003, 142 (1)：20-28.

［26］Capdevila C, Caballero F G, García de andrés C. Neural network model for isothermal pearlite transformation. Part Ⅰ: Interlamellar spacing［J］. ISIJ International, 2005, 45 (2)：229-237.

［27］ Karimzadeh F，Ebnonnasir A，Foroughi A. Artificial neural network modeling for evaluating of epitaxial growth of Ti6Al4V weldment ［J］. Materials Science and Engineering A，2006，432（1/2）：184-190.

［28］ Salehi M S，Serajzadeh S. A model to predict recrystallization kinetics in hot strip rolling using combined artificial neural network and finite elements ［J］. Journal of Materials Engineering and Performance，2009，18（9）：1209-1217.

［29］ Khlybov O S，Dubinin I V. Algorithm for controlling mechanical properties of hot rolled steels using bayesian network model ［J］. Materials Science Forum，2012，706：1444-1447.

［30］ Agarwal K，Shivpuri R. An on-line hierarchical decomposition based bayesian model for quality prediction during hot strip rolling ［J］. ISIJ International，2012，52（10）：1862-1871.

［31］ Zhao J，Ding H，Zhao W，et al. Modelling of the hot deformation behaviour of a titanium alloy using constitutive equations and artificial neural network ［J］. Computational Materials Science，2014，92：47-56.

［32］ Breiman L. Random forests ［J］. Machine Learning，2001，45（1）：5-32.

［33］ Manuel F D，Eva C. Do we need hundreds of classifiers to solve real world classification problems?［J］. Journal of Machine Learning Research，2014，15（1）：3133-3181.

［34］ Prasad A M，Iverson L R，Liaw A. Newer classification and regression tree techniques：Bagging and random forests for ecological prediction ［J］. Ecosystems，2006，9（2）：181-199.

［35］ Rodriguez-Galiano V，Sanchez-Castillo M，Chica-Olmo M，et al. Machine learning predictive models for mineral prospectivity：An evaluation of neural networks，random forest，regression trees and support vector machines ［J］. Ore Geology Reviews，2015，71：804-818.

［36］ Yang R M，Zhang G L，Liu F，et al. Comparison of boosted regression tree and random forest models for mapping topsoil organic carbon concentration in an alpine ecosystem ［J］. Ecological Indicators，2016，60：870-878.

［37］ Zhang H，Wu P，Yin A，et al. Prediction of soil organic carbon in an intensively managed reclamation zone of eastern China：A comparison of multiple linear regressions and the random forest model ［J］. Science of the Total Environment，2017，592：704-713.

［38］ Were K，Bui D T，Øystein B D，et al. A comparative assessment of support vector regression，artificial neural networks，and random forests for predicting and mapping soil organic carbon stocks across an afromontane landscape ［J］. Ecological Indicators，2015，52：394-403.

［39］ Bart L，Poel D V D. Predicting customer retention and profitability by using random forests and regression forests techniques ［J］. Working Papers of Faculty of Economics and Business Administration Ghent University Belgium，2004，29（2）：472-484.

［40］ Xie Y，Li X，Ngai E W T，et al. Customer churn prediction using improved balanced random forests ［J］. Expert Systems with Applications，2009，36（3）：5445-5449.

［41］ Buckinx W，Verstraeten G，Poel D V D. Predicting customer loyalty using the internal transactional database ［J］. Expert Systems with Applications，2007，32（1）：125-134.

［42］ Zhi J，Zhang G，Yang F，et al. Predicting mattic epipedons in the northeastern Qinghai-Tibetan Plateau using random forest ［J］. Geoderma Regional，2017，10：1-10.

［43］ Adusumilli S，Bhatt D，Wang H，et al. A novel hybrid approach utilizing principal component regression and random forest regression to bridge the period of GPS outages ［J］. Neurocomputing，2015，166：185-192.

6 线材加热-轧制过程一体化质量设计与协同控制

线材加热-轧制过程一体化质量设计与协同控制是基于多场耦合下的微观组织机理模型和神经网络等优化算法，开发线材加热-轧制过程的动态质量设计技术，采用加热-轧制-冷却一体化智能控制模型，实现对多等级棒线材产品窄窗口精准控制，动态协同生产各环节核心工艺参数[1-2]的技术。

6.1 金属氧化失重与脱碳行为理论和实验研究

6.1.1 金属氧化失重行为

60Si2Mn 作为一种 Si、Mn 含量较高的合金钢，在弹簧钢领域有广泛的应用空间，探究 Si、Mn 元素在高温下的氧化特性将对此类合金钢的生产有重要的指导性意义。本研究针对弹簧钢 60Si2Mn 在空气气氛条件下恒温加热氧化行为，运用高温氧化增重仪研究不同的加热温度、加热时间、加热气氛对于弹簧钢的氧化铁皮生成的影响规律[3]。以 $\phi24$ mm 的 60Si2Mn 热轧成品棒材为原料，设计试验方案，具体的化学成分见表 6-1。

表 6-1　60Si2Mn 钢的化学成分　　　　　　（质量分数，%）

元素	C	Mn	Si	Al	S	Cr
含量	0.58	0.72	1.75	0.015	0.003	0.31

氧化温度分别为 900 ℃、1000 ℃、1100 ℃、1150 ℃，氧化时间均为 1 h，不同氧化温度下的氧化铁皮形貌金相照片如图 6-1 所示。

使用计算机软件测得的氧化铁皮厚度如图 6-2 和图 6-3 所示。图 6-2 为合金氧化层和富 Fe 氧化层在不同加热温度下的厚度分布，可以算出随着加热温度升高这两个氧化层之间的厚度比例基本保持在 1∶2 左右不变，表明温度的升高对于氧化层的厚度分布影响不大。总的氧化铁皮厚度如图 6-3 所示。

由图 6-3 中观察到氧化铁皮的厚度随着温度的升高而增加，在 1150 ℃时氧化铁皮厚度值最大。在 900 ℃时，基体外侧氧化层相对较薄，形成的合金氧化层弥散化分布。随着氧化温度的升高，在 1000 ℃、1100 ℃时氧化层较为光滑致密，并在基体表面形成一层致密富合金氧化层 $FeO+Fe_2SiO_4$，这在后续的电子探针面扫描中将得到证实，这个氧化层阻碍离子的扩散从而阻止了基体的继续氧化，当氧化温度升高到 1150 ℃时，紧密带状的合金氧化层转变为疏松多孔状，从图 6-1（d）中可以看出 Fe_2SiO_4 以小岛状的形式分布在 FeO 中。

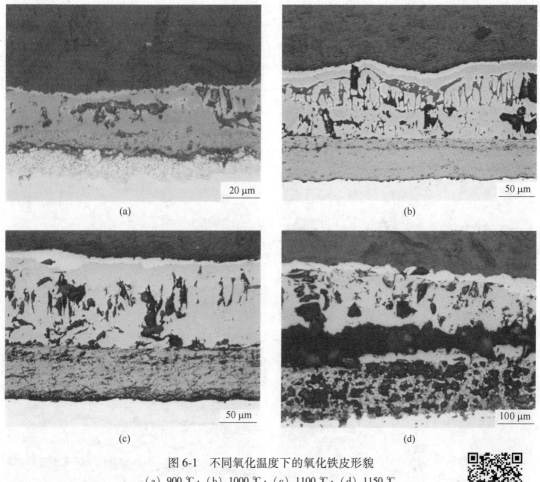

(a)　　　　　　　　　　　　　　　(b)

(c)　　　　　　　　　　　　　　　(d)

图 6-1　不同氧化温度下的氧化铁皮形貌

(a) 900 ℃；(b) 1000 ℃；(c) 1100 ℃；(d) 1150 ℃

彩图资源

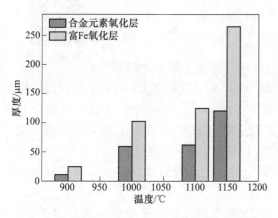

图 6-2　不同温度下氧化铁皮各层厚度分布

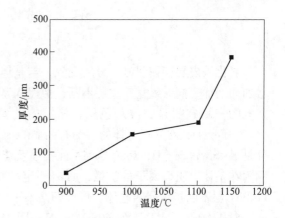

图 6-3　不同温度下总的氧化铁皮厚度

氧化温度均为 1000 ℃，氧化时间分别为 1 h、2 h、3 h、4 h，氧化铁皮的金相照片如图 6-4 所示。氧化铁皮厚度如图 6-5 和图 6-6 所示。图 6-5 为不同保温时间下氧化铁皮各层厚度分布，通过图中数据可以计算出在 1~3 h 氧化过程中，内外层氧化层比例基本保持在 1:1.7 左右不变，而在 4 h 后合金元素氧化层厚度将大于富铁氧化层厚度，总的氧化层厚度如图 6-6 所示。

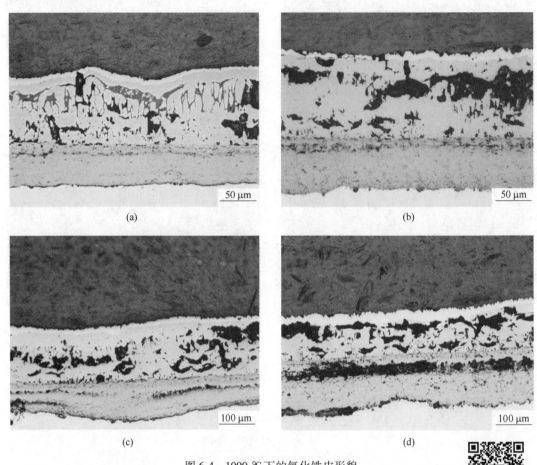

(a) (b)

(c) (d)

图 6-4 1000 ℃下的氧化铁皮形貌
(a) 1 h；(b) 2 h；(c) 3 h；(d) 4 h

彩图资源

氧化铁皮层存在明显的分层现象，与基体之间的孔隙大小随氧化时间的增加而增加，同时氧化铁皮层不断扩散侵入基体。1000 ℃高温氧化 1 h 时的氧化铁皮靠近空气的一侧有明显的浅灰色层，该层的主要成分是 Fe_2O_3，较厚的中间层主要成分是 $Fe_3O_4+Fe_{1-x}O$，在靠近基体的一侧有明显的 Si 元素富集，由后续的能谱分析可知该层的成分是 $Fe_2SiO_4+Fe_{1-x}O$，后续 EPMA 面扫描及能谱分析证实了这一结果，最内层含 Si 氧化层黏附在基体上阻碍离子的扩散，具有一定的抗氧化性。与此同时氧化铁皮中靠近基体的 Fe_2SiO_4 层不断扩散侵入基体，形成凹凸不平的界面。

对 1100 ℃、1 h 下的 60Si2Mn 钢利用 JXA-8530F 型场发射电子探针进行定量分析，EPMA 扫描图如图 6-7 所示。对不同的位置进行能谱分析，谱图位置如图 6-8 所示。

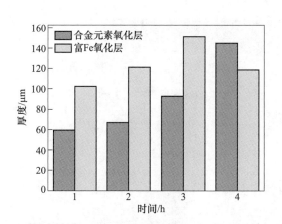

图 6-5　不同保温时间下氧化铁皮各层厚度分布

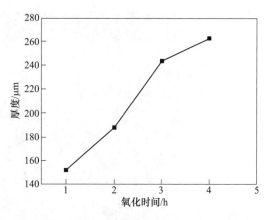

图 6-6　不同氧化时间下总的氧化铁皮厚度

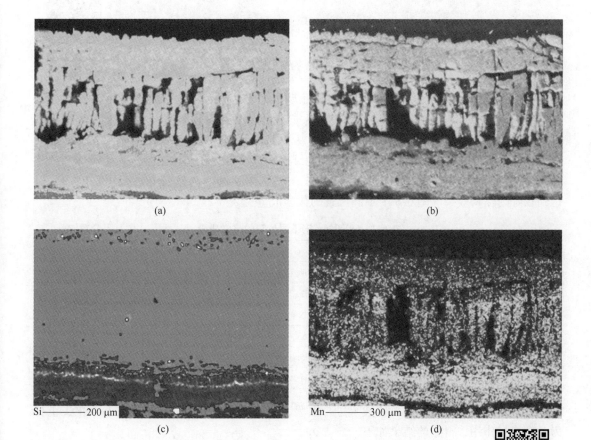

图 6-7　1100 ℃氧化 1 h 60Si2Mn 钢的 EPMA 面扫描元素分布

（a）Fe；（b）O；（c）Si；（d）Mn

彩图资源

　　通过不同原子间的化学计量比，同时结合面扫描图可分析出氧化铁皮界
面处成分为 Fe_2SiO_4 和 $Fe_{1-x}O$ 的混合相，最外层的成分为 Fe_2O_3，中间层为 $Fe_{1-x}O$ 和 Fe_3O_4
混合相。面扫描观察得知 Mn 元素与铁氧化性质相似，由内而外含量逐渐减少，且分割界

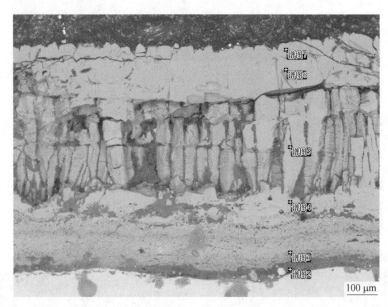

彩图资源

图 6-8　60Si2Mn 钢在 1100 ℃氧化 5 h 的能谱图

面与 Fe 元素相似。Si 元素在谱图中存在一条明显的富集层，结合其他元素的分布，推测该层的成分是 Fe_2SiO_4。该层对氧化铁皮的生长在低温下有阻碍作用，超过 Fe_2SiO_4 熔点时熔融的 Fe_2SiO_4 会成为氧离子扩散的通道，从而大大增加氧化速率。同时，可以观察到 Fe_2SiO_4 层的结构较为致密，结合之前的实验结果，该层钉扎在基体上会大大提高除鳞的难度，为了减轻除磷难度可将加热温度控制在 Fe_2SiO_4 熔化和小岛状分布的温度区间内，以达到较好的除磷效果。图 6-8 中不同位置的化学成分见表 6-2。

表 6-2　60Si2Mn 钢不同位置的化学成分　　　　　　　　（原子分数，%）

谱图位置	Fe	O	Si	Mn
2	30.97	64.72	4.31	—
3	39.97	52.03	7.01	0.65
4	44.03	55.49	—	0.48
5	45.91	53.6	—	0.49
6	43.66	55.03	0.89	0.43
7	38.58	61.42		

　　针对弹簧钢 60Si2Mn 的氧化失重进行实验，研究结果对于合金钢棒线材的氧化失重行为具有指导作用，得到的结果如下：

　　（1）60Si2Mn 的氧化增重曲线均遵从抛物线定律，60Si2Mn 在 1200 ℃以下温度氧化时，由于受到合金氧化层阻碍作用，抛物线速率常数较低，但在 1200 ℃时由于 Fe_2SiO_4 的熔化，氧化速率显著增加。

　　（2）随着氧化温度的升高以及保温时间的延长，60Si2Mn 的氧化层厚度逐渐增加。氧化铁皮从边缘向内部的结构为：富合金元素氧化层 Fe_2SiO_4+ $Fe_{1-x}O$ 和富 Fe 典型三层氧化结构（$Fe_{1-x}O$+Fe_3O_4+Fe_2O_3）。加热温度与保温时间（1~3 h）均对合金元素氧化层、富

Fe 氧化层的厚度分布没有明显影响。

（3）通过 OM、EMPA 和 EDS 分析，60Si2Mn 中的 Si 元素氧化性表现为富集在钢基体与外层氧化层界面处，形成 Fe_2SiO_4 相阻碍离子扩散。在温度升高的过程中，Fe_2SiO_4 层氧化形貌转变过程分为弥散化—紧密带状—小岛状—熔化。Mn 元素的氧化性与 Fe 相似，除了在合金元素层位置有一定富集以外，在富 Fe 氧化层中氧化情况、分层位置与 Fe 类似。

6.1.2　金属氧化脱碳行为

金属在高温热处理时，会在有氧环境产生脱碳现象。弹簧钢 60Si2Mn 在不同的加热温度、加热时间及冷却速度对产生脱碳层的影响，可以通过扩散动力学理论计算出脱碳层产生规律[4-5]。

实验材料是某钢厂提供的 $\phi24$ mm 60Si2Mn 热轧成品棒材原料，经过车床加工为 10 mm 高的圆柱试样，具体的化学成分见表 6-3。

表 6-3　60Si2Mn 钢的化学成分　　　　　　（质量分数，%）

元素	C	Mn	Si	Al	S	Cr
含量	0.58	0.72	1.75	0.015	0.003	0.31

实验设备选用管式加热炉，气氛为空气，等温热处理工艺：在 1000 ℃分别保温 1 ~ 5 h，之后空冷。等时热处理工艺：900 ℃、1000 ℃、1100 ℃、1150 ℃、1200 ℃保温 5 h，之后空冷。研究冷却速率对脱碳层影响的方案：将试样加热至 1000 ℃后测量水冷、空冷、风冷对试样表面脱碳的影响。

6.1.2.1　加热温度对脱碳层的影响

图 6-9 为试样在不同加热温度保温 1 h 的表面脱碳金相照片，其保温温度分别为 900 ℃、1000 ℃、1100 ℃、1150 ℃、1200 ℃。

对比分析表明，可以看到铁素体全脱碳组织和沿奥氏体晶界网状分布的铁素体部分脱碳组织，脱碳层组织对于温度敏感性很高。图 6-9（a）对应加热温度为 900 ℃，可观察到白亮组织是单一铁素体相呈圆柱状等轴晶粒垂直于基体，这一层即为铁素体全脱碳层，表明此温度时脱碳速率大于氧化速率。只有 900 ℃才出现铁素体完全脱碳层。随着温度升高，部分脱碳组织厚度逐渐加大，当加热温度达到铁碳相图中 G 温度点（纯铁的 A_3 温度）以上，如 1000 ℃时，在该温度下铁素体不稳定，很难生成完全脱碳层。伴随着加热温度的升高，氧化进程加剧，氧化层厚度增加，部分脱碳层氧化烧损，全脱碳层厚度减小，温度达到 1000 ℃以上时不存在铁素体完全脱碳层。在 1200 ℃时，未观察到脱碳组织，原始组织晶粒粗化，无法保证其力学性能。

总脱碳层厚度随时间的变化曲线如图 6-10 所示。从 900 ℃开始一直到 1150 ℃，总脱碳层的厚度由 175 μm 增加到 550 μm，通过研究发现，该增长关系属于抛物线性增加。在 900 ℃达到全脱碳层最大值 76 μm，超过 900 ℃后全脱碳层逐渐消失，心部奥氏体组织转化为部分脱碳，铁素体会在晶界处呈现网状分布，因此在加热过程中温度应该选择在 1000 ℃以内。当温度高于 1200 ℃时，此时氧化速率高于脱碳速率，氧化铁皮的产生在一定程度上减弱了脱碳速率，试样表面产生很厚的氧化层，发生明显的氧化过烧现象[6]。

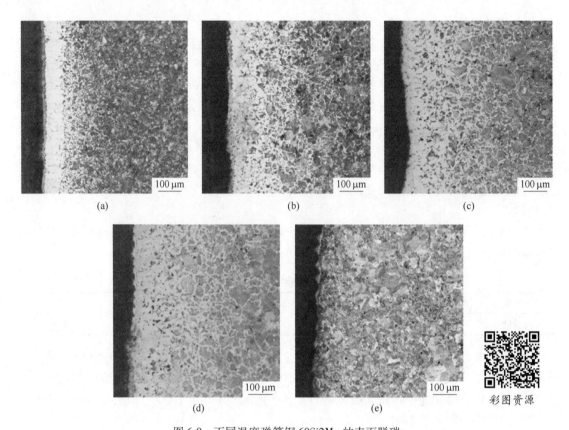

图 6-9　不同温度弹簧钢 60Si2Mn 的表面脱碳

（a）900 ℃；（b）1000 ℃；（c）1100 ℃；（d）1150 ℃；（e）1200 ℃

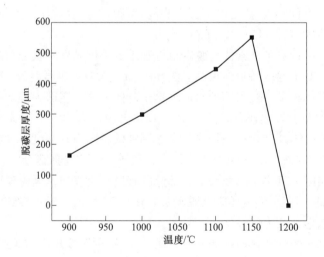

图 6-10　60Si2Mn 在不同温度下的脱碳层厚度

6.1.2.2　保温时间对脱碳层的影响

图 6-11 是 60Si2Mn 在加热到 1000 ℃后保温不同时间对应的脱碳组织金相照片，可以

看出基本组织形态为铁素体和珠光体混合形式，在5个保温时间条件下，图6-11中都是仅包含部分脱碳层，未发现完全脱碳层产生，伴随着保温时间的延长，铁素体部分脱碳层所占的面积逐步增大，珠光体随着脱碳进程变得细碎，脱碳层深度逐渐增加。

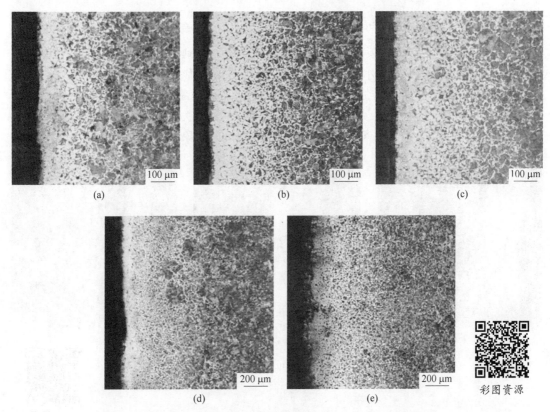

图 6-11 加热到 1000 ℃保温不同时间后弹簧钢 60Si2Mn 表面脱碳层形貌

(a) 1 h；(b) 2 h；(c) 3 h；(d) 4 h；(e) 5 h

加热温度为 1000 ℃时，总脱碳层深度随保温时间变化的曲线如图 6-12 所示。从保温 1 h、脱碳层厚度 291 μm 开始，随着保温时间的延长，总体脱碳层不断增大，保温时间达

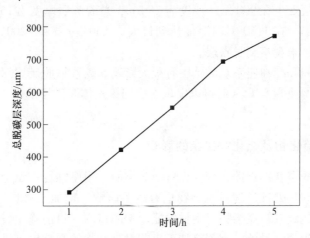

图 6-12 60Si2Mn 总脱碳层深度随时间变化曲线

到 5 h 时总脱碳层厚度可以达到 770 μm。从 1 h 起保温时间每延长 1 h 脱碳层厚度增加约 130 μm，但 4~5 h 增加速率稍微放缓，即符合保温时间的平方根与总脱碳层厚度成正比关系。

6.1.2.3 冷却速率对脱碳层的影响

为了分析冷却速率对脱碳的影响，取三个试样在加热到 900 ℃ 后分别进行空冷、水冷、随炉冷却。如图 6-13 所示，在水冷条件下，产生的脱碳层基本为完全脱碳层；在空冷条件下，除了产生一部分全脱碳层，也发生了部分脱碳现象；在随炉冷却条件下，基本产生部分脱碳层。脱碳层厚度最小为 64 μm（水冷），最大为 213 μm（随炉冷却）。随着冷却速率由 5 ℃/s 提高到 30 ℃/s，脱碳层呈现出递减的现象。

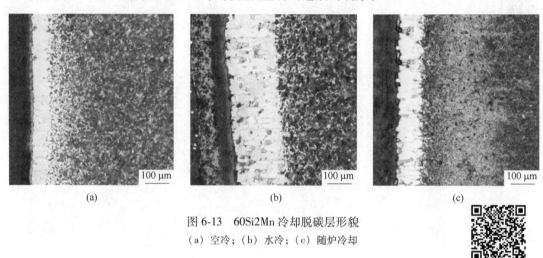

(a) (b) (c)

图 6-13　60Si2Mn 冷却脱碳层形貌
（a）空冷；（b）水冷；（c）随炉冷却

彩图资源

6.1.2.4 结论

通过微观组织特征观察，弹簧钢的表面脱碳是沿晶界网状分布铁素体和珠光体混合组织，随着温度由 900 ℃ 升高到 1150 ℃，脱碳层深度逐步增大。在 1000 ℃ 时，总脱碳层深度随着保温时间的延长而增大，加热温度与脱碳层深度呈现出抛物线性关系。

铁素体全脱碳层发生在 900 ℃，厚度为 76 μm，总脱碳层厚度为 165 μm；超过 900 ℃ 后基本为部分脱碳层，在 1150 ℃ 时厚度达到最大为 550 μm；在 1200 ℃ 因为氧化速率很大，氧化烧损严重，未观察到脱碳层。

加热后保温时间和冷却速率对脱碳层有很大影响，铁素体脱碳层深度与加热时间平方根呈现正比关系；冷速为 5 ℃/s 时可以发现有一层铁素体脱碳层的产生，冷速越大，脱碳现象越弱。

6.1.3　热加工对硫化物及氧化物夹杂的影响

夹杂物对钢材的强度、塑性、韧性、抗疲劳性能、耐腐蚀性能都会产生重要影响。除了冶炼工艺，热轧和热处理过程对夹杂物也有重要影响，热加工过程控制夹杂物的尺寸、分布、形态，能够达到减轻夹杂物对钢材性能影响的目的。目前除了发展新的冶炼工艺进一步降低钢中的夹杂物含量外，阐明热加工工艺对夹杂物的影响也是研究的重点。

6.1.3.1 热变形温度对夹杂物的影响

钢中的硫化物夹杂一般为 MnS，因其具有较高的塑性而在热变形的过程中产生较大变形，甚至是破碎。同时，MnS 对钢材的冲击韧性、各向异性都会产生较大的影响。在不同的变形温度下 MnS 夹杂物的长宽比随着变形的增加先增大后出现破碎而减小，并出现周期性的变化，其碎化程度和周期性与变形温度有关。MnS 的相对塑性在 900 ℃时最高，在 1150 ℃时相对较低，在 1000 ℃时最低。因此要控制 MnS 的形态，以降低 MnS 变形对钢材性能的影响，可以在 1150 ℃左右进行轧制，此时 MnS 相对塑性较低，有利于减小 MnS 的长宽比，同时兼顾了基体的轧制要求，能够增强钢材的横向性能。

钢中氧化物夹杂是一个复杂的体系，热变形的过程往往伴随着氧化物夹杂组分的改变。轧制温度是影响低碳钢热轧过程中硅酸盐夹杂物变形的重要工艺参数之一，试验表明硅酸盐夹杂物存在窄的转变温度区域，在此之前夹杂物表现为刚性，在此之后将变成塑性且容易变形。

6.1.3.2 热变形程度对夹杂物的影响

在热变形的过程中，对硫化物夹杂最大的影响在于其相对塑性的变化，轧制试验表明随着变形的逐渐增加，MnS 沿加工方向伸长，但相对塑性逐渐降低，最终在大变形量的条件下大尺寸长条状 MnS 发生破碎。相对塑性降低的机理包括相对应变硬化率、基体约束、基体的局部加工硬化，在热加工过程中界面上的力将倾向于阻碍夹杂物变形，导致相对塑性随变形的增加而减小，并使得局部基体的应变大于其他区域基体的应变。

钢中氧化物夹杂是一个复杂的体系，既有简单的一元氧化物，也有复杂的二元和三元氧化物，在热变形的过程中，除发生塑性变形外，还会发生组分的改变。热轧后氧化物夹杂的数量、密度降低，同时在热轧过程中因夹杂物的变形和新夹杂相的形成导致氧化物夹杂组分的改变。在低碱度炉渣精炼出的钢中氧化物夹杂的类型没有因轧制而发生改变，而高碱度炉渣精炼出的钢中氧化物夹杂的类型发生了改变，随碱度的增加，其对氧化物的影响也将增大。

6.2 高速线材生产过程温度场计算

轧制过程的传热现象是一个很复杂的问题，它既有通过自由表面以辐射和对流等方式与外界的热量交换，也有通过与轧辊接触向辊面的传热。线材在生产过程中引起其温度变化的主要方式有：

(1) 轧件在轧制间歇时间，自由表面以热辐射方式与外界间的热交换；

(2) 轧件与轧辊和辊道接触时的热传导；

(3) 轧件表面在水冷和风冷过程中的热交换；

(4) 轧制中部分塑性功和摩擦功转变为热使轧件温升，以及相变潜热使轧件温升。

线材轧制过程可以用二维温度场近似求解，式（6-1）为有限元法求解温度场的公式。

$$\left([K_T] + \frac{1}{\Delta t}[K_3] \right) \{T\}_t = \frac{1}{\Delta t}[K_3]\{T\}_{t-\Delta t} + \{p\} \tag{6-1}$$

式中，$[K_T]$ 为温度刚度矩阵；$[K_3]$ 为变温矩阵；$\{p\}$ 为内热源及边界条件相关矩阵。

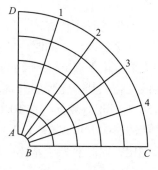

对于线材截面，不论是圆孔型，还是椭圆孔型，由于其结构对称，可以取其断面的四分之一进行研究。其单元划分方法如图 6-14 所示，为了在断面上划分四节点线性单元，将圆心处用弧 AB 去除微小部分，并近似作为绝热处理，这样轧件断面的四分之一就由区域 ABCD 组成，而且很容易将其划分为四节点线性单元。

确定线材在待轧、轧制、水冷和风冷过程的换热系数，利用式（6-1）进行迭代计算，即可求得其在出炉至斯太尔摩风冷线各个阶段的温度变化。

图 6-14　单元划分方法

某高速线材厂生产线共有 30 架轧机，采用全连续无扭高速轧制，冷却控制具有很宽的冷却速率调整范围，标准延迟型斯太尔摩风冷线配有保温罩和 14 台风机，能满足产品大纲中硬线钢、冷镦钢、焊条钢和弹簧钢等不同用途产品的组织性能要求。采用有限元法计算某规格硬线钢的轧制过程和水冷过程的温度变化如图 6-15 所示；在风机和保温罩按照冷却规程设定情况下，考虑相变潜热，通过斯太尔摩风冷线的平均温度变化曲线如图 6-16 所示。

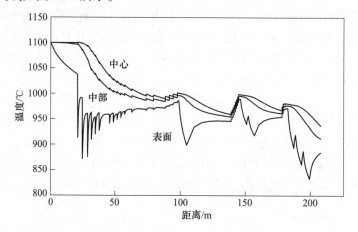

图 6-15　轧制与水冷过程温度变化曲线

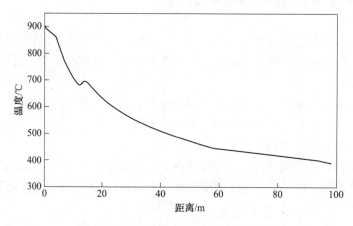

图 6-16　风冷段线材平均温度变化曲线

运用有限元法建立高速线材温度场计算模型，计算得到待轧过程、轧制过程、水冷过程、风冷过程的温度变化曲线，并获得生产过程中任意时刻轧件断面的温度分布，不仅可以优化生产过程的冷却制度，而且可以为再结晶动力学模型和组织演变模型的计算提供温度变化参数[10]。

6.3 线材硬线钢 82B 轧制过程再结晶模型研究

线材在加工过程中不同位置的应变情况相差较大，最后的晶粒尺寸也可能有较大差别。因此需要通过理论计算和实际轧制结果进行分析，了解晶粒再结晶规律以及产品的晶粒尺寸及其分布规律，这样就可以通过控制轧制变形量或者更改孔型等方式来控制产品的晶粒，生产出细小均匀的珠光体组织。

6.3.1 动态再结晶的计算

在轧制过程中，轧件会产生应变，使材料产生加工硬化，同时也进行着回复、再结晶使材料软化。但并不是所有情况下都会进行动态再结晶的，当变形量小或者轧制时间短时，这时只能产生回复或者静态再结晶或亚动态再结晶。因此在实际轧制过程中，发生动态再结晶的临界等效应变为 0.3~0.4，当应变量小于这个数值时将只产生回复，残余应变会累积到下一个机架的轧制，直到满足动态再结晶为止[11-13]。

6.3.1.1 动态再结晶动力学方程

对于动态再结晶的计算，一般采用 JMA 方程形式，即：

$$f_{\text{dyn}} = 1 - \exp(-bt^n) \tag{6-2}$$

式中，n 和 b 的值在不同条件下不同，与变形量有关。修正后的 JMA 方程为：

$$f_{\text{dyn}} = 1 - \exp[-b(Z)t^{n(Z)}] \tag{6-3}$$

式中，f_{dyn} 动态再结晶体积分数；$b(Z)$ 和 $n(Z)$ 为变形参数 Z 的函数。

通常认为，再结晶体积分数为 0.5% 是达到临界应变的标志，稳态应变时再结晶体积分数为 99%，因此可得：

$$n(Z) = \ln\left(\frac{\ln 0.995}{\ln 0.01}\right) \bigg/ \ln\left(\frac{t_{\text{c}}}{t_{\text{s}}}\right) \tag{6-4}$$

$$b(Z) = -\frac{\ln 0.995}{t_{\text{c}}^{n(Z)}} \tag{6-5}$$

式中，$t_{\text{c}} = \dfrac{\varepsilon_{\text{c}}}{\dot{\varepsilon}}$，$t_{\text{s}} = \dfrac{\varepsilon_{\text{s}}}{\dot{\varepsilon}}$，$\varepsilon_{\text{c}}$ 为临界应变；ε_{s} 为静态应变；$\dot{\varepsilon}$ 为应变速率。

通过式（6-4）和式（6-5）可以计算出在不同的变形情况下 $n(Z)$ 和 $b(Z)$ 的值，由此公式便可以计算在轧制过程中动态再结晶的体积分数。通过推导整理得到动态再结晶变形条件和体积分数之间的关系，公式如下：

$$X_{\text{dyn}} = 1 - \exp\left[-k\left(\frac{\varepsilon - \varepsilon_{\text{c}}}{\varepsilon_{\text{p}}}\right)^m\right] \tag{6-6}$$

式中, k 为通过 $b(Z)$ 计算得到的参数, $k = 0.856$; m 为通过 $n(Z)$ 计算得到的参数, $m = 1.82$。

6.3.1.2 动态再结晶临界应变模型

轧件在轧制过程中将会发生热变形, 当变形达到临界值后将在轧制过程中发生动态再结晶, 在道次间发生亚动态再结晶。如果未达到临界变形量将会发生静态再结晶。临界变形与初始奥氏体晶粒尺寸、加工温度、变形速率等因素有关, 因此常用的数学模型结构如下:

$$\varepsilon_c = AD^B Z^C \tag{6-7}$$

$$Z = \dot{\varepsilon}\exp\frac{Q}{RT} \tag{6-8}$$

式中, D 为变形前奥氏体晶粒粒径, μm; $\dot{\varepsilon}$ 为变形速率, s^{-1}; T 为变形温度, K。

选定 $A = 0.01923$, $B = 0.1753$, $C = 0.1446$, 整理式 (6-8) 可以得到 82B 钢的峰值应力模型为:

$$\varepsilon_p = 0.01923 d_0^{0.1753} Z^{0.1446} \tag{6-9}$$

$$Z = \dot{\varepsilon}\exp\frac{147408}{RT} \tag{6-10}$$

6.3.1.3 奥氏体静态再结晶及晶粒长大模型

在轧制间隙时刻, 轧件将会进行静态回复和静态再结晶。在这个过程中轧件内部的位错减少, 新晶粒会在轧件变形处形成新的晶核, 晶核长大后会代替原来被压扁的晶核, 使轧件的强度硬度降低、韧性提高。

根据 Avrami 方程得到静态再结晶模型, 其模型为:

$$X_s = 1 - \exp\left[-0.693\left(\frac{t}{t_{0.5}}\right)^n\right] \tag{6-11}$$

$$n = 6.1 \times 10^6 \times \varepsilon^{0.02} d_0^{-0.3} \exp\frac{-18400}{RT} \tag{6-12}$$

$$t_{0.5} = 4.5 \times 10^{-5} \times \varepsilon^{-1} d_0^{0.6} \exp\frac{6900}{RT}\left(\frac{3.6}{\dot{\varepsilon}}\right)^{0.28} \tag{6-13}$$

$$d_{srx} = 343\varepsilon^{-0.5} d_0^{0.4} \exp\frac{-45000}{RT} \tag{6-14}$$

$$d^2 = d_{srx}^2 + 4 \times 10^7 \times t \times \exp\frac{-113000}{RT} \qquad (t \leqslant 1 \text{ s}) \tag{6-15}$$

$$d^7 = d_{srx}^7 + 1.5 \times 10^{27} \times t \times \exp\frac{-400000}{RT} \qquad (t > 1 \text{ s}) \tag{6-16}$$

式中, X_s 为静态再结晶体积分数; ε 为应变; d_{srx} 为完成静态再结晶后的晶粒直径, μm; d 为长大后的晶粒直径, μm; t 为轧件在两个轧机之间的时间, s; $t_{0.5}$ 为完成 50% 再结晶时所用的时间, s。

亚动态再结晶及晶粒长大模型可用如下公式描述:

$$X_m = 1 - \exp\left[0.693\left(\frac{t}{t_{0.5}}\right)^{1.5}\right] \tag{6-17}$$

$$t_{0.5} = 1.1 Z^{-0.8} \exp \frac{230000}{RT} \tag{6-18}$$

$$Z = \varepsilon \exp \frac{300000}{RT} \tag{6-19}$$

$$d_{\mathrm{mrx}} = 26000 Z^{-0.23} \tag{6-20}$$

$$d^2 = d_{\mathrm{mrx}}^2 + 2.2 \times 10^7 \times t \times \exp \frac{-113000}{RT} \qquad (t \leqslant 1\mathrm{s}) \tag{6-21}$$

$$d^7 = d_{\mathrm{mrx}}^7 + 4.2 \times 10^{27} \times t \times \exp \frac{-400000}{RT} \qquad (t > 1\mathrm{s}) \tag{6-22}$$

式中，X_{m} 为亚动态再结晶体积分数，%；Z 为 Zener-Holloman 参数；d_{mrx} 为完成亚动态再结晶后的晶粒粒径，$\mu\mathrm{m}$。

6.3.2　轧制过程奥氏体晶粒尺寸计算

　　结合上述计算公式及温度场数据和应变场数据，便可以编写计算程序计算出在轧制过程中的动态再结晶分数、静态再结晶分数和奥氏体晶粒尺寸等。在加工过程中，动态再结晶的发生情况对轧制过程中晶粒尺寸的变化有着重大影响，分别计算各道次在加工过程中动态再结晶的发生分数，以横坐标为加工道次，纵坐标为各点再结晶发生分数。因为在轧制过程中各部分材料应变不同，温度不同，因此静态再结晶、动态再结晶和晶粒尺寸都会有相应的差距[14]。在线材断面选择 5 个典型位置，其中 1 为中心位置，2 为二分之一半径位置，3、4、5 分别为表面相隔 45°位置。按照所选取的 5 个点，绘制这 5 个点在加工过程中动态再结晶的发生情况，如图 6-17 所示。

　　在轧制过程中，轧件不断进行着形核及晶粒长大的过程。在轧制时发生动态再结晶，此时新的细小的晶核在原来被压扁晶粒的晶界、孪晶界等能量较大的地方发生，动态再结晶是晶粒细化的主要因素。在轧制间隙发生静态再结晶，此时新形成的晶粒将逐渐长大，而原来没有发生动态再结晶的晶粒将发生回复，消除加工过程中产生的加工硬化，使材料利于下一道次的加工。通过编写计算程序，计算轧件在轧制过程中入口、出口的奥氏体平均晶粒尺寸，由于在轧制过程中轧件不同部分应变不同、温度不同、动态再结晶也不同，因此需要分析不同点的动态再结晶分数、静态再结晶分数、奥氏体晶粒尺寸，观察晶粒长大规律。按照选取的 5 个具有代表性的点代替整个轧制区域进行计算分析，根据计算结果绘制出如图 6-18 所示的轧制过程中奥氏体晶粒尺寸变化示意图。

6.3.3　结果分析

　　(1) 通过再结晶数学模型，结合温度场与应变场得到的数据可以较好地开发出奥氏体再结晶计算程序，用来预测轧制过程中奥氏体晶粒的变化。动态再结晶的发生分数与轧制过程中的应变变化有关，应变大则动态再结晶发生量较多，否则发生量较少，而且动态再结晶的发生需要达到临界应变，当应变量小于临界应变时则不会发生动态再结晶，因此在减定径机组的后两道次，大多数点都没有发生动态再结晶。

　　(2) 在轧制的过程中，轧件的晶粒被不断细化，最终晶粒尺寸稳定在某一区间。晶粒的细化速率与动态再结晶有关，动态再结晶发生量多则表示晶粒越容易细化，且细化速率越快。

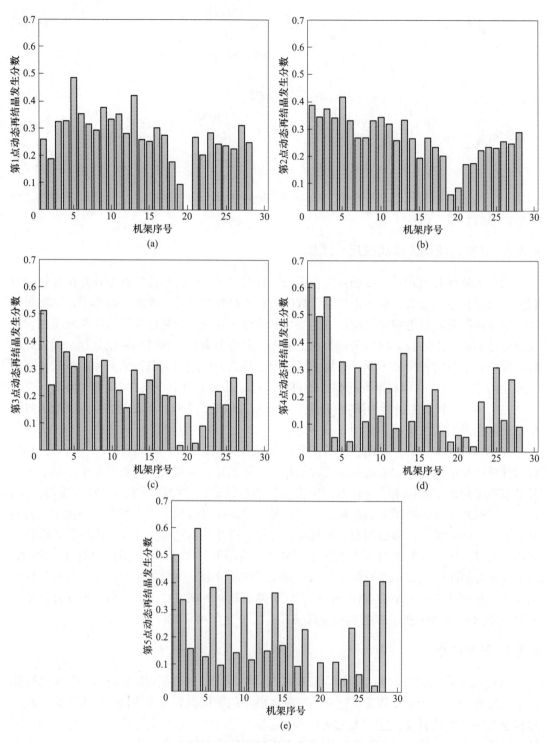

图 6-17 轧制过程中动态再结晶发生分数

（a）第1点；（b）第2点；（c）第3点；（d）第4点；（e）第5点

（3）在轧制的间隙会发生静态再结晶，静态再结晶会降低加工硬化使轧件易于下一道

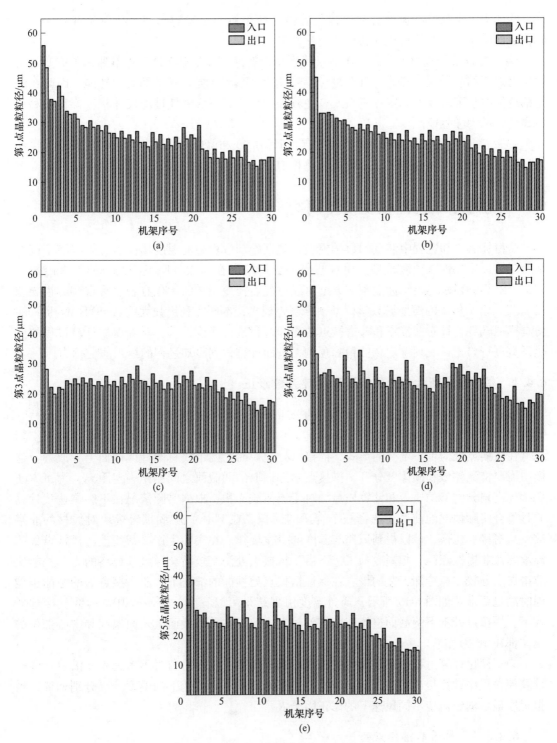

图 6-18 轧制过程中奥氏体晶粒尺寸变化

（a）第 1 点；（b）第 2 点；（c）第 3 点；（d）第 4 点；（e）第 5 点

次的加工，但是静态再结晶也会使晶粒长大，不利于提高轧件的力学性能，因此在不影响加工的前提下提高轧制速度有利于减少轧件在两个机架之间的时间，减少晶粒长大的时间，从而阻止了晶粒长大提高轧件的力学性能。

（4）在减定径机组中，由于压下量特别小，轧件的应变很小几乎达不到临界应变无法发生动态再结晶，这一部分一直在进行晶粒长大，不利于提高轧件的力学性能，因此在满足精度的要求下较少的减定径机组或者在较大的压下量下保证轧件的尺寸精度都将有利于提高轧件的力学性能。

（5）由于轧件的中心和中部区域具有相似的应变和温度变化规律，通过比较发现在轧制过程中，其奥氏体晶粒尺寸变化规律也相似。

6.4 线材冷却过程相变模型研究

线材轧后冷却过程中涉及的数学模型，包括冷却过程中的温度场模型、组织演变模型和冷却结束后的性能预测模型。用这些模型分析线材在斯太尔摩风冷线上的整个冷却工艺，最终得到精确的组织性能预测模型对线材轧后控冷工艺的优化有着非常重要的指导意义[15-16]。由于传统的温度场数学模型预测误差较大，本研究利用强大的 ANSYS Workbench 仿真模拟软件，针对搭接点和非搭接点的冷却过程进行建模计算，对温度场计算过程的换热系数进行修正，实现温度场的精确预测，进而计算得到冷却过程的组织演变行为。

6.4.1 高速线材斯太尔摩风冷过程换热系数修正

根据线材盘条在斯太尔摩控冷线上的分布情况，对于非搭接点可以近似为两个线材并排放置，建模结构为两个水平放置并且具有一定位置的截面；对于搭接点附近，由于实际线材在搭接点处为上下堆叠的形式，搭接点处建模时为两个线材圆柱体截面上下放置。建模中需要将流体域和固体区分开，搭接点附近选取的两截面之间相距一定距离，为了方便后续提高划分网格的质量和计算质量。对于流体域面积，根据实际情况在不影响迭代计算并且符合实际情况的前提下选择一个合适的面积。在 Fluent 流-固耦合模块对线材的非搭接点与搭接点建模，可以得到风速与温度的变化规律。在实际生产冷却线上，搭接点处的温度要比非搭接点高，相同冷却工艺下由于搭接点处温度较高会导致其最终的力学性能比非搭接点处较差，冷却工艺的设置在保证搭接点处性能的情况下，非搭接点处的性能也能同时满足要求。如图 6-19 所示，通过温度仿真结果可以看出，在外径 10 mm 线材冷却条件下，搭接点处上下两截面整体温度相差较大，但是在单个截面上表面温度和中心部位的温差都在 10 ℃左右。

为了简化计算过程，在使用传统公式对温度场进行计算时暂时不考虑相变潜热。通过计算使得程序计算得出的温度结果与模拟计算得到的不同风速下的温度结果分别相等，模拟程序最后输出对应不同风速下的修正因子 K。

6.4.1.1 对于非搭接点处

加入修正系数的换热系数公式为：

$$h_c = K_1 \frac{\lambda_0}{D} C \left[\frac{g(T_s - T_a)D^3}{T_s a_{air} \nu_{air}} \right]^n \tag{6-23}$$

式中，h_c 为换热系数；λ_0 为介质的传热系数；T_s 为线材表面温度；T_a 为环境温度；a_{air} 为空气的热扩散率；ν_{air} 为空气的运动黏度；D 为线材直径；C、n、g 为常量。

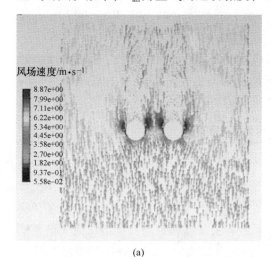
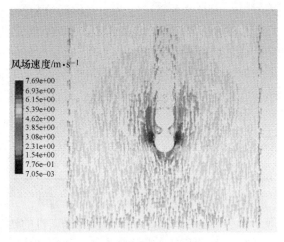

(a)   (b)

图 6-19 不同条件下的风场速度矢量图
(a) 非搭接点；(b) 搭接点

仿真软件对线材进行建模计算，当两个线材截面相对位置为水平时，其情况可以看作线材冷却过程中的非搭接点，经过计算得到了对应不同风速 v 的修正系数 K_1，见表6-4。

表 6-4 修正系数 K_1 与风速的对应关系

风速/m·s⁻¹	3	4	5	6	7	8	9	10
K_1	3.45	14.2	25	32	36.7	40.5	43.7	46.5

对数据进行绘图得到修正系数的散点图，并对数据进行多项式拟合分析。为了尽可能地得到更好的拟合效果，设置多项式的五个系数 A_0、A_1、A_2、A_3、A_4，拟合函数的形式为 $K = A_0 + A_1 \times v^{0.5} + A_2 \times v + A_3 \times v^{1.5} + A_4 \times v^2$，多项式拟合函数的五个系数的拟合结果值见表6-5。

表 6-5 非搭接点处拟合函数的系数值

系数	数值
A_0	473.75
A_1	-923.91
A_2	630.02
A_3	-177.72
A_4	18.14

由此将得到的修正系数 K_1 与风速的关系代入有限差分温度场计算模型进行计算，得到最终的温降曲线。

6.4.1.2 对于搭接点处

加入修正系数 K_2 的换热系数公式为：

$$h_c = K_2 \frac{\lambda_0}{D} \times 0.5 \times \left(\frac{Du_{风}}{\nu_{air}}\right)^{0.25} Pr_f^{0.63} / Pr_s^{0.25} \tag{6-24}$$

式中，h_c 为换热系数；ν_{air} 为空气的运动黏度；Pr 为 Prandtl 数；Pr_f 表示温度为 $(T_s/T_a)/2$ 时的 Pr 值；Pr_s 表示钢温为 T_s 时的 Pr 值。

与非搭接点的处理方法相同，搭接点处的对应温度为垂直放置模型的上截面温度，计算得到对应不同风速的搭接点换热系数修正因子 K_2 的数值见表6-6。与 K_1 比较能看出 K_2 较小，这是由于搭接点处换热系数公式已经考虑了风速的影响。

表 6-6　修正系数 K_2 与风速的对应关系

风速/m·s^{-1}	3	4	5	6	7	8	9	10
K_2	0.25	1.1	2.3	3.3	4.1	4.6	4.7	4.75

用同样的方法得到拟合函数的系数 A_0、A_1、A_2、A_3、A_4 的值见表6-7。将温度场预测数学模型中的传统换热系数替换为修正过的换热系数，温度场模型与后续组织演变模型耦合计算，进而得到最终的温度场和组织结果。

表 6-7　搭接点处拟合函数的系数值

系数	数值
A_0	85.69
A_1	−144.89
A_2	86.94
A_3	−21.71
A_4	1.94

6.4.2　冷却过程组织性能预测模型

棒线材产品最终的性能主要取决于其内部的组织组成，建立描述产品冷却工艺过程中的组织演变模型对预测产品性能至关重要，根据模型预测出的组织组成优化生产工艺制度。

6.4.2.1　组织预测模型组成

热加工是指在再结晶温度以上的塑性成型加工过程，在轧制过程中，热塑性变形会引起材料的加工硬化和回复再结晶软化。再结晶过程相对较复杂，主要包括：动态回复、动态再结晶、亚动态再结晶、静态再结晶和静态回复。但不是所有的过程都会发生，具体发生哪类再结晶要根据具体的钢种和轧制工艺分析，整个控轧控冷过程中涉及的模型见表6-8。

表 6-8　预测模型的构成

工艺步骤	冶金学现象	输入值	子模型	输出值
加热	奥氏体晶粒长大	化学成分	再结晶模型	奥氏体晶粒待轧尺寸
轧制	奥氏体回复和再结晶	轧制条件	再结晶模型	轧后奥氏体尺寸
冷却	$\gamma \to \alpha$，P，B 的相变	冷却条件	相变模型	各相的体积分数，晶粒尺寸
性能	屈服断裂	组织参数	力学性能模型	屈服强度，抗拉强度

针对冷却过程的组织转变，以轧制过程的组织演变为基础建立冷却过程的组织预测模型。在线材整个控轧控冷生产过程中，产品的显微组织变化发生在高温轧制阶段，内部奥氏体晶粒将发生动态再结晶。由于每道次轧制都会有轧制间隔，在间隔时间内线材不受轧制力又会发生静态再结晶；轧制过程涉及的再结晶模型能够得到奥氏体轧后晶粒尺寸，奥氏体轧后尺寸为后续计算铁素体及珠光体片层间距提供数据基础。

6.4.2.2　组织预测模型建立

A　相变动力学公式

高碳钢在冷却过程中主要发生奥氏体向珠光体的转变，建立冷却过程的组织模型需要用到修正的 Avrami 动力学公式，即表达相转变量与相关因素的关系式。假设转变过程中珠光体的形核是无规律的，并且在转变过程中基体成分保持不变，生长速率 u 与时间 t 无关。在某一时刻 t' 时产生了一个珠光体晶核，经过一段时间的长大，在 t 时刻时此晶粒的线性尺寸为 $u(t - t')$。假设晶粒生长速率为各向异性，x、y、z 三个方向的生长速率分别为 u_x，u_y，u_z，那么在时间 t 时新相的体积为：

$$V_P = \eta u_x u_y u_z (t - t')^3 \tag{6-25}$$

式中，η 为形状因子。

如果生长速率为各向同性，那么 $u_x = u_y = u_z = u$，式（6-25）变形后得到：

$$V_P = \left(\frac{4}{3}\pi\right) u^3 (t - t')^3 \tag{6-26}$$

式中，$\frac{4}{3}\pi$ 为球体的形状因子。

奥氏体开始转变前，在 $\mathrm{d}t$ 时间内，单位体积内的形核数目为：

$$\mathrm{d}N = \dot{N}\mathrm{d}t \tag{6-27}$$

那么形核率为：

$$\dot{N} = \frac{\mathrm{d}N}{\mathrm{d}t} \tag{6-28}$$

在转变时间 t 内转变总体积为：

$$V_t = \int_{t'=0}^{t'=t} V_P V_0 \dot{N}\mathrm{d}t' \tag{6-29}$$

式中，V_P 为珠光体相体积；V_0 为初始相体积。

整理后得到：

$$\frac{V_t}{V_0} = X_t = \int_{t'=0}^{t'=t} V_P \dot{N}\mathrm{d}t' = \int_{t'=0}^{t'=t} V_P \mathrm{d}N \tag{6-30}$$

$$\frac{\mathrm{d}V_t}{V_0} = \mathrm{d}X_t = V_P \mathrm{d}N(1 - X_t) \tag{6-31}$$

整理后得到：

$$\frac{\mathrm{d}X_t}{1 - X_t} = -\mathrm{dln}(1 - X_t) = V_P \mathrm{d}N \tag{6-32}$$

将式（6-32）两端积分整理得到：

$$\ln(1 - X_t) = -\int_{t'=0}^{t'=t} V_p dN \tag{6-33}$$

$$1 - X_t = \exp\left(-\int_{t'=0}^{t'=t} V_p dN\right) = \exp\left[-\int_{t'=0}^{t'=t} \eta u_x u_y u_z (t - t')^3 \dot{N} dt'\right] \tag{6-34}$$

如果新相为球体，则：

$$1 - X_t = \exp\left[-\int_{t'=0}^{t'=t} \left(\frac{4}{3}\pi\right) u^3 (t - t')^3 \dot{N} dt'\right] \tag{6-35}$$

假设形核率 $\dot{N}$ 与时间无关的因子，则：

$$X_t = 1 - \exp\left(-\frac{4}{3}\pi u^3 \dot{N} t^4\right) \tag{6-36}$$

式 (6-36) 即为 Johnson-Mehl 方程，但是不能够完全反映所有的固态相变。因此需要对其进行适当的修改，将其中的不确定因素都归因于一个系数 K 中，简化为：

$$X_t = 1 - \exp(-Kt^n) \tag{6-37}$$

式中，n 为常数；X_t 为奥氏体相变分数。

对于中低碳钢，生成铁素体和珠光体，因此分别给出铁素体和珠光体系数 K 的公式。

铁素体转变中：

$$K_F = \exp(4.7766 - 13.339w[C] - 1.1922w[Mn] + 0.02505(T - 273) -$$
$$3.5067 \times 10^{-5}(T - 273)^2) \tag{6-38}$$

$$n_F = 1.0 \tag{6-39}$$

珠光体转变中，K_P 为：

$$K_P = \exp(10.164 - 16.002w[C] - 0.9797w[Mn] + 0.00791(T - 273) -$$
$$2.313 \times 10^{-5}(T - 273)^2) \tag{6-40}$$

$$n_P = 1.0 \tag{6-41}$$

式中，$w[C]$、$w[Mn]$ 分别为 C 与 Mn 元素的质量分数，%；T 为线材温度，K。

除生成珠光体外，还有可能生成少量贝氏体。对于贝氏体转变：

$$K_B = \exp(-28.784 - 11.484w[C] - 1.1121w[Mn] + 0.13109T - 1.2077 \times 10^{-5}T^2)$$
$$\tag{6-42}$$

$$n_B = 1.4 \tag{6-43}$$

高碳钢还会发生渗碳体相变，渗碳体片层厚度及珠光体片层间距会影响力学性能，以下给出计算公式。

渗碳体片层厚度：

$$S_C = 0.789 - 0.00609d_r^{-1/2} - 0.267w[Mn] - 0.0291C_R^{1/2} \tag{6-44}$$

式中，d_r 为奥氏体平均晶粒尺寸；C_R 为平均冷却速率。

珠光体片层间距：

$$S_P = \frac{1.8}{\Delta T_E} \tag{6-45}$$

式中，ΔT_E 为冷却过程的温度差。

为了后续计算相变开始温度，需要知道相变平衡温度及转变结束温度。

相变平衡温度：

$$A_{e3} = 1115 - 150.3w[\text{C}] + 216(0.765 - w[\text{Mn}])^{4.26} \quad (6\text{-}46)$$

相转变结束温度:

$$T_e = 915.30 - 156.07w[\text{C}] - 26.808w[\text{Mn}] \quad (6\text{-}47)$$

根据 Cahn 的理论,相变前期是以"形核长大"为主要的相变机制,单位体积奥氏体晶界处形核的铁素体晶粒总数为:

$$n_\sigma = \int_0^{t_c} I_S(1 - X_{F1}) \, \mathrm{d}t \quad (6\text{-}48)$$

式中, t_c 为相变机制转变时间; I_S 为单位界面上的形核速率; X_{F1} 为连续冷却 $\gamma \to \alpha$ 前期的相变率。

假设铁素体晶粒尺寸为球形,在此期间形核的铁素体相的平均晶粒粒径为:

$$d_{a1} = \left(\frac{6X_{F1}}{\pi n_a S_r} \right)^{1/3} \quad (6\text{-}49)$$

式中, d_{a1} 为铁素体相的平均晶粒粒径; n_a 为铁素体晶粒总数; S_r 为单位体积奥氏体晶粒表面积。

在相变后期,形核位置趋于饱和,此时以"位置饱和"为主要机制,在此阶段可以忽略铁素体相的形核而仅计算其长大情况。因此,已形核的铁素体相的晶粒粒径增量可表示为:

$$\Delta d_{a2} = \int_{t_c}^{t_e} G_F(1 - X_{F1} - X_{F2}) \, \mathrm{d}t \quad (6\text{-}50)$$

式中, t_e 为 $\gamma \to \alpha$ 相变结束时间; X_{F2} 为连续冷却 $\gamma \to \alpha$ 后期的相变率; G_F 为铁素体形核驱动力。

从 $\gamma \to \alpha$ 开始到相变结束,铁素体晶粒粒径的变化为:

$$d_a = d_{a1} + d_{a2} \quad (6\text{-}51)$$

对于连续冷却相变,可以认为是在逐渐改变温度时进行短时等温保持发生相变的综合。在连续冷却相变前期,铁素体相形核总数为:

$$n_\sigma^c = -\int_{A_{r3}}^{T_c} \frac{I_S}{C_r(T)} (1 - X_{F1}^c) \, \mathrm{d}T \quad (6\text{-}52)$$

综合式 (6-52),得到连续冷却相变前期铁素体相晶粒粒径为:

$$d_{a1}^c = \left(\frac{6X_{F1}^c}{\pi n_a^c S_r} \right)^{1/3} \quad (6\text{-}53)$$

在连续冷却相变后期,铁素体相晶粒长大增量可表示为:

$$\Delta d_{a2}^c = \int_{T_c}^{T_e} \frac{G_F}{C_r(T)} (1 - X_{F1}^c - X_{F2}^c) \, \mathrm{d}T \quad (6\text{-}54)$$

式中, X_{F1}^c, X_{F2}^c 分别为连续冷却 $\gamma \to \alpha$ 相变前期和后期铁素体的相变率; $C_r(T)$ 为冷却速度 ($-\mathrm{d}T/\mathrm{d}t$); T_c 为连续相变机制发生转变时的温度; T_e 为 $\gamma \to \alpha$ 相变结束温度; S_r 为单位体积奥氏体晶粒表面积。

B　连续冷却相变模型计算方法

连续冷却的等温叠加算法示意图如图 6-20 所示。

奥氏体连续冷却转变采用叠加法计算,该方法将连续冷却转变过程分为若干个微小的等温转变，叠加法公式为：

$$\sum_{i=1}^{n} \frac{\Delta t_i}{\tau_i} = 1 \qquad (6\text{-}55)$$

式中，Δt_i 为一个微小时间步长；τ_i 为不同温度下的孕育期。

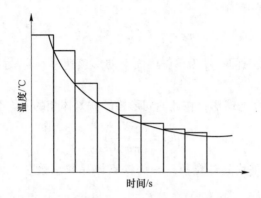

图 6-20 连续冷却的等温叠加算法示意图

相变发生后，奥氏体相变近似满足可加性法则：

$$V_n^j = V_{n-1}^j + \Delta V_n^j \qquad (6\text{-}56)$$

式中，V 为组织的相变体积分数；上角标 j 为组织组成物。

由于在计算冷却过程温度场时，温度影响相变情况，生成的相变潜热又会影响温度场，因此需要将温度场模型与组织模型进行耦合计算，如图 6-21 所示。当计算满足叠加法则时，表示相变开始。

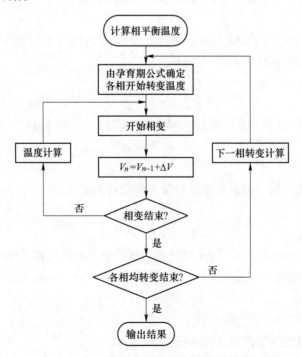

图 6-21 各相转变体积分数计算方法

孕育期可由以下公式得到，对于铁素体转变：

$$\ln\tau_F = -1.6454\ln k_F + 20\ln T + 3.265 \times 10^4 T^{-1} - 173.89 \qquad (6\text{-}57)$$

对于珠光体转变：

$$\ln\tau_P = -0.91723\ln K_P + 20\ln T + 1.9559 \times 10^4 T^{-1} - 157.45 \qquad (6\text{-}58)$$

对于贝氏体转变：

$$\ln\tau_B = -0.68352\ln K_B + 20\ln T + 1.6491 \times 10^4 T^{-1} - 155.30 \qquad (6\text{-}59)$$

6.4.2.3 组织预测模型结果

通过设置模型中的钢材化学成分和风冷过程的工艺参数，例如风机的送风量、辊道传输速度等参数，结合组织演变模型，计算出线材风冷结束后的组织状态，在此主要研究的钢种为高碳钢，最终的组织组成主要包括渗碳体含量、渗碳体片层厚度、珠光体含量以及珠光体片层间距。将计算得到的这些参量代入后续的性能预测模型，得到最终的力学性能。组织的分析具体可以分为以下方面：

（1）组织转变量与时间的关系。了解实际组织转变过程，分析组织组成与转变时间的关系。

（2）了解组织转变与冷却速度（风机的送风量）对组织转变的影响。不同碳含量、不同尺寸产品的冷却工艺不同，组织转变过程也有一些不同。

（3）组织转变量与温度之间的关系，在不同温度下发生的组织转变是不同的。对于亚共析钢，铁素体的转变温度越高组织越粗大，相对应的性能也较差，珠光体转变温度高低会影响片层间距。另外，在一些温度区间还有可能发生贝氏体转变，分析在不同工艺情况下的组织转变量与温度的关系，可以对组织转变过程有一个全面的认识。

（4）对比生产现场数据所对应的冷却工艺计算了其组织，将生产数据实测值与计算值进行对比。

不同风量表示不同冷却速度，通过控制上风机的功率设置，即对应不同风冷的冷却速度；然后通过以上温度场模型和组织演变模型的耦合计算，可以得到冷却后产品中的各相体积分数以及组织尺寸，例如亚共析钢的铁素体尺寸、珠光体片层间距以及过共析钢的渗碳体含量 X_C、渗碳体片层厚度 S_C、珠光体含量 X_P 和珠光体片层间距 S_P。硬线钢 82B 的 $\phi 10$ mm产品在不同工艺情况下的组织组成见表6-9。

表 6-9 组织演变模型计算结果

风机所开功率/%	X_C/%	X_P/%	$S_C/\mu m$	$S_P/\mu m$
55	3.86	96.14	0.706	0.206
75	3.32	96.68	0.698	0.198

由表6-9中可以看出，加大送风量，珠光体含量相对有所增加，珠光体和渗碳体的尺寸都有所减小，组织随着冷却速度的增加而有所细化。

从生产现场数据中随机抽取几组不同尺寸的过共析钢产品的组织实际测量值，采用与实际生产数据相同的冷却工艺进行模拟计算得到预测值。将实测值与模型预测值相比较，比较结果见表6-10。

表 6-10   组织组成实际值与计算值的对比

产品直径 ϕ/mm	主要化学成分/%			实际测量值/μm		模型计算值/μm	
	C	Si	Mn	S_C	S_P	S_C	S_P
5.5	0.7774	0.248	0.51	0.6774	0.1811	0.676126	0.180299
7	0.814	0.232	0.45	0.6885	0.189	0.687491	0.1882
5.5	0.816	0.251	0.75	0.6729	0.1787	0.672845	0.17863
6.5	0.8308	0.243	0.74	0.68	0.1832	0.679892	0.183147
11	0.81	0.25	0.76	0.7045	0.2045	0.704072	0.204081
12.5	0.8207	0.238	0.73	0.7109	0.212	0.712289	0.213771
12.5	0.8277	0.247	0.75	0.7129	0.2146	0.712881	0.214624
13	0.8051	0.202	0.77	0.7083	0.209	0.709479	0.210407

　　将实际生产数据与模型预测值相对比，实际生产数据测量值一般取非搭接点位置，对比结果如图 6-22 所示。

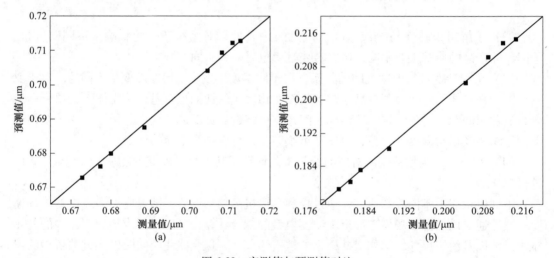

图 6-22   实测值与预测值对比

（a）渗碳体片层厚度；（b）珠光体片层间距

　　上述计算是以过共析硬线钢 82B 为例，图 6-22 中数据点越靠近斜率为 1 的直线证明误差越小。证明模型预测值具有较高的精度，较高精度的组织预测结果对后续能否得到更精确的性能预测结果有着非常重要的影响。此结果是使用修正后换热系数的温度场预测模型得到的，对比原有模型精度有所提高。

6.5   基于人工智能的线材组织性能软测量模型开发

　　产品的质量主要体现在其力学性能上，因此预测产品的力学性能对提高产品质量有着重要意义。较早的生产过程主要依靠经验来制订相应的工艺，或通过进行很多实验建立力学性能与产品组织参数之间的数学对应关系，这种方法不仅耗费人力财力、效率低并且精度不高。

线材最终的力学性能与组织组成参数之间的映射关系比较复杂，一般数学方程式无法准确描述。本研究通过温度场模型与组织预测模型耦合计算得出了线材最终的组织组成，利用神经网络模型将这些数据与线材力学性能建立映射关系，通过自学习能力确定不同参数与力学性能的关系，进而不断优化生产工艺制度，进一步提高产品质量[17-20]。

6.5.1　性能预测模型的建立

模型参数对模型的影响很大，主要体现在对收敛速度和收敛程度的影响，因此选择合适的模型参数，能让整个模型更加稳定，进而提高收敛速度，拥有更高的预测精度。

（1）学习因子的选取：神经网络算法的基本精神是从实际输出与期望输出之间的方差出发，神经网络的传递方式是信息沿网络正向传播，而误差是沿网络反向传播，逐层计算每一层输出的相应偏差，以此调整各层单元间的连接权值及每个单元的阈值，经过多次迭代训练，最终达到一个稳定状态，进而得到所要求的性能。

学习因子的选择会直接影响网络的学习速率和学习质量。学习因子较大时，权值的修改量较大，相应学习速率也较快，但网络容易产生震荡；当学习因子较小时，会导致网络的迭代次数增加而降低学习速率。学习因子的选取一般根据工艺实际情况[21]。为了保证模型的稳定性，且学习次数在30000次以下，本研究的学习因子范围为0.01~0.9。

（2）输入层节点数的确定：网络的输入层一般为影响输出层结果的主要因素，根据实际情况进行选取。力学性能的主要影响因素为碳含量和最终的组织组成，因此，输入层主要包含这两部分。钢材的化学成分主要有 C、Mn、Si、P、S 等 12 种元素，研究的硬线钢主要考虑 C、Mn、Si 三种主要元素对性能的影响。除了化学元素的影响，组织组成对性能的影响至关重要，组织组成由前文中温度与组织演变模型耦合计算得到。对于亚共析钢包括铁素体体积分数 $X_F(\%)$、珠光体体积分数 $X_P(\%)$、铁素体晶粒粒径 $D_F(\mu m)$ 及珠光体片层间距 $S_P(\mu m)$；对于过共析钢包括渗碳体体积分数 $X_C(\%)$、珠光体体积分数 $X_P(\%)$、渗碳体片层厚度 $S_C(\mu m)$、珠光体片层间距 $S_P(\mu m)$，因此网络的输入层设置为 7 个节点。

（3）输出层节点数的确定：线材最终的力学性能表现形式为抗拉强度 TS(MPa)、面缩率 RE(%) 和伸长率 EL(%)，因此将力学性能作为预测模型的 3 个输出节点。

（4）隐含层节点数的确定：对于隐含层节点数的选取常采用以下经验公式确定。

$$m = \sqrt{n + l} + \alpha \tag{6-60}$$

$$m = \log_2 n \tag{6-61}$$

$$m = 2n + 1 \tag{6-62}$$

$$m = \sqrt{nl} \tag{6-63}$$

$$m = \sqrt{n(l + 2)} + 1 \tag{6-64}$$

式中，n 为输入层节点数；l 为输出层节点数；α 为 10 以内的正整数。

根据上述经验公式进行计算得到隐含层节点数范围大概为 25，取一个初始值进行试算，最终得到一个合适的节点数。

6.5.2　神经网络结构

网络训练的数据集取自某钢厂的实际生产数据，训练样本并不是越多越好，而是要求其覆盖面宽及训练数据的期望输出值准确，而不合格样本的加入会影响模型的预测精度。针对不同成分的钢种，模型的训练结构如图 6-23 所示。

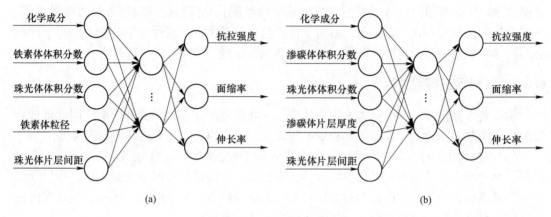

图 6-23 神经网络训练结构
(a) 亚共析钢；(b) 过共析钢

两种训练结构的主要区别在于输入层的组织不同。针对硬线钢 82B 等过共析钢系列使用过共析钢训练结构，由输入层、一个隐含层及输出层组成高速线材力学性能预测的网络结构。

网络训练的数据来自某高速线材厂的生产记录数据库，主要产品有软线钢、硬线钢、碳素结构钢、冷镦钢等品种，每个品种根据成分不同又分为不同的牌号。数据众多，需要从数据库中筛选出满足要求的数据作为神经网络的训练样本，表 6-11 是过共析钢样本数据示例，结构中输入层节点选取了对性能影响占主要作用的 3 种化学成分以及组织组成百分比等，输出层为产品的力学性能。

表 6-11 神经网络训练数据

输入							输出		
C/%	Si/%	Mn/%	X_C/%	X_P/%	S_C/μm	S_P/μm	TS/MPa	RE/%	EL/%
0.7774	0.248	0.51	0.89	99.11	0.6774	0.1811	1157	43	15
0.814	0.232	0.45	1.77	98.23	0.6885	0.189	1132	38	14
0.816	0.251	0.75	1.81	98.19	0.6729	0.1787	1251	46	18
0.8308	0.243	0.74	2.05	97.95	0.68	0.1832	1197	42	15
0.8295	0.241	0.75	2.03	97.97	0.7039	0.2039	1202	42	15
0.81	0.25	0.76	1.7	98.3	0.7045	0.2045	1221	39	14
0.8207	0.238	0.73	1.89	98.11	0.7109	0.212	1200	34	12
0.8277	0.247	0.75	2.0	98.0	0.7129	0.2146	1251	35	13
0.8051	0.202	0.77	1.6	98.4	0.7083	0.209	1170	33	15

6.5.3 神经网络训练分析

基于神经网络算法对数据进行训练，误差变化以训练均方差表示。通过数据的训练过程可以看出，当训练次数较少为 1000 次时，训练精度较低，误差曲线不平滑，存在震荡现象；随着训练次数的增加，误差曲线越来越平滑，并且收敛速度加快，误差由 10^{-2} 减小到 10^{-3}；当训练次数达到一定程度后，训练次数的增加对精度的提高作用变得越来越小，误差值已经停留在一个定值不会再降低。因此选择一个能够达到精度要求的训练次数即可，并不需要一味地增加训练次数。

另外，数据训练后归一化得到的结果如图 6-24 所示。图中斜率为 1 的直线代表数据归一化表征，空心圆圈代表实际模拟所得到的数据，空心圆圈越靠近直线就表示数据的拟合程度越高，模型的预测精度也就越高。

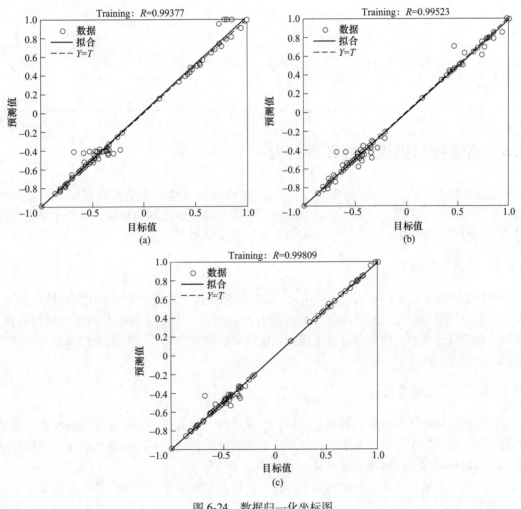

图 6-24 数据归一化坐标图
(a) 1000 次；(b) 3000 次；(c) 5000 次

从图 6-24 中可以看出，随着训练次数的增加，散点靠近直线的程度越来越高，证明拟合程度在不断提高；次数为 5000 次时，除个别数据以外，散点已经基本聚拢在直线上，证明预测模型具有较高的精度。由于生产数据实测值也会存在测量误差，数据筛选很难做到剔除所有误差值大的实测值，因此会存在个别数据远离直线，但是这样个别的数据对模型精度影响较小[22-23]。

训练结束后，从训练样本数据中随机抽取几组数据，用模型进行预测得到的结果与实际生产数据的对比，其中 4 组对比结果见表 6-12。从对比结果中可以得知，抗拉强度的误差在 30 MPa 以内，面缩率以及伸长率的误差在 5% 以内，说明此性能预测模型的精度能够满足工程需求。

表 6-12　预测值与实际值比较

直径 φ/mm	碳含量/%	实测值			预测值		
		抗拉强度 /MPa	面缩率 /%	伸长率 /%	抗拉强度 /MPa	面缩率 /%	伸长率 /%
6.5	0.8308	1197	42	15	1177.9	42.893	15.62
11	0.81	1221	39	14	1250.8	37.74	13.46
12.5	0.8207	1200	34	12	1210.93	34.11	12.439
13	0.8051	1170	33	15	1150.3	31.86	14.395

6.6　高速线材组织性能软件开发

温度场模型、再结晶动力学模型、组织演变模型以及神经网络预测模型是相互关联的，数据在模型中按照定义的方式进行传递，通过不同模型代码的封装、组合才能完成线材生产过程仿真软件的设计开发，实现对生产过程的模拟。

6.6.1　软件架构设计

软件的设计采用 C++语言，在 Visual Studio 编译系统下实现，充分利用其高执行效率、可重用性、较强的异常处理能力及类封装能力。程序设计中充分利用 C++语言的结构化、面向对象的设计思想，将程序分成不同的功能模块，模块之间设立数据的传递规范，便于程序的维护及二次开发。

6.6.1.1　数据库设计

预测软件运行涉及大量的数据，包括生产过程的工艺数据、临时计算数据及永久保留数据。为了便于数据的管理及维护，将相应的数据分类，放入不同的数据表中，在软件运行时，可以根据需要随时读取或更新。

将现场工艺数据放入工艺数据表中，使工艺数据与程序代码分离，可以方便更改生产工艺制度，而不必修改仿真软件的源代码，增加了软件的适应性。工艺数据主要包括车间设备布置、轧制各种产品的孔型设定、水冷规程、风冷规程、不同钢种的元素含量及钢种的生产工艺规程等数据。仿真软件在运行计算的时候，可以根据界面的提示从工艺数据表中选择需要的数据，保证程序的正常运行。

除工艺数据表外，仿真软件还需要另外的数据表来实现相关的功能，如神经网络训练数据、软件运行过程临时存储的数据及仿真结果存储数据等。由于数据库可以方便地增删、归类、快速地查找，所以数据库技术对于软件开发可以起到事半功倍的效果。

6.6.1.2 程序代码组成与开发

软件的开发充分利用 C++语言的类封装能力,将模型计算均定义为独立的类模块,由主控模块管理,对每个模块的调用只需传入所需数据,模块计算完毕后,将结果返回到主控模块,这种运行方式便于软件的开发与调试。

A 总控模块及数据管理

程序总控模块采用链表对轧制过程数据统一管理,每架设备(轧机、水箱等)包含的所有输入、输出数据均作为链表上的一个节点,在系统初始化时按照轧制制度从系统工艺数据表中加载相关的数据自动生成轧制设备链表。轧件出加热炉后,总控程序便按照选择工艺,对链表每个节点遍历,对轧件施加轧制或冷却的仿真。每个设备节点对轧件处理的结果数据同样被保留到此节点上,便于查询及存储。斯太尔摩风冷线对线材的控冷过程是保证产品性能的关键部位,也是软件仿真的关键,程序中将这部分独立出来,调用温度场模型及组织演变模型耦合计算。图 6-25 给出了程序的总体结构,从图中可以看出数据初始化以及各个模型之间的调用关系。

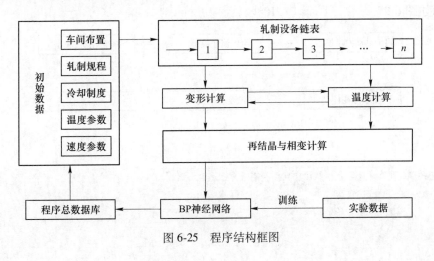

图 6-25 程序结构框图

B 程序结构设计与代码实现

温度场计算模块:温度模块计算主要包括待轧、轧制、水冷及风冷过程的温度计算,这些计算过程的主要区别在于边界条件的设定以及换热系数的选择,计算部分完全相同。

再结晶动力学模块:再结晶模块主要根据计算得到的轧制过程的温度数据,调用再结晶动力学模型计算轧制过程中再结晶发生情况及奥氏体晶粒变化情况,模块内部嵌有两个计算函数,分别根据江坂—彬和 Sellars 的再结晶动力学算法修改,可以根据实际需要选择其中一个计算。

组织演变模块:组织演变模块作用区域为斯太尔摩风冷线上,由于相变过程产生的相变潜热导致线材温升,如果不考虑相变潜热,在温度计算完毕后再调用组织演变模型计算相变后组织会产生较大误差,所以要求温度模块与组织演变模块进行耦合计算。斯太尔摩风冷线布置比较特殊,不同区段的速度不同,风机及保温罩的开启状态也不同,所以为了方便程序的维护,把斯太尔摩风冷线作为一个独立的类模块来对待。这样轧件从斯太尔摩风冷线通过时，由斯太尔摩类模块调用组织演变模块，而组织演变模块自动调用温度场模块，进行耦合计算。

力学性能预测模块：神经网络模型作为力学性能预测模块，同样被封装成类的形式，这个模块不仅应具有对样本数据的训练功能，以生成节点阈值以及权值矩阵，还应基于已有样本的训练预测未知参量。

6.6.2　高速线材组织性能预测系统开发

高速线材生产过程影响最终产品性能，不同因素的变化都会导致最终产品组织性能的改变，产生性能缺陷难以及时分析。本研究以工业大数据与物理冶金学机理混合驱动模型为支撑，开发高速线材组织性能预测系统，对线材生产过程进行预测计算。训练生产数据，建立工艺设定与组织性能之间的软测量方法，实现对线材生产环节工艺参数的分析、优化与质量控制。

物理冶金机理模型包括：温度场模型、应力-应变模型、再结晶动力学模型和组织演变模型，各个模型之间的关系如图 6-26 所示。软件主界面按照生产系统设备布置进行设计，界面如图 6-27 所示。下面以 82B 线材为例进行说明。

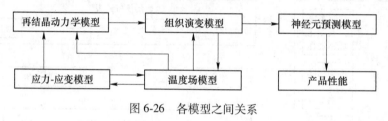

图 6-26　各模型之间关系

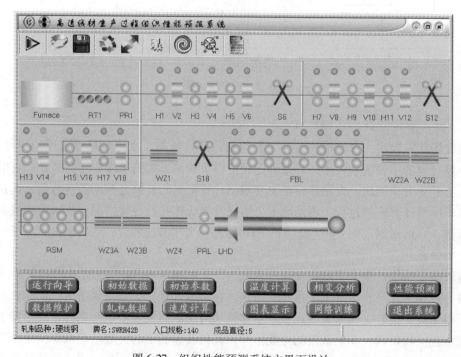

图 6-27　组织性能预测系统主界面设计

温度场计算基于传热学基本理论，采用有限元方法开发高速线材温度场模型。针对产线布置特点，结合工艺参数，求解线材的待轧过程、轧制过程、水冷过程、风冷过程的温度变化规律及任意时刻轧件断面的温度分布。高速线材生产过程温度变化与断面温度分布可以在系统中进行查看和分析，如图 6-28 和图 6-29 所示。

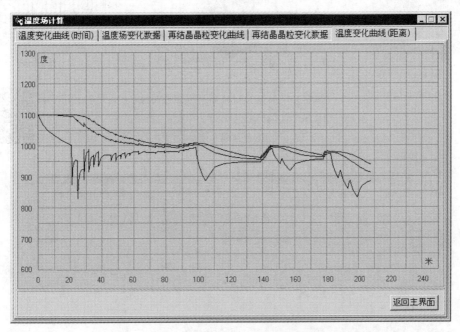

图 6-28　高速线材表面与内部轧制过程温度变化曲线

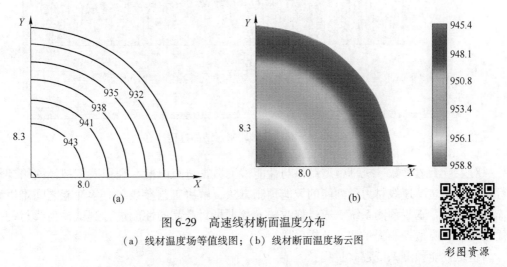

图 6-29　高速线材断面温度分布

（a）线材温度场等值线图；（b）线材断面温度场云图

彩图资源

热变形过程的奥氏体晶粒演变包括动态再结晶、静态再结晶和晶粒长大过程，基于再结晶动力学模型描述晶粒演变过程，模型计算结果为相变过程提供初始条件。在斯太尔摩风冷线上对温度场模型与相变模型进行耦合计算，并基于连续冷却转变曲线计算得到影响产品性能的各相体积分数、铁素体晶粒尺寸、珠光体片层间距、渗碳体片层厚度等参量，计算结果如图 6-30~图 6-32 所示。

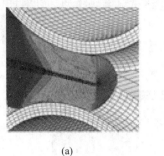
(a)

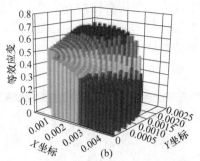
(b)

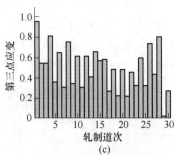
(c)

彩图资源

图 6-30　高速线材轧制过程应变分布

（a）线材在孔型中轧制变形；（b）等效应变分布规律；

（c）第三点应变随轧制道次变化

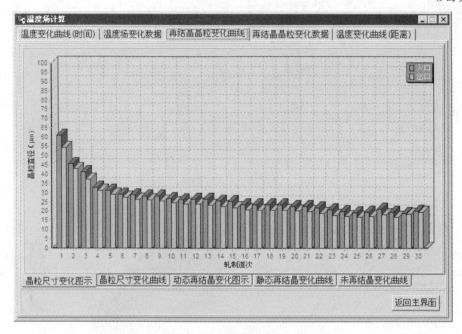

图 6-31　高速线材轧制再结晶过程计算

对生产工艺参数、机理模型结果与性能检测数据进行匹配，利用人工神经网络架构进行训练，建立高速线材力学性能的智能预测方法，解决工艺参数与力学性能之间难以直接描述的难题。基于预测系统，通过修改输入数据可对产品的性能进行测试，为线材的工艺优化与在线质量控制提供快速分析手段。

组织性能预测系统建立过程：

（1）基于机理模型计算组织的组成和形态；

（2）获得性能数据：抗拉强度、面缩率、伸长率；

（3）通过人工智能方法训练数据得到组织组态与性能之间的非线性映射关系。

高速线材的组织性能预测方案如图 6-33 所示，其计算结果如图 6-34 所示，性能预报的网络结构如图 6-35 所示。

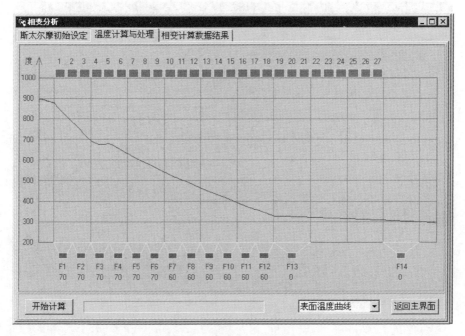

图 6-32 高速线材轧制斯太尔摩冷却过程相变计算

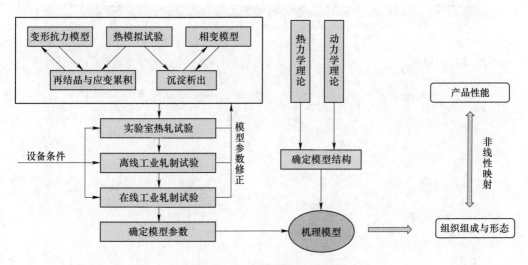

图 6-33 高速线材组织性能预测方案

从某高速线材生产车间产品数据库中随机抽取部分生产数据，对比其抗拉强度、面缩率及伸长率的预测精度，图 6-36 给出了高线性能预测数据对比结果。由图可以看出，每个样本的输出值与网络输出的相对误差大部分在±5%之内，表明组织性能软测量系统具有良好的预测精度。

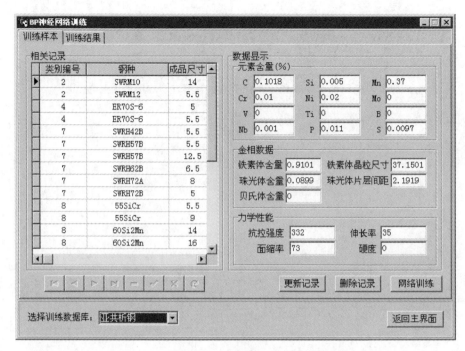

图 6-34　高速线材组织性能机理模型计算数据

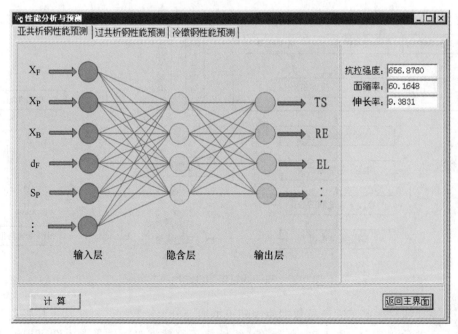

图 6-35　高速线材性能预测数据

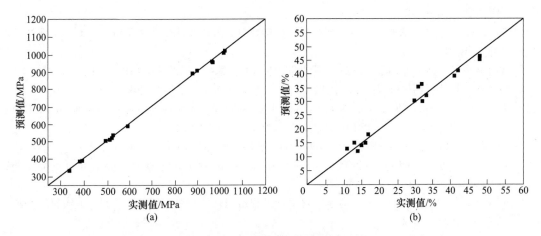

图 6-36　高线性能预测数据对比

（a）抗拉强度；（b）伸长率

参 考 文 献

［1］ 程知松. 棒线材生产创新工艺及设备［M］. 北京：冶金工业出版社，2016.

［2］ 王国栋. 新一代 TMCP 的实践和工业应用举例［J］. 上海金属，2008，30（3）：1-4.

［3］ 胡磊，王雷，麻晗. 高碳钢盘条的表面氧化与脱碳行为［J］. 钢铁研究学报，2016，28（3）：67-73.

［4］ 郭晓辉，韩怀宾，王维，等. 降低弹簧钢脱碳的工艺改进及生产实践［J］. 河南冶金，2017，25（6）：21.

［5］ 薛顺，田俊，成国光，等. 新型高铁弹条用弹簧钢的表面脱碳及氧化性能［J］. 钢铁研究学报，2013，25（10）：47.

［6］ Wang P，Shen Q C，Wu X M，et al. Effect of heating atmosphere on oxidation and decarburization properties of GCr15 bearing steel［J］. Hot Working Technology，2018，47（22）：78.

［7］ 许国良. 工程传热学［M］. 北京：中国电力出版社，2005：9.

［8］ 杨世铭，陶文铨. 传热学［M］. 北京：高等教育出版社，2006：113-269.

［9］ 谢英杰，赵德文，杨建朝，等. 高速线材的轧后冷却温度场分析［J］. 科学技术与工程，2010，10（29）：30-33.

［10］ Nobari A H，Serajzadeh S. Modeling of heat transfer during controlled cooling in hot rod rolling of carbon steels［J］. Applied Thermal Engineering，2011，31（4）：487-492.

［11］ Fu J X，Li T，Zhu E Y，et al. Technological process of 500 MPa hot-rolled ribbed steel bar［J］. Applied Mechanics and Materials，2014，654：35-38.

［12］ Lee Y，Choi S，Hodgson P D. Analytical model of pass-by-pass strain in rod（or bar）rolling and its applications to prediction of austenite grain size［J］. Materials Science & Engineering A（Structural Materials，Properties，Microstructure and Processing），2002，336（1/2）：177-189.

［13］ Sellars C M. Computer modelling of hot-working processes［J］. Metal Science Journal，2013，1（4）：325-332.

［14］ 孙雷剑，白宏哲，张剑平，等. 基于神经网络的微合金钢热轧奥氏体晶粒尺寸预报模型［J］. 哈尔滨工业大学学报，2002，34（1）：40-44.

［15］ 冯贺滨，李连诗，刘明哲，等. 控轧控冷生产中高碳钢高速线材组织和性能的预测模型［J］. 钢铁

研究学报，2000，12（5）：22-25.

[16] 赵宪明，王建辉，刘相华，等. 细晶螺纹钢的成分、组织及性能的关系研究［J］. 工业建筑，2009，39（11）：1-4.

[17] 赵永涛. 基于神经网络的高速线材力学性能预报［D］. 武汉：武汉科技大学，2008.

[18] 张修群. BP神经网络在钢铁工业中的应用［J］. 金属材料与冶金工程，2012，40（2）：61-65.

[19] Hodgson P D, Gibbs R K. A mathematical model to predict the mechanical properties of hot rolled C-Mn and microalloyed steels［J］. ISIJ International, 1992, 32：1329-1338.

[20] Liu Z, Qin F, Liu N, et al. Quantitative testing method for broken wire in steel rope based on principal component analysis and BP artificial neural network model［J］. Zhendong yu Chongji/Journal of Vibration and Shock, 2018, 37（18）：271-276.

[21] 何纯玉，吴迪，赵宪明，等. 高速线材生产过程组织性能预测模型仿真［J］. 钢铁研究学报，2007，19（6）：56-60.

[22] 赵继武. 高速线材斯太尔摩控制冷却过程的数学模型［J］. 特殊钢，2001，22（5）：52-53.

[23] Hong L, Wang B, Feng S, et al. A three-dimensional mathematical model to predict air-cooling flow and temperature distribution of wire loops in the Stelmor air-cooling system［J］. Applied Thermal Engineering, 2017, 116（5）：766-776.

7 棒材轧制过程温度均匀化智能控制

棒材是关乎国计民生的重要用钢，建筑用钢中螺纹钢占中国粗钢产量的 1/4 左右，且用量巨大，与国民经济发展密切相关。目前，国内外应用较为广泛的高强度建筑用钢主要包括 400 MPa、500 MPa、600 MPa 等几种强度级别，微合金化和轧后余热处理是当前国内外高强度棒材生产的两条主要途径，企业通常采用微合金化工艺提高棒材的材料力学性能和产品质量，通过添加含有 Nb、V、Ti 等元素的合金添加剂，进而获得强韧性和伸长率都较好的钢材产品。与此同时，上述合金元素的碳、氮化物析出，达到细晶强化和沉淀析出强化效果，改善及提高产品的性能。在新国家标准实施的背景下，寻求降低成本节约资源，提高产品的力学性能和表面质量的方法显得十分重要，这就需要对棒材生产过程中的温度进行精确控制。

先进的计算机和控制技术在轧制中的应用愈发广泛，用户对产品的质量和性能要求日趋严格。众所周知，在热轧过程中对轧件温度的控制非常重要，钢材的再结晶、相变、析出等微观组织变化很大程度上取决于温度，可以说轧件温度的控制精度对轧后产品的组织和性能起到了决定性作用。在棒材生产过程中，冷却过程温度的精准预测与控制可以减少合金元素的添加，减少网状碳化物析出，并且轧后产品的性能及断面组织的均匀性均与温度密切相关。在新国家标准实施以后，通过温度均匀化控制研究，力求减少微合金化合金元素的用量，显著降低生产成本，节约资源，在提高棒材性能的同时，缓解我国钒钛资源短缺的局面，具有较大的现实意义[1-3]。

7.1 棒材冷却过程温度场模型

随着计算机技术和控制技术的不断发展，两者在轧制中的应用也越发广泛，用户对产品的尺寸、质量和性能等指标的要求也越来越严格。在热轧过程中对轧件温度的控制至关重要，温度是钢材再结晶、相变析出等微观组织变化的重要条件，轧件温度的控制精度决定了轧件的微观组织结构和性能。基于传热学的基本理论，采用有限差分法建立了棒材冷却过程温度预测的数学模型，实现了对不同冷却条件下棒材截面温度分布的计算[4-6]。

7.1.1 传热学基本理论

7.1.1.1 轧制过程中热传递

热量传递有三种基本的方式：传导、对流和热辐射。三种传热可以单独存在，但是在大多数情况下以复合形式存在。在棒材的轧制过程中，热量的传递形式是多样而复杂的，轧件不仅有通过对流和热辐射与外界的热量交换，同时也存在轧件与轧辊、辊道之间的热传导。在轧制过程中的塑性变形功、摩擦功、相变时产生的潜热以及水冷过程中轧件与水的热交换都会导致温度变化[7]。

7.1.1.2　导热微分方程

导热微分方程是对导热物体内部温度场内在规律的描述，是所有导热物体的温度场都应该满足的通用方程。

从导热物体中选取一个微元平行六面体，并以此为例进行分析。其中，任意一个方向的热流量都可以分解为 x、y、z 坐标轴三个方向的分热流量，如图 7-1 所示。

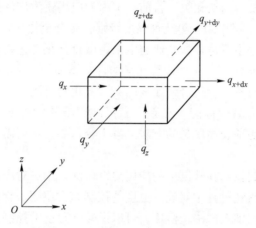

图 7-1　含内热源的各向同性微元体

根据傅里叶定律和通过 $x = x$、$y = y$、$z = z$ 三个微元体表面的热流量可得：

$$\begin{cases} (q_x)_x = -k\left(\dfrac{\partial T}{\partial x}\right)_x \mathrm{d}y\mathrm{d}z \\[3mm] (q_y)_y = -k\left(\dfrac{\partial T}{\partial y}\right)_y \mathrm{d}x\mathrm{d}z \\[3mm] (q_z)_z = -k\left(\dfrac{\partial T}{\partial z}\right)_z \mathrm{d}x\mathrm{d}y \end{cases} \tag{7-1}$$

式中，$(q_x)_x$ 为热流量在 x 方向的分量 q_x 在 x 点的值，其余同理。

根据傅里叶定律以及通过 $x = x + \mathrm{d}x$、$y = y + \mathrm{d}y$、$z = z + \mathrm{d}z$ 三个微元表面的热通量，按照傅里叶定律可得公式如下：

$$\begin{cases} (q_x)_{x+\mathrm{d}x} = (q_x)_x + \dfrac{\partial q_x}{\partial x}\mathrm{d}x = (q_x)_x + \dfrac{\partial}{\partial x}\left[-k\left(\dfrac{\partial T}{\partial x}\right)_x \mathrm{d}y\mathrm{d}z\right]\mathrm{d}x \\[3mm] (q_y)_{y+\mathrm{d}y} = (q_y)_y + \dfrac{\partial q_y}{\partial y}\mathrm{d}y = (q_y)_y + \dfrac{\partial}{\partial y}\left[-k\left(\dfrac{\partial T}{\partial y}\right)_y \mathrm{d}x\mathrm{d}z\right]\mathrm{d}y \\[3mm] (q_z)_{z+\mathrm{d}z} = (q_z)_z + \dfrac{\partial q_z}{\partial z}\mathrm{d}z = (q_z)_z + \dfrac{\partial}{\partial z}\left[-k\left(\dfrac{\partial T}{\partial z}\right)_z \mathrm{d}x\mathrm{d}y\right]\mathrm{d}z \end{cases} \tag{7-2}$$

微元体导热分析模型如图 7-2 所示，由能量守恒定律可知，在每个微元体中，存在如下关系：微元体导入的总热量与微元体内热源生成热的热量和等于导入微元体的总热流量与微元体热力学能的增量的和。由此可得，

$$微元体内热源生成热 = \dot{q}\,dxdydz$$

$$微元体热力学能增量 = \rho c \frac{\partial T}{\partial t}dxdydz$$

整理可得：

$$\rho c \frac{\partial T}{\partial t} = \frac{\partial}{\partial x}\left(k\frac{\partial T}{\partial x}\right) + \frac{\partial}{\partial y}\left(k\frac{\partial T}{\partial y}\right) + \frac{\partial}{\partial z}\left(k\frac{\partial T}{\partial z}\right) + \dot{q} \tag{7-3}$$

式（7-3）为含内热源三维非稳态导热微分方程的一般形式，再经整理可得：

$$\frac{\partial^2 T}{\partial x^2} + \frac{\partial^2 T}{\partial y^2} + \frac{\partial^2 T}{\partial z^2} + \frac{\dot{q}}{k} = \frac{1}{\alpha}\frac{\partial T}{\partial t} \tag{7-4}$$

式中，α 为导温系数，m^2/s，$\alpha = k/(\rho c)$；$\dot{q}$ 为材料的内热源强度，W/m^2；ρ 为材料密度，kg/m^3；c 为比热容，$J/(kg \cdot ℃)$；k 为导热系数，$W/(m \cdot K)$；t 为时间，s；T 为温度，$℃$。

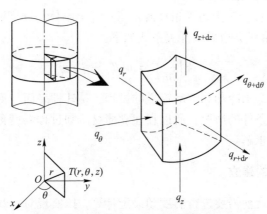

图 7-2　圆柱坐标系中微元体导热分析

以棒材为研究对象，其截面可视为圆柱形，所以需要将直角坐标系下的非稳态三维导热微分方程转化为圆柱面坐标系下的非稳态导热微分方程，以完成对后续迭代方程的推导。因此在划分单元节点时，采用极坐标方式，防止单元划分不均匀的情况，有效避免了温度场计算时由此造成的温度波动影响，提高了计算的精度。

圆柱面坐标系下导热微分方程式如下：

$$\frac{1}{r}\left(\frac{\partial T}{\partial r} + r\frac{\partial^2 T}{\partial r^2}\right) + \frac{1}{r^2}\frac{\partial^2 T}{\partial \theta^2} + \frac{\partial^2 T}{\partial z^2} + \frac{\dot{q}}{k} = \frac{1}{\alpha}\frac{\partial T}{\partial t} \tag{7-5}$$

7.1.1.3　定解条件

定解条件是使导热微分方程获得某一特定问题解的附加条件。在求解问题时，与导热微分方程联立求解。对于非稳态导热的问题，定解条件包含两个方面，一是初始条件，也就是初始时刻温度的分布情况；二是导热物体进行热量传递的边界条件。

初始条件：

$$T(x,y,z,t=0) = T_0(x,y,z) \tag{7-6}$$

式中，T_0 为在初始时刻的温度分布状态。

　　与初始条件相比，边界条件相对复杂。在利用有限差分法建立温度预测模型时，需要利用边界条件推导棒材边界点的温度求解迭代公式。对导热问题进行分析时，边界条件主要可以分为以下三类。

　　（1）第一类边界条件。该类边界条件给出了边界上的温度值，规定了边界温度保持常数，为边界条件中最简单的形式，即 T_w =常量。对于非稳态导热问题，第一类边界条件关系式如下：

$$T_w = f_1(t) \qquad (t > 0) \tag{7-7}$$

　　（2）第二类边界条件。这类边界条件给出了边界上的热通量密度值，该条件要求边界处的热通量密度值保持恒定，即 q_w =常数。对于非稳态导热问题，第二类边界条件公式如下：

$$-k\left(\frac{\partial T}{\partial n}\right)_w = f_2(t) \qquad (t > 0) \tag{7-8}$$

式中，n 为热交换表面的外法线方向。

　　（3）第三类边界条件。这类边界条件规定了边界上物体与周围流体间的表面传热系数 h 及周围流体温度 T，第三类边界条件关系式如下：

$$-k\left(\frac{\partial T}{\partial n}\right)_w = h(T_w - T) \tag{7-9}$$

　　棒材轧后进行分段穿水冷却和空冷输送的过程，是轧件表面与冷却水和空气热传递的过程，符合第三类边界条件的情况，所以在建立棒材冷却过程温度预测模型的过程中，选用第三类边界条件进行求解。

7.1.2　温度计算模型的建立

　　棒材进入冷却设备之前需要进行温度预设定计算，以实现对冷却系统相关阀门的设定与调整，这一过程由过程控制系统完成，其计算精度依赖于高精度温度模型和高精度换热系数计算，因此温度模型的建立显得十分重要。有限差分法的计算速度高、效率快，根据圆柱坐标系下的非稳态导热微分方程，采用有限差分的方法推导温度迭代计算方程，进而求解出不同冷却条件下在棒材截面处各个时刻的温度分布情况[10-12]。

7.1.2.1　一维差分计算公式推导

　　对于棒材温度的计算，由于长度方向和圆周方向上的散热量远远小于径向的散热量，因此可以忽略长度和圆周方向的热传导，将传热过程简化为沿径向上的一维传热过程。

　　如图7-3所示，对棒材在径向离散化划分节点，将圆形断面取中心节点为1，径向分成 $M-1$ 段，每段长 Δr，边界点为 M，并设立虚拟点 $M+1$ 便于后续分析。

　　由式（7-5）可以得到一维极坐标下含内热源非稳态导热微分方程：

$$\frac{1}{r}\left(\frac{\partial T}{\partial r} + r\frac{\partial^2 T}{\partial r^2}\right) + \frac{\dot{q}}{k} = \frac{1}{\alpha}\frac{\partial T}{\partial t} \tag{7-10}$$

边界条件：

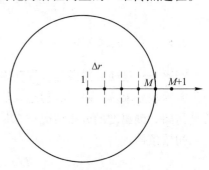

图 7-3　一维圆柱坐标节点划分

$$k \frac{\partial T}{\partial r} + h(T - T_w) = 0 \qquad (7-11)$$

式中，h 为换热系数，$W/(m^2 \cdot ℃)$；T_w 为冷却水平均温度，℃。

温度对时间的一阶微分可以近似表示为：

$$\frac{\partial T}{\partial t} = \frac{T_i^{k+1} - T_i^k}{\Delta t} \qquad (7-12)$$

式中，T_i^{k+1} 为 $k+1$ 时刻沿径向第 i 个节点的温度，℃；T_i^k 为 k 时刻沿径向第 i 个节点的温度，℃。

$$\frac{\partial T}{\partial r} = \frac{T_{i+1}^k - T_i^k}{\Delta r} \qquad (7-13)$$

式中，T_{i+1}^k 为 k 时刻沿径向第 $i+1$ 个节点的温度，℃。

温度对半径的二阶微分可以表示为：

$$\frac{\partial^2 T}{\partial r^2} = \frac{T_{i+1}^k - 2T_i^k + T_{i-1}^k}{\Delta r^2} \qquad (7-14)$$

式中，T_{i-1}^k 为 k 时刻沿径向第 $i-1$ 个节点的温度，℃。

将式（7-12）~式（7-14）代入一维极坐标下导热微分方程式（7-10）可以得到：

$$\frac{T_i^{k+1} - T_i^k}{\Delta t} = \alpha \left(\frac{T_{i+1}^k - 2T_i^k + T_{i-1}^k}{\Delta r^2} + \frac{1}{r} \frac{T_{i+1}^k - T_i^k}{\Delta r} \right) + \alpha \frac{\dot{q}}{k} \qquad (7-15)$$

经过整理可得：

$$T_i^{k+1} = \left(\frac{\alpha \Delta t}{\Delta r^2} + \frac{\alpha \Delta t}{r \Delta r} \right) T_{i+1}^k + \left(1 - \frac{2\alpha \Delta t}{\Delta r^2} - \frac{\alpha \Delta t}{r \Delta r} \right) T_i^k + \frac{\alpha \Delta t}{\Delta r^2} T_{i-1}^k + \alpha \Delta t \frac{\dot{q}}{k} \qquad (7-16)$$

令 $\alpha = \dfrac{k}{\rho c}$，$f_1 = \dfrac{\alpha \Delta t}{\Delta r^2}$，$f_2 = \dfrac{\alpha \Delta t}{r \Delta r}$，$H = \alpha \Delta t \dfrac{\dot{q}}{k}$，则可得到内部节点的差分计算方程：

$$T_i^{k+1} = (f_1 + f_2) T_{i+1}^k + (1 - 2f_1 - f_2) T_i^k + f_1 T_{i-1}^k + H \qquad (7-17)$$

将式（7-13）代入式（7-11）得：

$$k \frac{T_{i+1}^k - T_i^k}{\Delta r} + h(T_i^k - T_w) = 0 \qquad (7-18)$$

求解边界点时，建立虚拟点 $M+1$；在边界上，令 $i = M$，并代入式（7-17）和式（7-18）得：

$$T_M^{k+1} = (f_1 + f_2) T_{M+1}^k + (1 - 2f_1 - f_2) T_M^k + f_1 T_{M-1}^k + H \qquad (7-19)$$

$$k \frac{T_{M+1}^k - T_M^k}{\Delta r} + h(T_M^k - T_w) = 0 \qquad (7-20)$$

将边界条件和温度偏微分方程联立求解，即联立式（7-19）和式（7-20）得：

$$T_M^{k+1} = \left[1 - f_1 - \frac{(f_1 + f_2) h \Delta r}{k} \right] T_M^k + f_1 T_{M-1}^k + \frac{(f_1 + f_2) h \Delta r}{k} T_w + H \qquad (7-21)$$

令 $f_3 = \dfrac{(f_1 + f_2) h \Delta r}{k}$，可得边界点的差分计算方程：

$$T_M^{k+1} = (1 - f_1 - f_3) T_M^k + f_1 T_{M-1}^k + f_3 T_w + H \tag{7-22}$$

令 $i = 1$，代入式（7-17）可得：

$$T_1^{k+1} = (f_1 + f_2) T_2^k + (1 - 2f_1 - f_2) T_1^k + f_1 T_0^k + H \tag{7-23}$$

由于圆的对称性，0 节点与 2 节点关于 1 节点对称，所以 $T_2^k = T_0^k$，因此可以得到中心点差分迭代方程：

$$T_1^{k+1} = (2f_1 + f_2) T_2^k + (1 - 2f_1 - f_2) T_1^k + H \tag{7-24}$$

相对应的，一维模型的稳定条件为：

$$\begin{cases} 1 - 2f_1 - f_2 \geq 0 \\ 1 - f_1 - f_3 \geq 0 \end{cases} \tag{7-25}$$

以上是显式格式差分迭代方程的推导过程，使用显式格式差分迭代公式时只要已知某一时间层的各节点温度，可以直接通过迭代求解出下一时间层的温度值，时间层与时间层之间相隔一个时间步长。显式格式差分迭代公式计算时不需要联立方程组，具有计算简便、效率高的特点，但在时间步长的选择上会受到稳定性条件的限制。

7.1.2.2 内热源生成热

在棒材的轧制和冷却过程中都存在内热源。内热源的存在对温度下降具有很大影响，甚至会导致轧件温度的升高，这就给轧件的温度场分析带来了非常大的困难。在轧制过程中，轧件会发生塑性变形，同时塑性变形功会转化成热量。此外，轧件与轧辊之间存在摩擦，有摩擦就意味着存在摩擦热。塑性变形功产生的热转化为内热源时，以下是其热流强度以及轧辊与轧件之间的摩擦边界条件计算公式。

塑性变形热流强度：

$$q_v = \frac{p_c V \ln \dfrac{H}{h} \times 10^6}{427} \eta \tag{7-26}$$

式中，V 为轧制区轧件体积，m^3；p_c 为平均单位压力，Pa；η 为功热转换系数，$\eta = 0.5 \sim 0.95$。

摩擦边界条件为：

$$-\lambda \frac{\partial T}{\partial n} = h_c (T - T_R) - q_f \tag{7-27}$$

式中，h_c 为轧制过程中的接触换热系数，$W/(m^2 \cdot \mathcal{C})$；$T$ 为轧件表面温度，$\mathcal{C}$；T_R 为轧辊表面温度，$\mathcal{C}$；q_f 为摩擦热流强度，计算公式如下：

$$q_f = \tau A_c |\Delta v| dt \tag{7-28}$$

式中，τ 为摩擦应力；A_c 为摩擦接触面积；Δv 为轧件和轧辊的相对滑动速度；dt 为轧件与轧辊接触时间。

相变潜热可用下式求解：

$$\dot{q} = \Delta H_i \frac{\Delta X_i}{\Delta t} \tag{7-29}$$

式中，ΔH_i 为温度 T_i 下由相变而产生的热量，J/kg；ΔX_i 为已转变相的比例；Δt 为相变时间，s。

相变量的计算可以通过 CCT 曲线，计算组织转变的开始、终了温度与冷却速率拟合后的函数关系，再根据转变量与温度呈线性关系计算各项的转变量：

$$X = X_0 \frac{T_s - T}{T_s - T_f} \tag{7-30}$$

式中，X_0 为该组织在该冷速下的最大转变量；T 为连续冷却所达到的温度，℃；T_f 为转变终了温度，℃；T_s 为转变开始温度，℃。

通过式（7-30）可以求得各相的转变量，进而可以求出转变相的转变比例。

针对棒材的水冷过程，不需要考虑塑性变形功和摩擦功产生的热。冷却过程中的相变潜热与成分组织有较大的关联且较为复杂，同时在弱穿水冷却过程中是否发生相变需根据具体情况判定，将推导出的差分迭代计算方程中含有内热源强度 $\dot{q}$ 的项简化为 0，即可获得无内热源的差分迭代计算方程。

7.1.2.3　换热系数与材料热物性参数的处理

换热系数对温度预测精度影响最为直接，温度模型的计算精度很大程度上取决于换热系数的选取。由于化学成分、氧化铁皮、接触条件等因素在轧制过程中不断波动，使用公式直接计算的换热系数不能保证温度的计算精度，所以对换热系数的确定将成为重中之重。在棒材冷却过程中存在着水冷和传送空冷阶段，空冷阶段的换热系数相较于水冷换热系数对温度模型计算精度的影响非常小，可以采用经验公式计算空冷换热系数。

空冷换热系数：

$$h_a = h_c + h_r \tag{7-31}$$

$$h_c = 1.33 (T_s - T)^{0.25} \times 1.163 \tag{7-32}$$

$$h_r = \frac{\varepsilon\sigma\left[\left(\frac{T_s + 273}{100}\right)^4 - \left(\frac{T + 273}{100}\right)^4\right]}{T_s - T} \tag{7-33}$$

式中，h_a 为空冷换热系数，W/(m²·℃)；h_c 为对流换热系数，W/(m²·℃)；h_r 为辐射换热系数，W/(m²·℃)；T_s 为周围环境温度，℃；T 为轧件表面温度，℃；ε 为轧件辐射率；σ 为斯特藩-玻尔兹曼常数。

基于人工神经网络对水冷换热系数的学习数据主要来自现场实际生产过程的采集，采集内容包括钢种、尺寸、水温、水压、流量、阀门开闭状态、调节阀开口度等与温度相关的参数，以及冷前、冷后温度实际数据，采集结果存储在数据库中，作为神经网络训练的数据集。不同钢种的导热系数与温度的关系如图 7-4 所示，不同钢种比热容与温度的关系如图 7-5 所示。

材料的热物性参数直接影响轧件温度场的结算结果，所以获取材料的热物性参数对温度场的精确计算十分重要。导热系数、比热容等物性参数与化学成分、温度密切相关，是温度计算精度的主要影响因素。以化学成分、温度为变量，提前建立层别表，温度计算时可以查表，并插值获得当前状态的热物性参数。

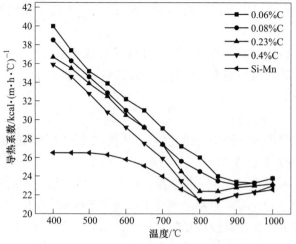

图 7-4 不同碳含量钢种导热系数与温度关系

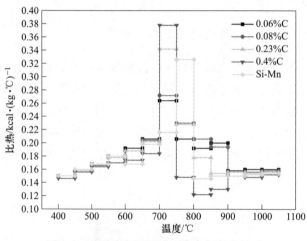

图 7-5 不同碳含量钢种比热容与温度关系

7.2 高精度换热系数神经网络学习模型

棒材的生产是一个复杂过程，生产过程中不断受到各种随机因素的干扰，化学成分、氧化铁皮、接触条件等因素都是不断在波动的，使用传统公式直接计算的换热系数难以保证温度的计算精度。换热系数对温度计算模型的计算精度影响最为直接，传统公式自学习、适应能力差，难以保证在生产条件变化时对温度的精准预测能力。人工神经网络能够进行自适应学习，并且可以处理复杂非线性问题，一些文献基于神经网络研究生产工艺参数与产品的力学性能关系，进行产品性能的预报和生产工艺优化获得了良好的效果[13-16]。本研究采用人工神经网络预测冷却器的换热系数，通过积累生产过程温度变化数据，对现场生产投入冷却过程的品种进行数据采集，采集内容包括钢种、尺寸、水温、水压、流量、阀门开闭状态、调节阀开口度等与温度相关的参数，以及冷前、冷后温度实际数据，采集结果存储在数据库中，作为后续神经网络训练的样本，建立换热系数与其他影响条件的映射关系,以适应生产条件变化对换热系数的影响。

7.2.1 换热系数建模

人工神经网络是一种按照误差反向传播算法进行训练的多层前馈网络,是目前应用最广泛的神经网络模型之一。神经网络可以学习并储存大量的输入-输出模式映射关系,而无需事先揭示描述这种映射关系的数学方程。其学习方法是使用梯度下降法,通过反向传播不断调整网络的连接权值和阈值,以达到网络的误差平方和最小的目的。神经网络的模型拓扑结构包括输入层(Input Layer)、隐含层(Hide Layer)和输出层(Output Layer)。

A 神经网络算法概述

神经网络的学习算法也称为广义 δ 规则,每个输入神经网络都会产生一个实际的输出,在学习期间需要把输入和期望输出同时提供给网络。通过修改实际输出和所需输出之间的连接权值和阈值,让实际输出尽可能接近期望输出。

神经网络算法如图 7-6 所示,对于每个训练样本网络先将输入的数据传递给输入层神经元,逐层向后进行传递,直到输出层输出结果,然后计算输出层的误差;当误差不能满足事先设定的误差要求时,再将误差进行反向传播至隐含层神经元,然后适当调整连接权值和阈值,这个调整的过程取决于输出层的误差。整个迭代过程会一直继续,直到整个集合的误差可以接受为止,最终得到一个具有确定连接权值和阈值的多层前馈网络。

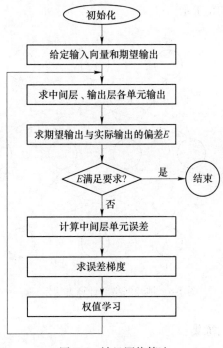

图 7-6 神经网络算法

B 神经网络的数学基础

神经网络是典型的多层前馈神经网络,每层神经元与下一层神经元之间完全互相连接,并且在同一层之间没有连接,也没有跨层的连接。输入层神经元负责接收外界输入,隐含层与输出层神经元负责加工信号，最后输出层输出结果。激活函数是神经网络中隐含层和输出层的神经元都具有的功能神经元。所谓激活函数是用来处理前一层输入的函数，常用 Sigmoid 函数作为激活函数，即 S 形传递函数，其表达式见式（7-34），其示意图如图7-7 所示。

$$\text{sigmoid}(x) = \frac{1}{1 + e^{-x}} \tag{7-34}$$

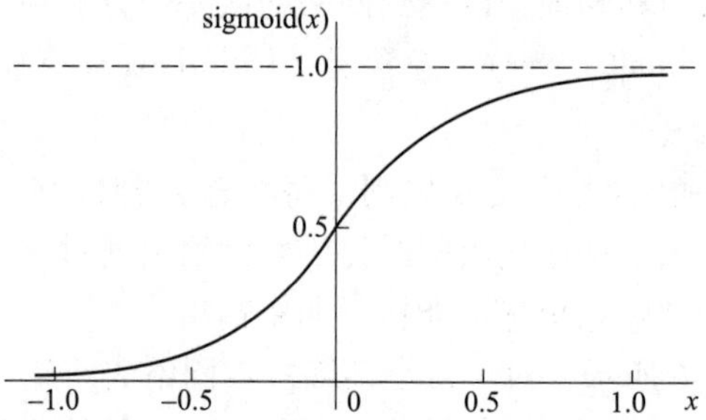

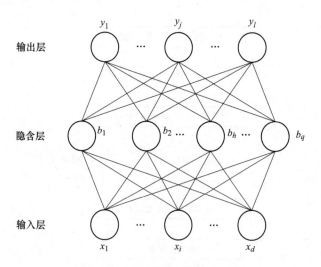

图 7-7　Sigmoid 函数

　　神经网络学习的过程，就是通过数据不断的训练，进而调整神经元之间的连接权值与阈值的过程。换言之，神经网络学习的过程就是对连接权值与阈值进行确定的过程[19-20]。神经网络的计算方法如图 7-8 所示。

图 7-8　神经网络的计算方法示例

　　对于神经网络，给定训练集：

$$D = \{(x_1, y_1), (x_2, y_2), \cdots, (x_m, y_m)\} \qquad (x_i \in R^d, y_i \in R^l) \tag{7-35}$$

　　式（7-35）中，输入的示例由 d 个输入神经元组成并输出 1 维实值向量，给出具有 d 个输入神经元、1 个输出神经元和 q 个隐含层神经元的多层前馈神经网络结构。输出层第 j 个神经元的阈值用 θ_j 表示，隐含层的第 h 个神经元的阈值用 γ_h 表示，输入层第 i 个神经元与隐含层第 h 个神经元的连接权为 v_{ih}，隐含层第 h 个神经元与输出层第 j 个神经元之间的

连接权为 w_{hj}。

在隐含层中第 h 个神经元的输入为：

$$\alpha_h = \sum_{i=1}^{d} v_{ih} x_i \qquad (7-36)$$

输出层第 j 个神经元的输入为：

$$\beta_j = \sum_{h=1}^{q} w_{hj} b_h \qquad (7-37)$$

式中，b_h 为隐含层第 h 个神经元的输出。

假设隐含层、输出层都使用 Sigmoid 函数。对于训练集 (x_k, y_k)，假定神经网络的输出为 $\hat{y}_k = (\hat{y}_1^k, \hat{y}_2^k, \cdots, \hat{y}_l^k)$，即：

$$\hat{y}_j^k = f(\beta_j - \theta_j) \qquad (7-38)$$

则网络在 (x_k, y_k) 上的均方误差为：

$$E_k = \frac{1}{2} \sum_{j=1}^{l} (\hat{y}_j^k - y_j^k)^2 \qquad (7-39)$$

神经网络算法是一种迭代学习过程。在迭代的每一轮中采取广义的感知机学习规则对参数进行评估的更新，任意参数 v 的更新估计式为：

$$v \leftarrow v + \Delta v \qquad (7-40)$$

算法基于梯度下降规则，并在目标的负梯度方向上调整参数。对式（7-39）的误差 E_k，给定学习率 η，有：

$$\Delta w_{hj} = -\eta \frac{\partial E_k}{\partial w_{hj}} \qquad (7-41)$$

式（7-41）中，w_{hj} 先对第 j 个输出层神经元的输入值 β_j 造成影响，然后再对其输出值 $\hat{y}_j^k$ 造成影响，接着影响到 E_k，有：

$$\frac{\partial E_k}{\partial w_{hj}} = \frac{\partial E_k}{\partial \hat{y}_j^k} \frac{\partial \hat{y}_j^k}{\partial \beta_j} \frac{\partial \beta_j}{\partial w_{hj}} \qquad (7-42)$$

根据 β_j 的定义，显然有：

$$\frac{\partial \beta_j}{\partial w_{hj}} = b_h \qquad (7-43)$$

Sigmoid 函数有一个很好的性质：

$$f'(x) = f(x)[1 - f(x)] \qquad (7-44)$$

于是根据式（7-38）和式（7-39），有：

$$
\begin{aligned}
g_j &= -\frac{\partial E_k}{\partial \hat{y}_j^k} \frac{\partial \hat{y}_j^k}{\partial \beta_j} \\
&= -(\hat{y}_j^k - y_j^k) f'(\beta_j - \theta_j) \\
&= \hat{y}_j^k (1 - \hat{y}_j^k)(y_j^k - \hat{y}_j^k)
\end{aligned}
\qquad (7-45)
$$

将式（7-43）和式（7-45）代入式（7-42），再将结果代入式（7-41），可以得到神经网络算法中连接权 w_{hj} 的更新公式：

$$\Delta w_{hj} = \eta g_j b_h \qquad (7-46)$$

同理可得:

$$\Delta\theta_j = -\eta g_j \tag{7-47}$$

$$\Delta v_{ih} = \eta e_h x_i \tag{7-48}$$

$$\Delta\gamma_h = -\eta e_h \tag{7-49}$$

式中，θ_j 为输出层第 j 个神经元的阈值。

在式（7-48）和式（7-49）中：

$$
\begin{aligned}
e_h &= -\frac{\partial E_k}{\partial b_h}\frac{\partial b_h}{\partial \alpha_h}\\
&= -\sum_{j=1}^{l}\frac{\partial E_k}{\partial \beta_j}\frac{\partial \beta_j}{\partial b_h}f'(\alpha_h - \gamma_h)\\
&= \sum_{j=1}^{l}w_{hj}g_j f'(\alpha_h - \gamma_h)\\
&= b_h(1 - b_h)\sum_{j=1}^{l}w_{hj}g_j
\end{aligned}
\tag{7-50}
$$

C 神经网络模型结构设计

神经网络具有自组织学习的能力，可以通过对实际生产数据的学习确定合适的换热系数。但是，在学习之前必须确定网络的结构，才能利用神经网络对大量生产数据进行训练，并实现对换热系数的预测。确定神经网络的结构，首先就要确定网络隐含层的层数以及输入层、隐含层和输出层等各层的神经元节点数。

（1）网络隐含层层数的确定。神经网络的隐含层层数与单元数存在一定的关联，对于神经网络模型，隐含层的数目增加，相应的连接权重、阈值等相关参数也会增加，函数映射的复杂度增大。当隐含层的数量一定时，单纯的增加隐含层的神经元节点数，也可以使模型的复杂度提高。换句话说，要想使隐含层的数目减少，可以适当地增加隐含层的神经元节点数；反之，要想减少隐含层神经元的节点数，就要适当增加隐含层层数。单隐含层的多层前馈网络具有强大的学习能力，Hecht Nielsen 的研究表明，一个单隐含层的神经网络可以完成任意的 $n\sim m$ 维的映射。还有研究表明，单隐含层的神经网络，只要有足够多的神经元节点，就可以任意精度逼近一个非线性函数。因此，在换热系数学习的过程中，采用单隐含层的网络，并且适当选择隐含层的节点数是可以满足希望精度要求的，所以换热系数学习模型网络结构采用单隐含层的三层神经网络。

（2）输入层节点数的确定。神经网络输入层的神经元节点数根据实际情况确定。神经网络的输入是影响换热系数的因素，这些因素可以在实际生产中获得。在实际生产中换热系数的影响因素主要有水压 p、流量 F、水温 T 等，同时也应考虑产品规格，以增加训练后网络的适应性。所以，将神经网络的输入层节点确定为 4 个，输入参数分别为水压 p、流量 F、水温 T 和规格。

（3）输出层节点数的选择。主要通过对神经网络的训练，进而得到换热系数的学习模型，所以输出层节点确定为 1，即换热系数 h。

（4）隐含层节点数的确定。在神经网络模型的结构设计中，输入层神经元节点数和输出层神经元节点数都由所研究问题的实际情况确定。隐含层神经元节点的选择格外重要，对神经网络模型的性能影响巨大，其节点数不仅会影响网络的收敛性，还会影响网络的泛化能力。隐含层节点增加，可以提高神经网络的处理能力，但是会使训练时间增加；网络节点数过少，则可能导致网络不能收敛，或者能够收敛但是泛化能力较差。因此，合理选择隐含层神经元的节点数显得十分重要。目前，对于隐含层神经元节点数的选取没有明确的理论支持，常用的方法是试凑法，即在已有经验公式的基础上进行试凑，通过经验公式计算出隐含层神经元节点数的粗略估计值，并以该值为初值进行试凑。首先用该初值为隐含层节点数，然后适当地改变节点数，并通过采用同一样本进行训练，对比结果后确定最佳的隐含层神经元节点数。

本计算中选用经验公式 $m = \sqrt{n + l} + \alpha$，并以其计算的结果为隐含层节点初值，进行试凑。经过尝试，当隐含层神经元节点数为 16 时，网络的误差较小，训练效果较好。所以在随后的训练中神经网络隐含层神经元采用 16 个节点进行训练，并设计神经网络结构如图 7-9 所示。

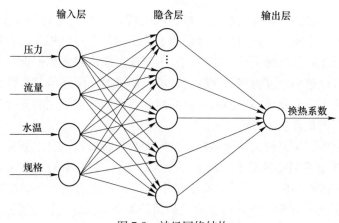

图 7-9 神经网络结构

D 神经网络相关参数的确定

（1）学习速率的选取。在神经网络中，学习速率的大小决定权值的变化量，因此学习速率选取的重要性不言而喻。当学习速率较大时，会加快收敛速度，但是邻近最佳点时，会导致训练结果产生波动，致使无法收敛、网络训练不稳定。当学习速率较小时，会降低收敛速度，神经网络训练的时间会大大增加。学习速率的选择是保证系统稳定性的重要条件，综合考虑，应将学习速率设置为较小值。综上所述，学习速率选取在 0.01~0.8。

（2）初始权值的选择。初始权值对神经网络的影响巨大，主要体现在影响学习时的收敛速度、收敛程度以及学习范围。在初始权值的选择中，要注意初始权值不能相等，当初始权值相等时，输入层和隐含层之间的权值会保持恒定不变。同时，当初始权值过大时，会使函数达到饱和，神经网络训练将会陷于局部最小的区域。在选择初始权值时，应当采取适中的原则，合理选择初始权值。因此，在本研究中初始权值选在 [-0.5, 0.5] 之间。

（3）传递函数的选取。神经网络的输入层节点仅仅充当缓冲器的作用并且不是传递函数。传递函数通常有 logsig( ) 函数、tansig( ) 函数和 purelin( ) 函数。logsig( ) 函数会把输出限定在 [0, 1] 的范围，tansig( ) 函数会把输出限定在 [-1, 1] 之间；purelin( )

函数则为纯线性传递函数，可以输出任意值。根据各个函数的特征，该神经网络的隐含层神经元和输出层神经元的传递函数选择 tansig( ) 函数。

（4）训练函数的选择。训练函数的选择对网络的收敛速度和网络推广能力等有重大影响，标准算法存在一些不足。针对算法中的不足，人们已经提出了许多改进算法，其中，包括在学习算法中加入动量项的方法，以及牛顿法、共轭梯度法和 L-M 算法等。L-M 算法是梯度下降法和 Gauss-Newton 法相结合的产物，该算法使用近似的二阶导数信息，具有迭代时间少、收敛速度快、稳定性良好的优点，并且可以在很大程度上避免陷入局部极小值。因此，本研究中选取对应 L-M 算法的 trainlm( ) 函数为训练函数。

7.2.2 数据的聚类分析

7.2.2.1 聚类分析原理及相关概念

聚类分析，简言之就是聚类，聚类的过程就是将一组数据集划分成多个子集的过程，每个子集可以称为一个簇；划分的目的就是为了使簇内各个对象相互间相似性较高，簇与簇之间的对象相似性较低。聚类结果的好坏，主要通过簇内对象相似性与簇间对象相似性来评估。簇间相似性越小，簇内相似性越大，可以说聚类结果就越好。数据挖掘方法的应用十分广泛，渗透于多个领域，典型的有智能商务、图像模式识别和安全等领域，聚类则是一种典型的数据挖掘方法。

当前，聚类分析算法的种类多种多样，按照大类进行分类，可以分为以下几种：

（1）划分方法。在初始情况下，对于一个包含有 m 个对象的数据集合，需要指定一个 k 值，k 值为初始聚类中心的数目，有多少个 k 值，意味着就会将数据集划分为多少个集群，同时 k 值应该小于或等于 m 值。给定初始的 k 值后，算法将会通过不断地迭代不断更新聚类中心，最后得到划分效果较好的聚类结果。K 均值算法、PAM、K 中心点算法都属于该类算法。

（2）层次方法。与划分方法不同，层次方法是将数据集进行分解操作，分解成多级以后再进行聚类。层次方法还可以进行详细划分，可以分为凝聚和分裂两种，主要依据是其层次分解方式的不同。凝聚法的特点可以概括为自下而上，因此其也被称为自下而上法。凝聚的开始是将每个数据点作为单独的类，随着凝聚过程的进行，各类将不断与相似的类进行合并。分裂法的特点与凝聚法的特点刚好相反，分裂法开始将所有的数据集分为一类，随着迭代过程的不断进行，一个大类会逐渐分裂成多个小类，分裂的过程会一直持续到每个数据点在一类或者达到终止条件。与划分方法的另一个不同点是，层次方法不需要事先指定聚类中心的数目。

（3）基于密度的方法。基于密度的方法与绝大多数基于距离进行聚类的划分方法不同，该方法不存在只能发现球状类的局限，而是可以发现具有任意形状的类。该方法的主要思想是：对于密度设置一个阈值，以该阈值作为条件，当邻近区域的密度超过该阈值时将进行聚类。目前，典型的该类算法有 DBSCAN、OPTICS 等。

（4）基于网格的算法。该算法的第一步是将对象空间进行划分，将其分为具有有限个单元的网状结构，之后会以每个单元为对象进行处理分析。该方法的聚类精度主要取决于每个单元网格的大小，该方法处理速度快，处理时间只与空间划分的单元数有关，其中

STING、Wave Cluster 等算法较为典型。

（5）基于模型的算法。该算法的主要思想是：为每个分类即每个簇制定一个假定的模型，然后对数据集进行寻找，寻找的数据集必须可以很好地满足之前假定的模型。常用的假定为：数据集取决于一系列的概率分布。该算法可以分成两类：神经网络模型算法和统计学模型算法。SOM 属于典型的神经网络模型算法，典型的统计学模型算法有 COBWEB、Autoclass 等。

作为一种应用广泛的数据挖掘方法，聚类分析可以单独使用，观察数据集的分布情况，从而得出数据存在的一些潜在规律；同时，也可以作为其他算法的辅助工具，为其他算法的输入数据集提供一定的预处理。目前，比较常用的聚类算法有 K-Means 聚类算法、Mean Shift 算法等[23]。

7.2.2.2 K-Means 聚类算法概述

K-Means 聚类算法也就是 K 均值算法，是一种应用广泛且基于划分的聚类算法，普遍用于数据挖掘中。图 7-10 为 K-Means 算法流程。在 K-Means 聚类算法中，首先输入样本数据集以及初始聚类中心的数目 k，通过计算得出具体的聚类中心。然后计算数据集中各点到聚类中心的距离（欧氏距离），将数据点划分至距离其最近的聚类中心所在的类别。接

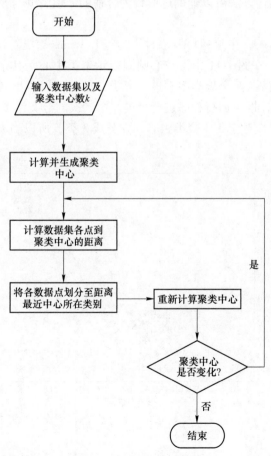

图 7-10　K 均值算法流程

着计算每个类别中数据点的均值向量，确定新的聚类中心。最后再做出判断，当聚类中心不再发生变化或者误差平方和准则达到最小时，结束迭代，当前聚类中心和类别划分情况均为最终结果；反之，则继续进行欧氏距离计算、数据点划分和聚类中心的计算，直到满足以上终止条件。

欧氏距离：

$$D_{ik}^2 = (x_k - v_i)^T (x_k - v_i) \qquad (1 \leqslant i \leqslant k, 1 \leqslant k \leqslant N) \tag{7-51}$$

式中，x_k 为样本数据；v_i 为均值向量；N 为样本集中的样本点数目。

误差平方和准则公式如下：

$$J_e = \sum_{i=1}^{k} \sum_{X \in C_i} |X - m_i|^2 \tag{7-52}$$

式中，m_i 为 C_i 的质心，$m_i = \dfrac{1}{n_i} \sum_{X \in C_i}$，其中 X 为簇 C_i 的均值向量，n_i 为簇中样本个数；J_e 为所有样本的误差平方和。

在 K-Means 聚类算法中，k 值总是事先给出，因此在聚类分析过程中有必要根据后续聚类情况重新对 k 值进行一定的调整。此时，可以按照密集程度分类的方法对数据点大致分类，然后对事先选取的 k 值做出适当调整。k 值的选取对 K-Means 聚类算法最后得到的结果有一定的影响，上述方法可以辅助选取较为合适的 k 值，并且从一定程度上提高结果的可靠性。

以相关数据集为输入，在 MATLAB 软件中运行 K-Means 聚类算法程序可以得到图 7-11 和图 7-12 所示的结果。在图 7-11 中，空心圆圈表示聚类中心，其余为数据点，一开始指定的 k 值为 2，也就是按照两个聚类中心进行分类，但是可以看出图中大概存在 3 个密集区，所以将 k 值改为 3，再次运行程序进行聚类。第二次的分类结果如图 7-12 所示，图中存在 3 个数据点密集区，对应 3 个聚类中心，并分成 3 类，所以当 k 值取 3 时分类情况较为合理。

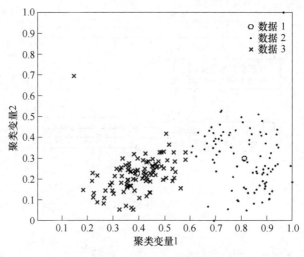

图 7-11   数据点分类情况

但是，在实际应用时，如果数据点密集群较多，采用群点密集程度分类的方法修改初

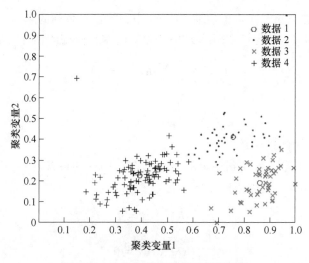

图 7-12　改变 k 值后数据点分类情况

始设定的 k 值，存在一些困难。这是因为当密集群点较多时，肉眼已经无法判断具体存在多少个数据点密集群，无法准确对 k 值做出修改，即使完成数据集的聚类，得到的结果也未必准确，这也是 K-Means 聚类算法的一个弊端。

　　与 K-Means 聚类算法相比，Mean Shift 算法不具备上述缺点，后续可采用 Mean Shift 算法对数据进行处理。

7.2.2.3　Mean Shift 算法

　　Mean Shift 算法又称为均值漂移算法，是一种基于核密度估计的算法，可以用于聚类、图像分割、跟踪等。其工作原理基于质心，这就意味着它的目标是定位每个分类的质心，即先算出当前数据点的偏移均值，然后将该数据点移动到该偏移均值，并以此为新的起始点，继续移动，直到满足最终的停止条件。图 7-13 为 Mean Shift 算法漂移方向示意图。

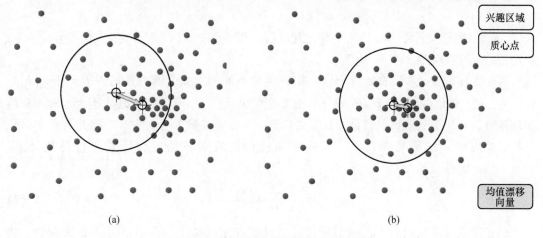

图 7-13　Mean Shift 算法漂移方向示意图

（a）前一步移动；（b）后一步移动

给定一个 d 维的空间，在这个 d 维空间 R^d 中，给定一系列的点 x_i，$i = 1，2，\cdots，n$。关于核函数 $K(x)$ 和 $d \times d$ 的带宽矩阵 H 中一点 x 的多元核密度估计式如下：

$$\hat{f}(x) = \frac{1}{n} \sum_{i=1}^{n} K_H(x - x_i) \tag{7-53}$$

其中，

$$K_H(x) = |H|^{-1/2} K(H^{-1/2} x) \tag{7-54}$$

式中，$K_H(x)$ 为空间中的核函数。

d 元核函数 $K(x)$ 是一种受到约束的函数，存在四种约束条件，只有满足这四种条件时，才可以称为核函数，具体条件如下：

$$\int_{R^d} K(x) \, \mathrm{d}x = 1 \tag{7-55}$$

$$\int_{R^d} x K(x) \, \mathrm{d}x = 0 \tag{7-56}$$

$$\lim_{\|x\| \to \infty} \|x\|^d K(x) = 0 \tag{7-57}$$

$$\int_{R^d} x x^{\mathrm{T}} K(x) \, \mathrm{d}x = c_K I \tag{7-58}$$

式中，c_K 为常量。

多元核函数能够通过两种方式由单元核函数 $K_1(x_i)$ 推导而来：

$$K^P(x) = \prod_{i=1}^{d} K_1(x_i) \tag{7-59}$$

$$K^S(x) = a_{k,d} K_1(\|x\|) \tag{7-60}$$

式（7-59）和式（7-60）中，$K^P(x)$ 根据单元核函数导出，在 R^d 空间中，$K^S(x)$ 由 $K_1(x_i)$ 经过旋转而得来。$K^S(x)$ 在径向是对称的。同时，常数 $a^{-1} = \int_{R^d} K_1(\|x\|) \, \mathrm{d}x$ 保证了 $K^S(x)$ 的积分为 1，不仅多元核函数要遵循上述四个条件，径向对称核函数更要满足上述条件。除上述条件外，径向对称核函数还要满足以下特定的条件：

$$K(x) = c_{k,d} k(\|x\|^2) \tag{7-61}$$

式中，$K(x)$ 为径向对称函数；$c_{k,d}$ 为标准化常数，用于保证 $K(x)$ 积分为 1，且其值大于零；$k(x)$ 为 $K(x)$ 的轮廓函数，$x \geqslant 0$。

对于之前的 $d \times d$ 带宽矩阵 H，存在着两种不同的形式，即对角矩阵 $H = \mathrm{diag}[h_1^2, h_2^2, \cdots, h_d^2]$ 和单位比例矩阵 $H = h^2 I$。对角矩阵灵活性大，但是计算成本也大。对于单位比例矩阵，一个显著的优点就是，只需要确定一个带宽参数 h 且 $h > 0$，因此有利于简化计算。使用唯一的带宽参数 h，采用单位比例矩阵对核密度估计式进行简化处理，式（7-53）能够表达为：

$$\hat{f}(x) = \frac{1}{n h^d} \sum_{i=1}^{n} K\left(\frac{x - x_i}{h}\right) \tag{7-62}$$

核密度估计的质量好坏，由其密度、估计值和定义域上的积分平方误差来衡量。将式（7-61）代入式（7-62）中，用轮廓函数表示式（7-62）中的 $K(x)$ 可以得到式（7-63），也就是 Mean Shift 算法中用于计算核密度的公式：

$$\hat{f}_{h,K}(X) = \frac{c_{k,d}}{nh^d} \sum_{i=1}^{n} K\left(\left\|\frac{x - x_i}{h}\right\|\right) \tag{7-63}$$

在 Mean Shift 算法中，常用的核函数有均匀核函数、高斯核函数以及 Epanechnikov 核函数等，三种核函数的形式如图 7-14 所示。

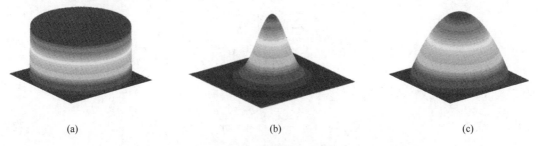

（a）   （b）   （c）

图 7-14　三种核函数示意图
（a）均匀核函数；（b）高斯核函数；（c）Epanechnikov 核函数

均匀核函数：

$$K_U(x) = \begin{cases} c, & \|x\| \leqslant 1 \\ 0, & \text{其他} \end{cases} \tag{7-64}$$

高斯核函数：

$$K_N(x) = c\exp\left(-\frac{1}{2}\|x\|^2\right) \tag{7-65}$$

Epanechnikov 核函数：

$$K_E(x) = \begin{cases} c(1 - \|x\|^2), & \|x\| \leqslant 1 \\ 0, & \text{其他} \end{cases} \tag{7-66}$$

由于核函数具有可微性，核密度估计的梯度与密度梯度估计恒等，即：

$$\hat{\nabla}f_{h,K}(x) \equiv \nabla\hat{f}_{h,K}(x) = \frac{2c_{k,d}}{nh^{d+2}} \sum_{i=1}^{n} (x - x_i)\, k'\left(\left\|\frac{x - x_i}{h}\right\|^2\right) \tag{7-67}$$

令 $g(x) = -k'(x)$，与之对应的核函数如下：

$$G(x) = c_{g,d}g(\|x^2\|) \tag{7-68}$$

式中，$c_{g,d}$ 为标准化常数；$g(x)$ 为核函数 $G(x)$ 的轮廓函数。

将 $g(x)$ 代入式（7-67）得到：

$$\hat{\nabla}f_{h,K}(x) = \frac{2c_{k,d}}{nh^{d+2}}\left[\sum_{i=1}^{n} g\left(\left\|\frac{x - x_i}{h}\right\|^2\right)\right]\left[\frac{\sum_{i=1}^{n} x_i g\left(\left\|\frac{x - x_i}{h}\right\|^2\right)}{\sum_{i=1}^{n} g\left(\left\|\frac{x - x_i}{h}\right\|^2\right)} - x\right]$$

$$= \frac{2c_{k,d}}{h^2 c_{g,d}}\left[\frac{c_{g,d}}{nh^d}\sum_{i=1}^{n} g\left(\left\|\frac{x - x_i}{h}\right\|^2\right)\right]\left[\frac{\sum_{i=1}^{n} x_i g\left(\left\|\frac{x - x_i}{h}\right\|^2\right)}{\sum_{i=1}^{n} g\left(\left\|\frac{x - x_i}{h}\right\|^2\right)} - x\right] \tag{7-69}$$

在式（7-69）中，显然前一个中括号内部分为 $G(x)$ 的核密度估计值，后一个中括号内部分为 Mean Shift 向量。

$G(x)$ 的核密度估计值：

$$\hat{f}_{h,G}(x) = \frac{c_{k,d}}{nh^d}\Big[\sum_{i=1}^{n} g\Big(\Big\|\frac{x - x_i}{h}\Big\|^2\Big)\Big] \tag{7-70}$$

Mean Shift 均值位移向量：

$$m_{h,G}(x) = \frac{\sum_{i=1}^{n} x_i g\Big(\Big\|\dfrac{x - x_i}{h}\Big\|^2\Big)}{\sum_{i=1}^{n} g\Big(\Big\|\dfrac{x - x_i}{h}\Big\|^2\Big)} - x \tag{7-71}$$

综合式（7-70）和式（7-71），$\hat{\nabla} f_{h,K}(x)$ 可整理得到：

$$\hat{\nabla} f_{h,K}(x) = \frac{2c_{k,d}}{h^2 c_{g,d}} \hat{f}_{h,G}(x) m_{h,G}(x) \tag{7-72}$$

进而可以得到：

$$m_{h,G}(x) = \frac{1}{2}h^2 \frac{c_{g,d}}{c_{k,d}} \cdot \frac{\hat{\nabla} f_{h,K}(x)}{\hat{f}_{h,G}(x)} \tag{7-73}$$

令 $c = \dfrac{c_{g,d}}{c_{k,d}}$，得：

$$m_{h,G}(x) = \frac{1}{2}h^2 c \frac{\hat{\nabla} f_{h,K}(x)}{\hat{f}_{h,G}(x)} \tag{7-74}$$

图 7-15 为 Mean Shift 算法聚类的算法流程。

利用 Mean Shift 算法进行聚类时，首先要选择适当的核函数，并计算核半径的大小，接着随机选择一个还没有被标记的数据点作为聚类中心。将与聚类中心距离在带宽范围内的数据点归为一类，同时将这些点属于该类的概率加 1，进行该操作的目的是进行最后步骤的分类。以初始的聚类中心为中心，计算从该中心到该类中所有数据点的向量，并将所有向量相加，得到均值位移向量。在数据点密度较大区域均值位移矢量有较小的步长，相反在密度较小区域有较大的步长。将聚类中心沿着均值位移向量移动，移动的方向为向量指向方向，距离为向量的模长。重复上述过程，直到均值位移向量变得很小，迭代到收敛或者达到终止条件，同时在该迭代过程中遇到的点都应该归类到该类。如果收敛时，当前分类与其他分类聚类中心的距离小于阈值，则将两类进行合并；否则，将当前类作为新的类。重复上述所有步骤，直到标记所有数据点。最后，根据每个类对每个数据点被访问的频率，将具有最高访问频率的类作为当前数据点的类。总的来说，Mean Shift 算法聚类就是沿着密度增加的方向不断地找到相同聚类数据点的过程。

以相关二维数据为输入，利用 Mean Shift 算法程序进行聚类处理，所得结果如图 7-16 和图 7-17 所示。

图 7-16 是 Mean Shift 算法聚类的效果示意图，在没有事先指定聚类中心的前提下，图中的数据点通过算法的不断迭代自动聚为三类，聚类效果符合数据点的密度分布。图 7-17 为聚类过程中聚类中心的变化，图中星号标记为聚类中心，一系列的星号为聚类中心变化的路径，随着迭代过程的进行，聚类中心不断向数据点密度较大的位置移动。多个聚类中心在不断地移动，最后移动到同一位置，多个类合并为一类，这也说明了当不同类的聚类

中心距离小于一定值时相关的类会进行合并。

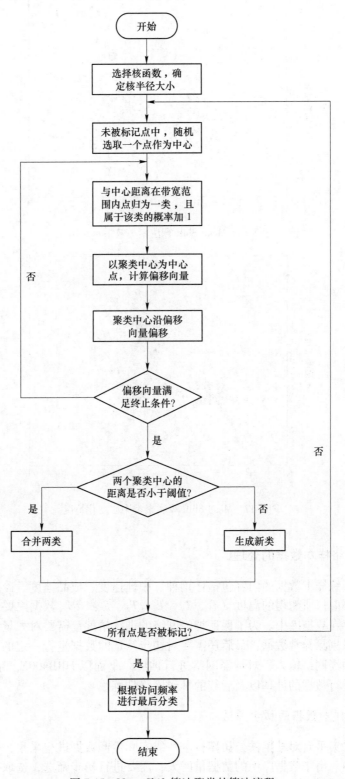

图 7-15 Mean Shift 算法聚类的算法流程

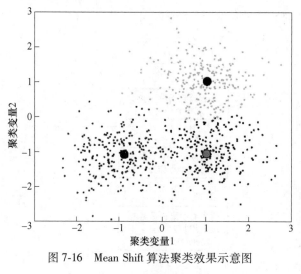

图 7-16 Mean Shift 算法聚类效果示意图

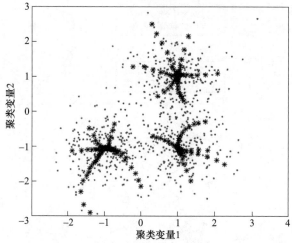

图 7-17 Mean Shift 算法聚类中心变化情况

7.2.3 神经网络样本数据的处理

神经网络训练样本数据的内容包括：钢种、中轧速度、成品速度、冷却水的温度、压力流量、各个测温仪所测得的温度（T_1、T_2、T_3、T_4、T_5）等。数据主要通过数据采集软件进行，并储存在数据库中。为了保证神经网络的训练精度，需要对大量的生产数据进行一系列筛选，以剔除异常数据；最后还需要对初步筛选的数据进行一定的计算和处理，才能作为最终的神经网络输入，对神经网络进行训练。下面以 HRB400E 产品的各项实际生产数据为例，进行数据的处理以及后续的神经网络训练。

7.2.3.1 样本数据的初步筛选

通过数据采集平台对某钢铁公司棒材生产线实际生产数据进行采集，采集的大量数据存储到数据库中。由于数据库中的数据量巨大，需要进行初步筛选，选取不同产品规格的相关数据，便于进行下一步处理，数据库如图 7-18 所示。

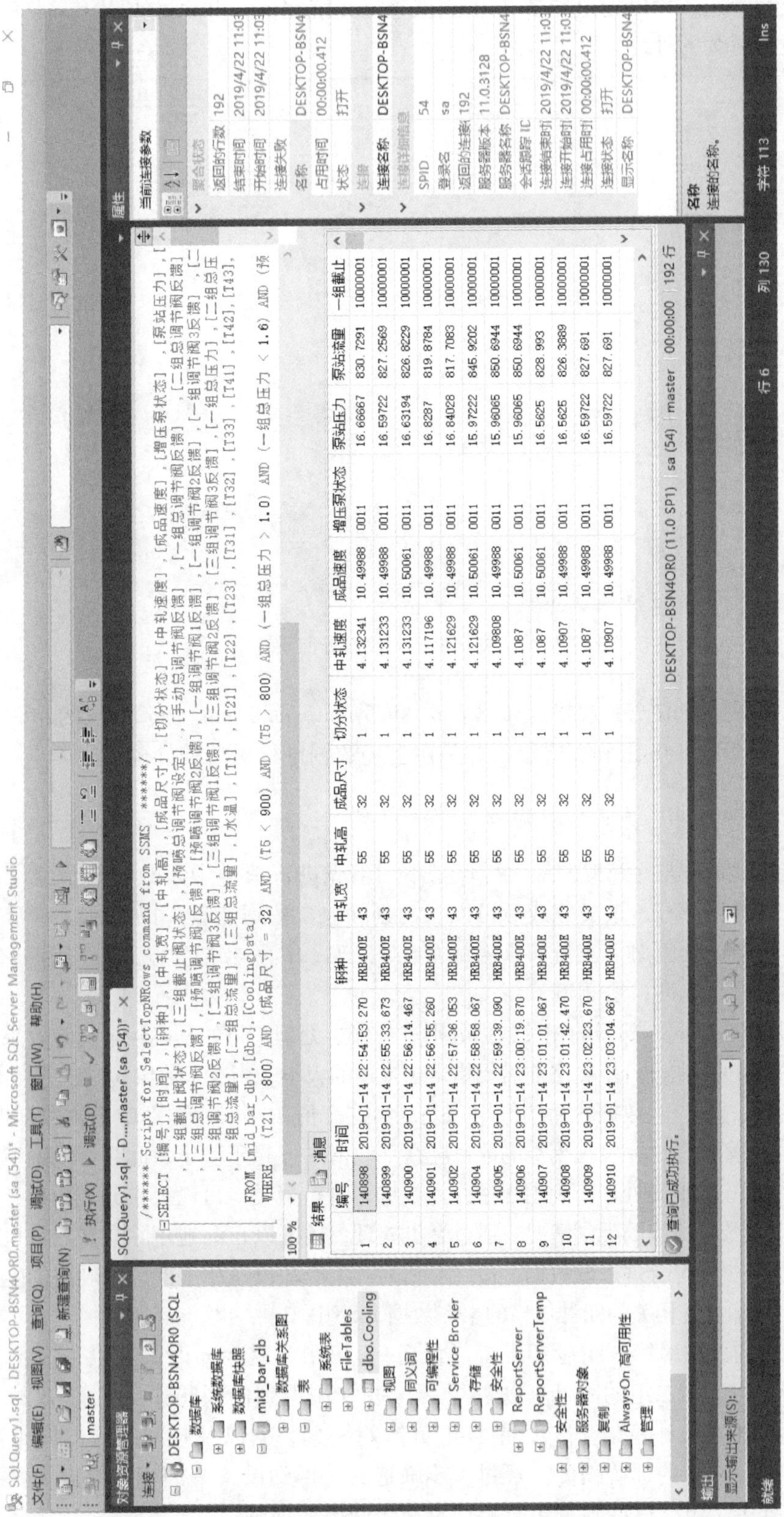

图 7-18 数据库窗口

数据的查询筛选还可以通过图 7-19 大数据查询系统完成，并将数据以 Excel 表格形式进行导出，便于后续的处理。

编号	日期	ID	钢种	中轧宽	中轧高	成品尺寸	切分状态	中轧速度	成品速度	增压泵状态	泵站压力	泵站流量	
100	2019/1/15 8:12:16	418121414	HRB400E	43	55	32	1	4.100573	10.50061	0011	14.0162	1033.42	100
101	2019/1/15 8:28:52	418121414	HRB400E	43	55	32	1	3.964269	10.50133	0011	17.17593	784.2882	100
102	2019/1/15 8:54:03	418121414	HRB400E	43	55	32	1	3.949864	10.50061	0011	17.32639	777.3438	100
103	2019/1/15 8:56:56	418121414	HRB400E	43	55	32	1	3.949864	10.50061	0011	17.34954	777.7778	100
104	2019/1/15 8:57:40	418121414	HRB400E	43	55	32	1	3.949494	10.50061	0011	17.32639	779.5139	100
105	2019/1/15 8:59:06	418121414	HRB400E	43	55	32	1	3.949125	10.50061	0011	17.31481	779.0799	100
106	2019/1/15 8:59:50	418121414	HRB400E	43	55	32	1	3.949125	10.50061	0011	17.31481	776.4757	100
107	2019/1/15 9:00:33	418121414	HRB400E	43	55	32	1	3.951341	10.49988	0011	16.5625	797.3091	100
108	2019/1/15 9:01:16	418121414	HRB400E	43	55	32	1	3.950972	10.49916	0011	16.48148	805.9696	100
109	2019/1/15 9:02:00	418121414	HRB400E	43	55	32	1	3.949494	10.49988	0011	16.50463	807.7257	100
110	2019/1/15 9:02:43	418121414	HRB400E	43	55	32	1	3.949494	10.49844	0011	16.45833	807.7257	100
111	2019/1/15 9:03:26	418121414	HRB400E	43	55	32	1	3.949125	10.50061	0011	16.48148	805.1216	100
112	2019/1/15 9:04:10	418121414	HRB400E	43	55	32	1	3.949494	10.49988	0011	16.48148	807.7257	100
113	2019/1/15 9:04:54	418121414	HRB400E	43	55	32	1	3.949494	10.50133	0011	16.50463	809.0278	100
114	2019/1/15 9:05:37	418121414	HRB400E	43	55	32	1	3.969811	10.50061	0011	16.48148	806.8577	100
115	2019/1/15 9:07:04	418121414	HRB400E	43	55	32	1	3.97018	10.49844	0011	16.48148	811.1979	100
116	2019/1/15 9:07:48	418121414	HRB400E	43	55	32	1	3.969811	10.49916	0011	16.62037	812.5	100
117	2019/1/15 9:08:30	418121414	HRB400E	43	55	32	1	3.969071	10.50133	0011	16.68981	815.9722	100
118	2019/1/15 9:09:13	418121414	HRB400E	43	55	32	1	3.97018	10.49988	0011	16.67824	814.4701	100
119	2019/1/15 9:09:57	418121414	HRB400E	43	55	32	1	3.969441	10.50061	0011	16.65509	815.5381	100
120	2019/1/15 9:11:24	418121414	HRB400E	43	55	32	1	3.969811	10.50061	0011	16.65509	813.3681	100
121	2019/1/15 9:12:07	418121414	HRB400E	43	55	32	1	3.97018	10.50061	0011	16.67824	815.9722	100
122	2019/1/15 9:12:50	418121414	HRB400E	43	55	32	1	3.977198	10.50061	0011	16.68981	814.2361	100
123	2019/1/15 9:13:33	418121414	HRB400E	43	55	32	1	3.976828	10.49988	0011	16.6088	811.1979	100
124	2019/1/15 9:14:17	418121414	HRB400E	43	55	32	1	3.976828	10.50061	0011	16.59722	812.066	100
125	2019/1/15 9:15:00	418121414	HRB400E	43	55	32	1	3.976828	10.49988	0011	16.50463	811.632	100
126	2019/1/15 9:15:43	418121414	HRB400E	43	55	32	1	3.977198	10.49916	0011	16.45833	809.8959	100
127	2019/1/15 9:16:27	418121414	HRB400E	43	55	32	1	3.976828	10.50061	0011	16.45833	808.1597	100
128	2019/1/15 9:17:11	418121414	HRB400E	43	55	32	1	3.977198	10.49844	0011	16.45833	807.7257	100
129	2019/1/15 9:17:54	418121414	HRB400E	43	55	32	1	3.976828	10.50061	0011	16.48148	808.1597	100

开始时间 2019-04-22 10:07:11
结束时间 2019-04-22 10:07:11
成品尺寸

条件 (T21 > 800) AND (成品尺寸 = 32) AND (T5 < 900) AND (T5 > 800) AND (一组总压力 > 1.0) AND (一组总压力 < 1.6) AND (预冷总流量 > 60.0) AND (T31 > 800) AND (二组总流量 > 100)

查询数据　数据导出　退出程序

图 7-19 某棒材生产大数据查询系统

在初步筛选中，选取产品规格为 $\phi18$ mm、$\phi25$ mm、$\phi28$ mm、$\phi32$ mm 的相关数据分别为 180 组、128 组、148 组和 192 组，并采用上述数据进行后续的处理。

7.2.3.2 Mean Shift 算法对数据进行聚类处理

用 Mean Shift 算法进行聚类的最大优点是不用事先进行聚类中心数目的指定，而是通过迭代自动搜寻聚类中心，聚类完成后可以自动剔除包含数据点较少的类别，对于数据筛选具有一定的帮助。以压力、流量、水温、T_1、T_2、T_3、T_5 等数据为输入，利用 Mean Shift 算法对上述数据进行聚类算法测试。

针对不同规格、不同冷却器的相关数据分别进行聚类处理，目的是确保聚类的效果和后续神经网络训练的精度。在进行聚类之前需要指定球半径的大小。当这个值偏大时，分类不明显，类别中包含数据点过多，对数据的筛选作用较差；当这个值偏小时，类别中包含数据点较少，分类过多。通过逐渐地尝试，发现聚类的数目会在某些值附近趋于稳定，此时可以确定半径的数值。而后进行正式的聚类处理，利用程序读入数据，进行聚类，可以得到分类数目、每个类别数据的数目以及数据所属的类别情况。通过聚类处理，还可以自动地剔除数据点数量较少的类别。最后根据分类情况合理选取数据，最终得到第一组冷却设备相关的四种规格的生产数据 212 组，第二组冷却设备相关的四种规格的生产数据 168 组。

利用筛选出的数据对第一组冷却设备（设备一）、第二组冷却设备（设备二）的换热系数（考虑第一组、第二组的冷却）进行学习，并利用得到的换热系数计算 T_5 的计算值 T_{5_cal}。比较实测值 T_5 与计算值 T_{5_cal}，剔除正负偏差较大数据以及与其对应的同组其他数据，确保后续神经网络的训练精度。经过该步筛选后，得到设备一的相关数据 193 组、设备二的相关数据 147 组，这些数据可直接用于神经网络的训练。

7.2.4 神经网络的训练

此前已经确定了神经网络的结构，并完成了相关参数的设定。随后将以流量、水温、压力、规格四类数据为输入，以根据实际生产数据学习得出的换热系数为已知的输出对神经网络进行训练。将数据分成设备一的流量、水温、压力、换热系数 h_1 和设备二的流量、水温、压力、换热系数 h_2 两组，分别用这两组数据进行训练，是为了得到与设备一与设备二两组设备相适应的换热系数神经网络预测模型。

7.2.4.1 设备一的换热系数神经网络训练

在对设备一的换热系数训练中，以设备一的流量、水温、压力、产品规格为输入，换热系数 h_1 为已知输出对神经网络进行训练。通过训练得到设备一的训练误差变化曲线和相关数据点的回归图。分别如图 7-20 和图 7-21 所示。

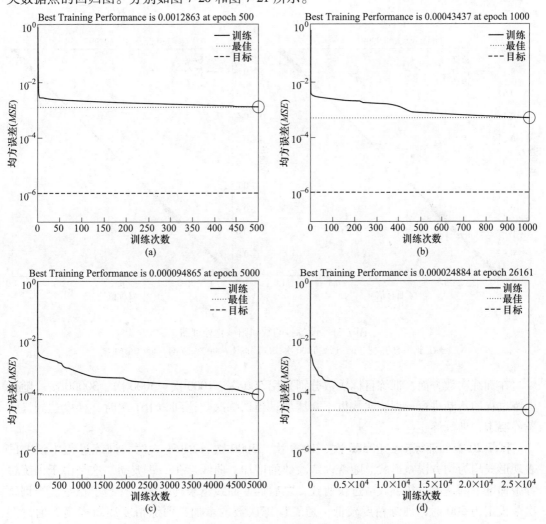

图 7-20　设备一的神经网络训练过程误差变化曲线

（a）训练 500 次；（b）训练 1000 次；（c）训练 5000 次；（d）训练 26161 次

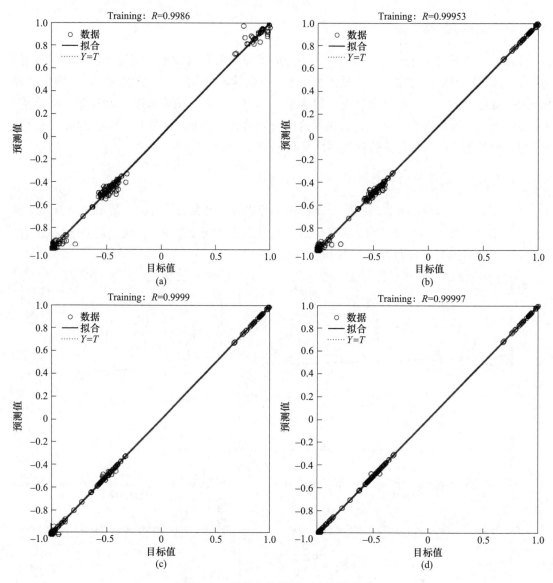

图 7-21 设备一的数据归一化处理图

(a) 训练 500 次；(b) 训练 1000 次；(c) 训练 5000 次；(d) 训练 26161 次

　　在训练次数方面，训练目标次数分别采用 500 次、1000 次、5000 次、30000 次。随着训练过程的不断进行，训练次数也不断增加；当训练次数达到 26161 次时，梯度达到终止条件要求，训练终止。

　　图 7-20 中，训练次数在 500 次、1000 次、5000 次、26161 次时，训练过程中误差的表现形式均为均方误差形式。随着训练次数的增加，曲线存在一些波动，这是由于训练过程中梯度下降速度过快、收敛过快所致，之后误差曲线越来越平缓，并趋于稳定。当训练次数设定为 500 时，训练精度较低，随着训练次数的增加，训练精度逐渐提高。通过图 7-20 可以看出，误差曲线的斜率随着训练次数的增加而逐渐减小，当训练次数增加到一定程度时，曲线会趋于平稳，此时误差也趋于稳定。训练次数在 10000~15000 时训练误差开

始趋于稳定，随着训练次数的增加，训练误差无明显变化，当训练次数达到 26161 次时训练终止。

图 7-21 为训练次数分别为 500 次、1000 次、5000 次、26161 次的数据拟合程度，图中的数据点都经过了归一化处理，各点的横纵坐标值都在 [-1，1] 之间；斜率为 1 的直线为归一化表征，空心圆圈为实际的各数据点。

当拟合度较高时，各数据点会更加趋近于直线；相反，当数据点远离直线时，则拟合度较低。从图 7-21 中可以看出，当训练次数为 500 次时，数据点较为离散，随着训练次数的增加数据点逐渐向倾斜直线靠拢；当训练次数为 26161 次时直线与数据点拟合程度达到最高，基本已经完全靠拢在直线以上。因此可以说使用该训练完成的神经网络对设备一的换热系数实现了较高精度的预测。

7.2.4.2　设备二的换热系数神经网络训练

与设备一的换热系数进行预测的神经网络训练过程相同，设备二的换热系数神经网络的训练同样以该设备的流量、水温、压力和规格为输入，通过实际数据学习而来的换热系数为已知输出对神经网络进行训练。在设备二的神经网络训练中，训练次数分别采用 500 次、1000 次、3000 次、10000 次，随着训练过程的进行训练次数逐渐增加，当训练次数达到 8707 次时，梯度达到终止条件，训练终止。

训练次数在 500 次、1000 次、3000 次、8707 次时的训练过程误差变化如图 7-22 所示，从图中可以看出，当训练次数较少时，误差不断下降，收敛速度过快曲线波动较大，随着训练次数的增加误差曲线趋于稳定。当训练次数设定为 500 时，训练精度较低，随着训练次数的增加，训练精度逐渐提高。当训练次数增加到一定程度时，训练误差不再下降，训练精度不再显著提高。

图 7-23 为训练次数分别为 500 次、1000 次、3000 次、8707 次的数据拟合程度。同样，图中斜率为 1 的直线为归一化表征，空心圆圈为实际的各数据点。当拟合度较高时，各数据点会更加趋近于直线；相反，当数据点远离直线时，则拟合度较低。

从图 7-23 中可以看出，当训练次数为 500 次时，数据点较为离散，增加训练次数拟合程度逐渐提高；当训练次数为 8707 次时直线与数据点拟合程度达到最高，散点基本靠拢在倾斜直线上。因此，可以说用该训练完成的网络实现了对设备二的换热系数较高精度预测。

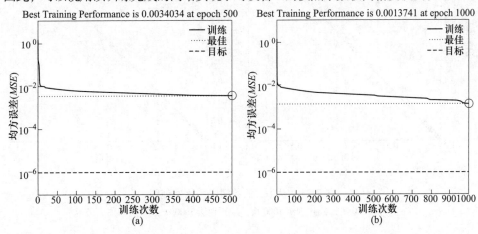

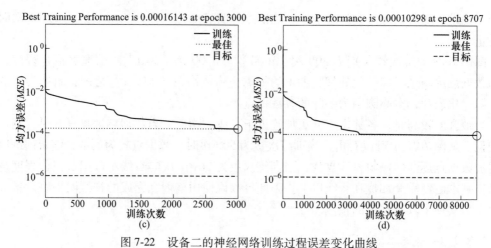

图 7-22　设备二的神经网络训练过程误差变化曲线

（a）训练 500 次；（b）训练 1000 次；（c）训练 3000 次；（d）训练 8707 次

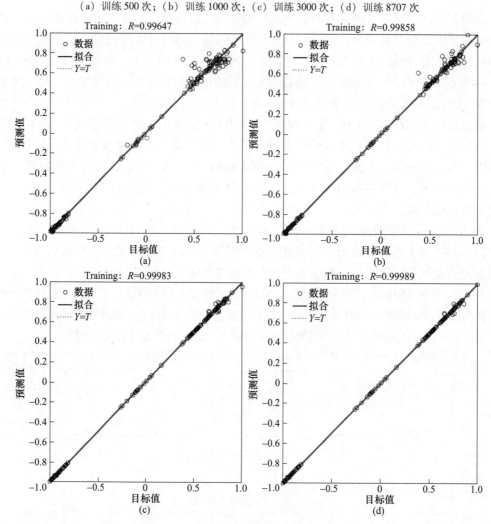

图 7-23　设备二的数据归一化处理图

（a）训练 500 次；（b）训练 1000 次；（c）训练 3000 次；（d）训练 8707 次

7.3 轧件温度前馈智能控制方法

棒材在轧制过程中，由于坯料长、参与轧制机架多、延伸比大等特点，虽然在出炉时坯料整体温度是均匀的，随着生产过程的进行，头尾温差越来越大，轧件头尾温差导致在冷却过程中头尾的温度变化曲线不一致，直接影响了棒材成品在性能上的差异。如何缩小同条性能差异是棒材冷却控制过程中急需解决的问题之一，目前棒材冷却系统普遍存在如下问题：

（1）通过冷却器后置测温仪测量值进行温度反馈控制难以保证冷却后成品温度均匀。一般在冷床附近安装测温仪测量棒材冷却后的返红温度，将其作为控制的目标温度。由于测温位置距离冷却器较远，温度测量滞后大，经常根据当前测量值对后续棒材的冷却参数进行调节以实现反馈控制，这种控制方式无法消除棒材的头尾温度差异。

（2）棒材冷却过程中常采用几台冷却器同时工作，以获得满足实际需求的温度值。如果不考虑棒材的头尾温度差异，随着冷却的进行，头尾温度差异会继续保持，不仅影响相变前奥氏体的晶粒度，而且由于头尾相变开始温度不同，导致最终相变组织的差异，这是影响棒材冷却后同条性能差异的主要原因。

7.3.1 温度前馈方案设计

针对棒材冷却过程中对长度方向温度均匀性反馈控制方法的不足，可以采用基于温度前馈的在线控制方法进行补偿。在棒材进入冷却器前采集其温度分布，基于高精度跟踪与温度模型，实现对棒材冷却过程水量的快速调节，在相变前最大程度减少棒材长度方向温度差异，对冷却后棒材的同条性能控制具有重要的实际意义。棒材温度前馈控制采用如下设计方案：

（1）在精轧前预控冷却器或轧后第一台冷却器实施对棒材的前馈温度控制，以保证在进入后续冷却器时获得均匀的头尾温度。当棒材通过测温仪时，按照长度将采集的每一段温度平均值加入在控制器中建立的温度队列，并跟踪棒材此位置到达冷却器的时刻，通过比较此位置的采集温度与目标温度差异，调节阀门开口度以控制流量，消除温度差异。

（2）开发棒材温度预测的求解模型，迭代求解消除温差的换热系数值。通过换热系数与水压、流量的关系迭代求解对应的水流量，转换为阀门开口度调节的设定值，实现对长度方向温差的自动前馈控制。

棒材的温度前馈模型嵌入至控制器中，能够高速运算，满足实时控制的要求。通过对棒材长度方向的温度全程跟踪，自动设定不同的控制流量，可以极大减少头尾温度差异，实现对棒材全长温度的精准调控。

7.3.2 轧件温度跟踪队列建立

为了能够按照棒材长度方向温度变化实现冷却器流量的自适应调节，需要建立一个队列对棒材不同位置的温度进行管理，在控制器中建立存储区域，按照先入先出的原则保留最近的棒材长度、温度数据。棒材温度数据的跟踪逻辑如下：

（1）测温仪检测到棒材头部温度触发清空队列操作；

（2）设定棒材温度分段跟踪长度 ΔL，每测量长度 ΔL 温度数据后，求此段温度数据平均值 $\overline{T}_i$，将 $\overline{T}_i$ 和已通过测温仪对应的长度 L_i 加入队列；

（3）为了节省控制器存储空间，当跟踪的棒材长度 L_i 冷却完成后，将这段数据从队列中删除。

7.3.3　温度前馈控制方法

在冷却器前安装测温仪采集棒材表面实时温度，用于温度的前馈。棒材在生产过程中常在精轧机组之前安装预控冷却器，用于控制钢坯进入精轧的温度，这一位置钢坯断面大、速度慢，更适合在冷却器上进行温度前馈控制。棒材进入预控冷却器之前预先测量轧件长度方向上的温度分布，通过对轧件的位置跟踪，在冷却器上对应跟踪位置的温度调节阀以控制水流量，使得棒材经过冷却器之后的出口温度变得均匀。温度前馈控制示意图如图 7-24 所示。

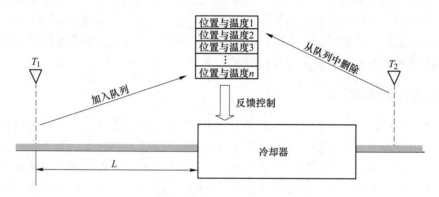

图 7-24　棒材温度前馈控制示意图

在控制器中实现棒材温度前馈控制，需要规划程序结构，具体如下：

（1）建立 20 ms 定时中断组织块，定时调用队列管理子程序。根据棒材经过冷却前测温仪的长度，对采集的实时温度滤波按照分段长度计算平均值后加入跟踪队列；队列中所跟踪的棒材位置在冷却结束后从队列中删除。

（2）当队列中所跟踪的棒材位置到达冷却器入口时，提取队列中此段棒材的平均温度 $\overline{T}_i$，同时基于温度预测模型计算 $\overline{T}_i$ 以速度 v 运输长度为 L 时的实际温度 $\overline{T}_i'$。

（3）将 $\overline{T}_i'$ 作为此段棒材的冷前温度，根据冷却器的出口温度设定 T_{set} 迭代计算冷却器所需的换热系数，进而求出所需流量与此压力下的调节阀开口度设定值。

（4）通过控制器的模拟量输出模板将调节阀开口度设定送出，如果队列内有跟踪数据，转至步骤（2），为下次计算作准备；如果队列内已无跟踪数据，等待下支棒材跟踪队列的建立。

如上所述，冷却器执行的控制参数即为将此段棒材冷却到目标温度的设定值，确定了冷却控制参数与棒材长度方向上不同位置实际温度的对应关系，实现了对于棒材全长温度的前馈自适应控制。

7.3.4 温度前馈控制应用

以某棒材生产线预控冷却器进行温度前馈控制，主要工艺参数如下：

(1) 钢种：400E；

(2) 坯料规格：120 mm 方坯；

(3) 成品尺寸：ϕ14 mm；

(4) 预控冷却器出口目标温度：950 ℃。

为了保证数据的实时性，棒材长度跟踪、温度平均值计算以及冷却器调节触发计算均由定时中断调用，中断触发周期设定为 20 ms。本研究选择跟踪分段长度为 2 m，当棒材通过冷却器前测温仪时，自动触发产生数据跟踪队列，跟踪属性中包含所跟踪每一段棒材的头尾位置与这一段的平均温度。当队列中的跟踪数据到达冷却器时触发模型设定计算程序，首先计算入口温度，接着由入口温度、目标设定温度计算冷却器所需流量的设定值，并通过修改调节阀开口度实现对棒材温度的控制。

图 7-25 为采用以上方法在预控冷却器上对棒材实施温度前馈控制的效果，冷却前棒材的头部温度明显高于尾部，通过建立跟踪队列实现对调节阀开度的自适应前馈控制，可以看出棒材冷却后温度分布明显区别于冷却前温度。由于此温度控制是针对预控冷却器的前馈控制，需要考虑棒材头尾进入后续冷却器时间差带来的温度差异，因此将头部温度控制略低于尾部，从控制效果看很好地实现了工艺设定值，降低了棒材冷却过程中的同条性能差。

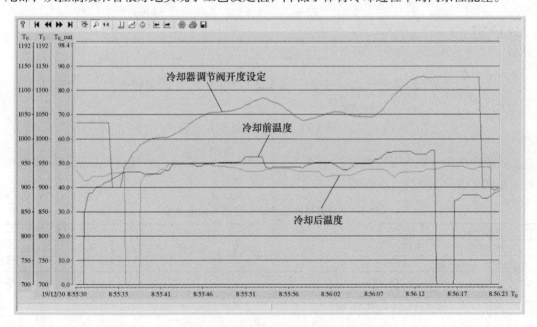

图 7-25　棒材温度前馈控制效果

7.4　基于神经网络的温度均匀化控制应用

降低棒材的微合金用量，并且提高其性能，使其性能和组织满足新国家标准的要求，是整个钢铁行业追求的目标。轧后冷却过程中轧件温度变化对其性能和组织有着十分重要的影响，如果能够对轧制冷却过程的温度实现精准的控制，必然会对实现上述目标具有重大帮助。基于某钢铁公司棒材生产线，通过将温度预测模型用于实际的生产中，结合生产线布置与智能控制系统，对轧后轧件冷却过程温度实现精准的控制。

7.4.1 生产线概况

7.4.1.1 生产设备概述

某钢铁公司中棒、小棒热轧生产线年产 250 万吨棒材，产品规格 $\phi 12 \sim 32$ mm，装备水平达到国内较为先进水平。该钢铁公司中棒生产线有三段冷却器，具有完善的自动化控制系统，生产线安装有高精度的测温仪。本项目要在该生产线开展温度闭环控制研究，按照工艺要求进行温度精准控制，包括纵向温度和各切分线的温度自动控制。图 7-26 为中棒切分生产线设备的布置，轧件在经过前 14 架轧机轧制后经过预喷水进入后续 4 架轧机进行切分轧制，轧后依次经过三段冷却器进行分段冷却。该生产线共设有五组高精度测温仪，测温仪 T_1 对切分前的轧件表面温度进行测量，测温仪 T_2、T_3、T_4、T_5 则是对切分后不同位置的轧件表面分别测温。考虑到切分线的温度测量，T_2、T_3、T_4、T_5 选用了扫描式测温仪，可同时测量五切分生产条件下各切分线轧件的温度。

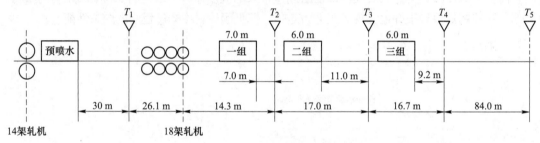

图 7-26 生产线设备布置

该生产线生产的产品交货状态为直条，定尺长度 9~12 m，各规格产品的切分状态和成品速度见表 7-1。

表 7-1 各规格产品的切分状态与成品速度

直径/mm	12	14	16	18	20	25	28	32
切分状态	五切分	四切分	三切分	三切分	三切分	二切分	单线	单线
成品速度/m·s⁻¹	14	14	14	12.5	10.5	9.5	13	10.5

7.4.1.2 冷却控制系统组成

棒材冷却控制系统由基础自动化和过程自动化二级计算机系统组成。基础自动化系统负责测温仪、热检、流量计等传感器数据采集、电动阀的调节、开闭阀的开闭控制、横移机构控制等；过程控制系统基于钢种、轧件尺寸、开冷和终冷温度设定等数据计算冷却规程，并根据测温仪反馈数据进行闭环调整和系统参数的优化学习，计算结果通过以太网发送给基础自动化系统执行。由于温度测量值容易受到现场水、汽的干扰而发生波动，影响温度控制的准确性，在基础自动化中开发了温度均值滤波算法，对采集的温度数据进行处理，确保测量的核心参数的准确性及可靠性。

冷却过程基础自动化主要完成信号的采集与处理、设备的顺序和逻辑控制、温度闭环直接执行处理等功能，通过通信中间件实现与过程控制系统之间的通信，为过程控制系统采集生产数据，并执行其发送的命令。基础自动化具体功能包括：（1）系统流量、水温、轧件温度、调节阀开度、压力、阀门状态采集；（2）开闭阀、调节阀控制；（3）轧件温度在线滤波处理；（4）冷却设备顺序和逻辑控制；（5）轧件在线微跟踪；（6）温度 PID 闭环控制；（7）基于以太网数据通信。

过程控制计算机监控轧制过程的生产，包括生产数据采集、过程跟踪、数据存储、规程计算等高精度设定，为质量控制提供高精度的控制手段。

轧线传感器实时信号由基础自动化采集后送给轧机过程机，轧机上过程机模型对采集数据和人机界面服务器上的数据进行存储和过滤，判断调用工艺计算的时机，并将控制数据和模型设定数据及时发送给基础自动化和人机界面系统，完成轧件在轧线上的跟踪管理和工艺控制。

系统由通信进程和模型进程组成，进程之间通过事件传递消息，通过共享内存传递数据。通信进程负责与 PLC 和人机界面通信，通过可随时修改的标签实现对通信变量的管理，并可以对接收数据进行实时记录和查看。通信进程可以按照设定的通信变量自动产生与模型进程联系的数据结构，建立与模型进程之间的标准通信接口，并实现对触发事件的封装。模型进程中的跟踪调度模块负责对通信进程传递的事件进行解释处理，协调数据管理模块和过程计算模块的运行，调度进程中的事件。

中棒温度闭环智能控制系统的设备与其主画面如图 7-27 和图 7-28 所示，闭环参数控制界面如图 7-29 所示。

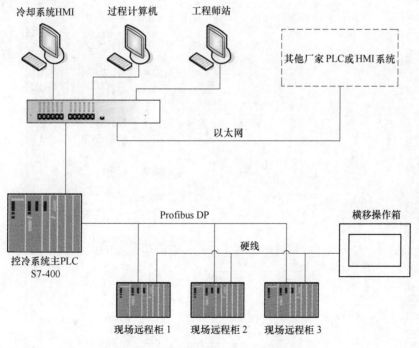

图 7-27　温度闭环智能控制系统设备

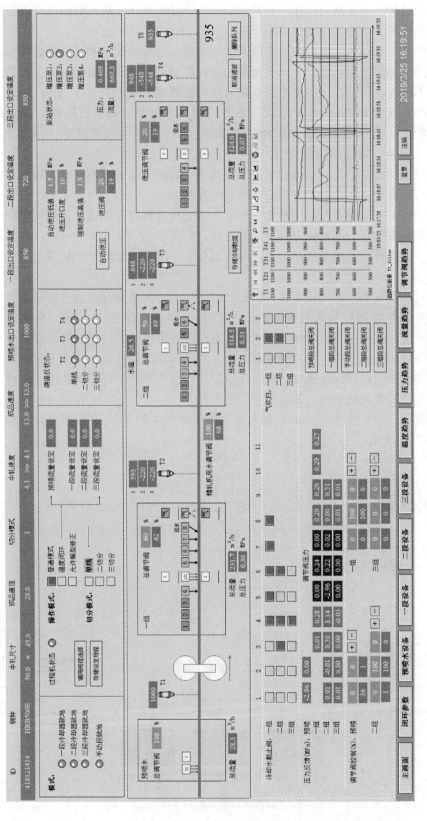

图 7-28 温度闭环智能控制系统主画面

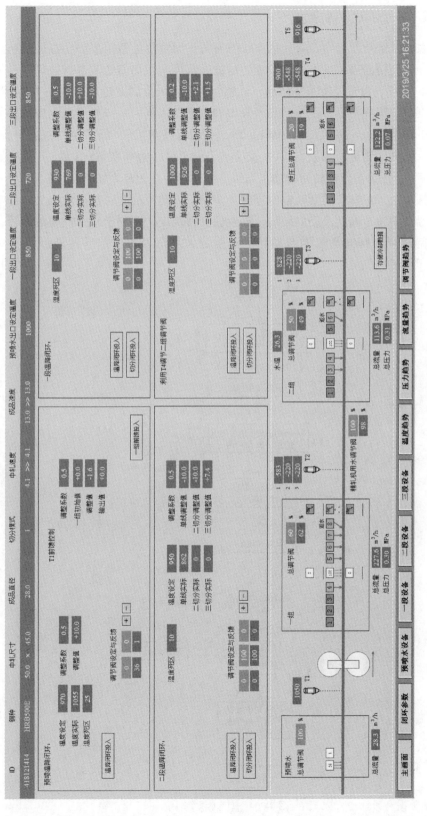

图 7-29　闭环参数控制界面

7.4.1.3 温度在线滤波算法

棒材的表面温度与冷却水、氧化铁皮状态有关，温度测量值的波动会直接影响温度闭环调整效果，在使用前需要进行滤波处理。滤波方法可利用均值滤波进行处理，具体滤波方法步骤如下：（1）设置温度采集队列，队列包含最大采集温度样本个数 n；（2）当测温仪检测到温度时，实际测量温度按照先入先出的次序加入队列；（3）对队列中的温度测量值求和后取平均值 T_{avg}；（4）设置一阈值 ΔT，当测温仪测量值与平均值 T_{avg} 之差小于 ΔT 时，允许加入队列，测量值与平均值 T_{avg} 之差大于 ΔT 时，抛弃数据；（5）队列中数据计算的平均值 T_{avg}，作为温度滤波后的输出结果，发送给温度闭环系统进行控制。

滤波算法加入了对异常温度数据的剔除，消除了波动大的测量数据对结果的影响，均值滤波后的温度消除了温度波动的影响，温度值变得稳定，更利于冷却模型的学习，防止温度闭环控制时调节阀的频繁调节动作。温度滤波算法及滤波前后的轧件温度对比如图 7-30 和图 7-31 所示。

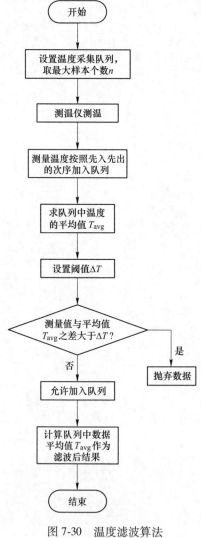

图 7-30 温度滤波算法

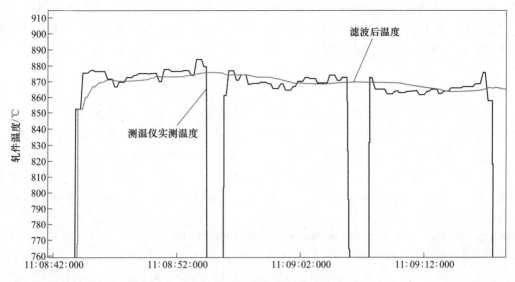

图 7-31 测温仪实测温度值与滤波后温度值对比

7.4.2 冷却过程温度精准控制的实现

棒材温度的闭环精准控制包括两个方面：一是轧件进入冷却器之前的预设定计算，该过程主要由过程控制系统完成，基于高精度温度模型和高精度换热系数计算（根据历史实际生产数据利用神经网络得出）；二是轧件开始冷却后温度的闭环调整，主要由基础自动化完成。温度的精准控制过程如图 7-32 所示。

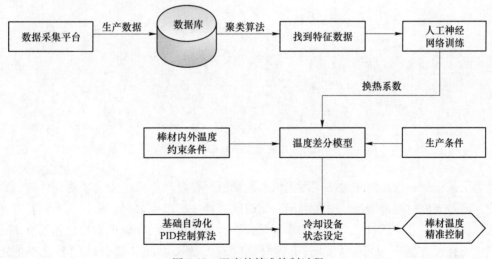

图 7-32 温度的精准控制过程

首先，通过数据采集平台将生产数据储存在数据库中，利用聚类算法寻找合适的特征数据用于人工神经网络的训练。由于训练数据均来自历史生产数据，所以利用神经网络可以对换热系数实现较为精准的预测。然后，利用神经网络得到的换热系数并结合棒材内外温度约束条件和实际生产条件进行温度模型的计算，该过程由过程控制系统完成。根据计算的结果对冷却器进行流量设置，接着是对冷却器流量的微调，该部分主要由基础自动化通过 PID 控制算法完成，基于对温度的检测结果，在一定范围内对调节阀进行微调，最终实现对轧件冷却过程温度的精准控制。

7.4.2.1 数据采集与温度预测软件开发

在过程计算机中开发了相关的软件实现对过程数据的采集以及温度的预测与设定。该过程控制软件可以对冷却过程中冷却设备状态和棒材温度进行数据采集，采集内容包括钢种、尺寸、水温、水压、流量、阀门开闭状态、调节阀开口度等与温度相关的参数以及冷前、冷后温度实际数据，采集的结果存储在数据库中，作为历史数据，用于进行后续温度模型计算以及作为神经网络的训练样本。控制过程的数据读取界面如图 7-33 所示，冷却器设定与反馈界面如图 7-34 所示。

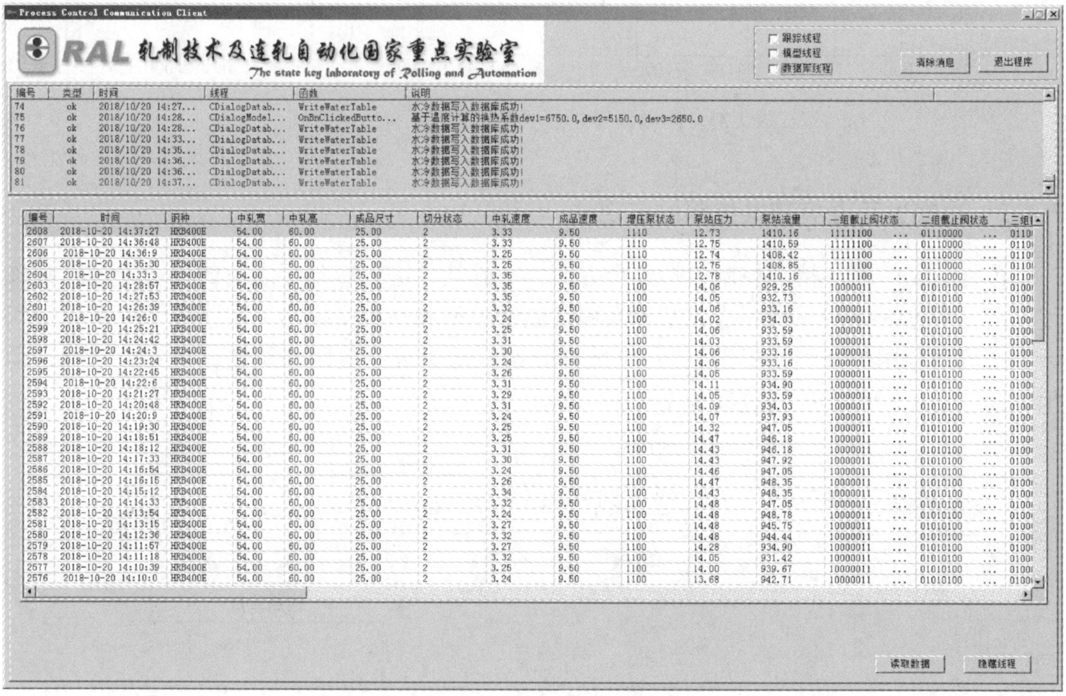

图 7-33 控制过程的数据读取画面

为了采集每一根轧件经过不同测温仪的测量值，在自动化系统中需要对轧件进行跟踪处理，即每支棒材经过测温仪时每间隔一定时间采集一次温度数据；根据其标识暂存于温度跟踪队列中，直至棒材经过最后的测温仪，将所有采集的温度数据发给过程计算机进行存储，这样在数据库中可以对每一支棒材纵向温度分布以及各切分线的温度差值进行分析。

切分后的棒材进入冷却器前，需要由过程控制模型根据其规格、温度设定要求以及断面温度分布约束条件计算各个冷却器的流量设定和阀门状态，以满足对棒材头部的温度控制要求。当轧件头部进入冷却器之后，根据温度的实时测量情况由基础自动化的 PID 算法对冷却调节阀进行控制，保证轧件头尾同条温差和切分线之间的温差。

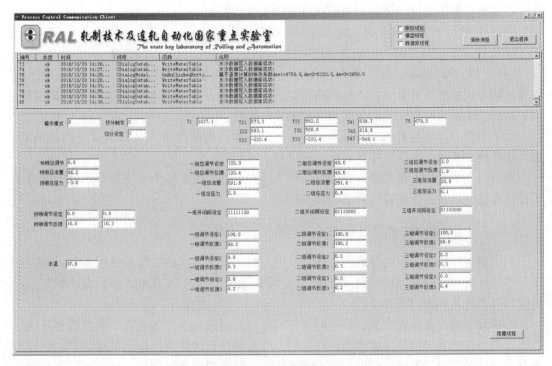

图 7-34 冷却器设定与反馈界面

7.4.2.2 换热系数的学习过程

为了保证冷却器预设定精度，对温度模型提出更高的要求，而冷却器换热系数的取值是保证温度预测精度的关键因素。本研究对神经网络训练的目的是实现对冷却过程换热系数的学习，以实现棒材头部温度的预设定控制精度。实现对神经网络的训练需要有大量的样本训练数据，其中换热系数为神经网络的输出，但在冷却过程中换热系数无法直接得到，需要基于实际生产过程中的温度检测数据利用温度模型进行计算，作为神经网络的训练样本，换热系数来自生产实际数据，神经网络训练后的结果可以保证对换热系数的预测精度。

在实际生产过程中为确保神经网络的预测精度，需要将每组冷却设备看作一个整体，对设备分别进行建模、训练，这意味着需要利用实际的生产数据分别计算出两组神经网络模型的换热系数的目标输出。

冷却设备的换热系数的计算由温度模型按照初始条件通过迭代计算得到，具体计算过程如下：

（1）给定棒材一个较高的初始温度，进行空冷迭代计算，直至其表面温度与测温仪 T_1 的温度相同，将此时的棒材温度分布作为后续计算的初始值。

（2）由 T_1 位置至冷却设备一的入口，根据空冷冷却速度，计算空冷温降。

（3）设定冷却器一的初始换热系数，计算棒材经过冷却设备一的温降。

（4）计算冷却设备一出口至 T_2 位置的空冷温降，比较 T_2 实际温度与棒材计算的表面温度；如果偏差不满足要求，调整换热系数，返回步骤（3），直至计算值与实际值接近，此时得到的结果即为冷却设备一当前状态下的换热系数。

（5）由 T_2 位置至冷却设备二的入口，根据空冷冷却速度，计算空冷温降。

（6）设定冷却器二的初始换热系数，计算棒材经过冷却设备二的温降。

（7）计算冷却设备二出口至 T_3 位置的空冷温降，比较 T_3 实际温度与棒材计算的表面温度；如果偏差不满足要求，调整换热系数，返回步骤（6），直至计算值与实际值接近，此时得到的结果为冷却设备二当前状态下的换热系数。

（8）计算 $T_3 \sim T_5$ 位置的空冷温降过程，比较棒材表面温度与 T_5 实际温度之间的偏差，修正空冷换热系数，对空冷换热系数进行学习。

经过以上步骤的不断迭代计算过程，可以得到对应冷却器压力、流量、水温等参数下的换热参数实际值，生成神经网络的训练样本。

7.4.2.3　温度模型的计算过程

利用训练好的神经网络得到的冷却器状态与换热系数之间的非线性映射关系，利用温度机理模型对棒材冷却过程的温度分布进行预测。根据冷却工艺要求，按照温度约束条件计算冷却器流量和阀门状态设定。

根据现场的设备布置情况，当不同规格的棒材轧后进入冷却器之前，温度模型按照生产工艺对各冷却器出口的温度要求，从初始温度开始迭代计算各冷却器的换热系数，直至轧件经过冷却器之后的预测温度与设定温度相符。接着利用神经网络中冷却器状态与换热系数之间的非线性关系，求出冷却器相应的流量，进而将阀门状态设定发送给基础自动化执行。

模型计算过程中使用的导热系数、比热容等热物性参数的取值与温度密切相关，为保证计算精度提前建立了以化学成分、温度为变量的层别表，在温度计算过程中直接查表，通过插值获得当前状态的精确热物性参数值。空冷过程主要以辐射为主，空冷换热系数在棒材返红过程中已进行了学习；水冷换热系数则是通过生产样本数据训练的神经网络求得的，所以温度模型的预测精度是可以保证的。根据温度模型的计算结果对各组冷却器进行预设定，实现对棒材头部温度的精准控制。

为了测试温度模型的计算过程，对 $\phi 18\ mm$ 的产品进行温度预测计算，第一段入口温度为 1000 ℃，预测计算结果如图 7-35 所示，图中三条曲线从上到下依次是棒材心部、二分之一半径处以及表面的温度计算结果。通过计算，得到了棒材从内部到表面的温度分布，当进行水冷时，棒材温度下降较大，越靠近表面温降越大，两个水冷器之间会有一段的输送过程，在该过程中棒材在空气中冷却，此时内部温度远高于表面温度，内部热量向外部传递，使表面温度升高。后续各段冷却温度变化趋势与第一段冷却温度变化规律基本相同，符合实际生产中的冷却规律。棒材经过两个冷却器水冷以及之后的返红阶段，在 T_5 位置计算的表面温度值为 789.9 ℃，T_5 位置温度测量值为 795.6 ℃，计算值与实际值之间的偏差小于 20 ℃，可以看出采用学习后的换热系数得到的温度预测值能够满足生产要求。

7.4.2.4　温度闭环控制过程

棒材冷却过程中，根据其规格、长度、速度等特点，对温度的精准控制需要从基础自动化和过程自动化两个方面综合考虑。具体控制思路如下：

（1）棒材进入冷却器之前的预设定计算，由过程控制系统中的温度模型完成。根据冷却工艺要求，基于依靠历史样本数据学习获得的高精度换热系数计算各个冷却器的换热系数，得到流量和阀门状态设定，保证棒材头部进入冷却器后头部温度控制的命中率。

（2）棒材开始冷却后温度的闭环自动调整，主要由基础自动化完成。由于坯料长度问题，棒材在生产过程中头尾温度存在很大偏差；切分轧制过程中各切分线轧件的温度也存在很大差异。在冷却开始以后，通过实际测量的温度值由基础自动化在一定范围内对冷却器调节阀进行微调，实现对温度闭环控制，减少产品纵向温差和切分线之间的温差。

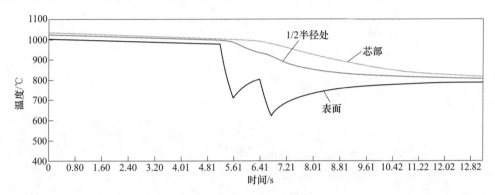

图 7-35 温度模型预测结果

为了能够满足对温度的调节能力，设计冷却器时考虑了在每条切分线上设置具备快速调节能力的气动调节阀。基础自动化对于调节阀的控制基于 PI 控制器进行调节，在过程计算机对棒材头部冷却设定的基础上，根据各切分线温度测量的实际值进行闭环调整，保证产品经过冷却器后的温度满足最终的组织性能要求。

基础自动化的温度闭环调节过程如图 7-36 所示，图中的设定温度来自于冷却工艺。针对多切分棒材的冷却过程，每条切分线均使用温度闭环模块单独控制，保证按照温度偏差能够对温度变化的自适应调整。

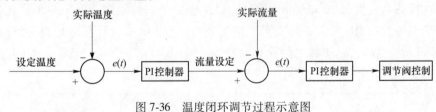

图 7-36 温度闭环调节过程示意图

7.4.3 温度预测模型的应用

棒材冷却过程温度精准控制的实现离不开温度控制系统对冷却器的设定，而温度模型的计算精度决定了冷却器的预设定精度。

取一段时间内钢种 HRB400E、规格 $\phi20$ mm 的棒材冷却过程中的生产数据，通过温度模型迭代计算得到 T_5 位置预测温度，并与实测温度进行对比以验证温度模型的计算精度，对比结果如图 7-37 所示，图中对角线上的点表示预测值与实际值相同，偏离直线越大表示计算误差越大。从图中可以看出，数据点分布于距离对角线较近位置，除去个别点可能出现的测量误差外，大部分预测值与实际值之间的偏差小于 20 ℃，较之前偏差缩小 20 ℃ 左右，说明基于神经网络训练学习后的换热系数可以很好地适应适度冷却过程，实现了对棒材冷却过程冷却状态的精准预设定。

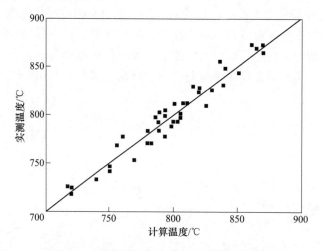

图 7-37　实测温度与计算温度整体拟合程度

　　为了满足新国家标准（以下简称"新国标"）要求，在轧后适度冷却过程中既提高棒材强度、减少合金添加，又不在表层产生有害组织，在冷却过程中棒材断面温度的控制至关重要。因此，在给定内外表面温度约束的条件下通过温度模型计算冷却器的流量设定具有重要的实际意义。

　　基于温度模型对水冷过程进行计算，可以得到棒材断面上的温度分布，通过制定合理工艺控制表面与心部之间的最大温差，可以保证棒材性能的稳定性。图 7-38 和图 7-39 为针对钢种 HRB400E、ϕ20 mm 棒材不同温度约束条件的计算过程。图 7-38 中冷却器一的温差约束为 280 ℃，冷却器二的温差约束为 100 ℃，计算冷却器一的换热系数为 6320 W/(m^2·℃)、冷却器二的换热系数为 1830 W/(m^2·℃)、最终表面的返红温度为 821.9 ℃；图 7-39 中冷却器一的温差约束为 130 ℃，冷却器二的温差约束为 240 ℃，计算冷却器一的换热系数为 2310 W/(m^2·℃)、冷却器二的换热系数为 4860 W/(m^2·℃)、最终表面的返红温度为 836.8 ℃。

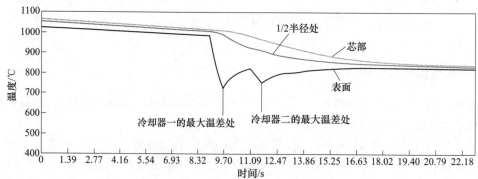

图 7-38　温差约束后的计算示例一

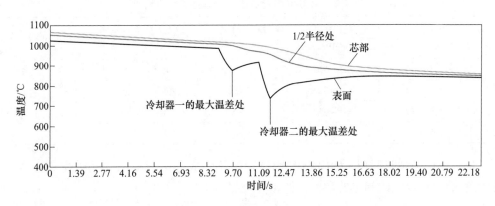

图 7-39 温差约束后的计算示例二

基于实际生产条件和神经网络训练结果,在压力和水温不变的前提下,根据换热系数值即可计算出各冷却器的流量设定,进而分配冷却器阀门的设置状态,最终实现对棒材冷却过程温度的精准控制以及调控组织性能的目的。

将高精度的温度预测模型应用于实际生产现场,实现对棒材冷却过程温度的精准控制,对产品的力学性能和合金成分进行抽检。

棒材所用的原料采用某钢铁公司炼钢车间连铸坯,连铸坯尺寸为 170 mm×170 mm×12000 mm,产品为 ϕ12~32 mm 螺纹钢,产品的生产方案具体见表 7-2。

表 7-2 ϕ12~32 mm 螺纹钢的生产方案

螺纹钢		切分方式
直径 ϕ/mm	钢种	
12	HRB400、HRB500	五切分
14	HRB400、HRB500	四切分
16~20	HRB400、HRB500	三切分
22~25	HRB400、HRB500	二切分
28~32	HRB400、HRB500	单线

对 ϕ18 mm、ϕ25 mm、ϕ28 mm 和 ϕ32 mm 四种规格 HRB400E 螺纹钢的力学性能进行抽检,检测内容包括屈服强度、抗拉强度、断后伸长率等,表 7-3 为新国标中对 HRB400E 螺纹钢的力学性能要求,抽检的结果见表 7-4。通过对比表 7-3 和表 7-4 发现,采用该工艺生产 HRB400E 螺纹钢的力学性能满足国家标准的要求。

表 7-3 新国标对 HRB400E 螺纹钢的力学性能要求

下屈服强度 /MPa	抗拉强度 /MPa	断后伸长率 /%	最大力总伸长率 /%	R_m^0/R_{eL}^0	R_{eL}^0/R_{eL}
≥400	≥540	—	≥9.0	≥1.25	≤1.30

表 7-4　HRB400E 螺纹钢的力学性能检测结果

直径 ϕ /mm	屈服强度 /MPa	抗拉强度 /MPa	断后伸长率 /%	最大力总伸长率 /%	R_m^0/R_{eL}^0	R_{eL}^0/R_{eL}
18	425~460	635~670	5.65	14.4~17.4	≥1.38	≤1.15
25	445~480	630~660	5.65	14.1~17.5	≥1.31	≤1.2
28	430~470	625~650	5.65	13.4~17.1	≥1.32	≤1.17
32	445~480	610~650	5.65	12.8~16.5	≥1.29	≤1.2

同时，对上述四种规格 HRB400E 螺纹钢的化学成分进行检测，得到 C、Si、Mn、V 四种元素的含量以及碳当量的数值，见表 7-5。

表 7-5　HRB400E 螺纹钢的化学成分

轧制直径 /mm	坯重 /kg	支数	成分/%				碳当量 C_{eq}/%
			Si	Mn	C	V	
18	2670	30	0.70	1.50	0.23	0.010	0.48
25	2688	28	0.68	1.42	0.22	0.012	0.46
28	2683	40	0.72	1.50	0.24	0.011	0.49
32	2666	45	0.74	1.53	0.24	0.013	0.50

表 7-6 为新国标对化学成分以及碳当量的要求，将上述四种规格 HRB400E 螺纹钢的成分检测结果与表 7-7 中新国标对 HRB400E 螺纹钢成分的要求进行对比，可以发现 Si、Mn、C、碳当量等指标均满足国标要求。

表 7-6　新国标对螺纹钢化学成分和碳当量的要求

牌号	化学成分（质量分数）/%					碳当量 C_{eq}/%
	C	Si	Mn	P	S	
HRB400						
HRBF400						≤0.54
HRB400E						
HRBF400E	≤0.25	≤0.80	≤1.60	≤0.045	≤0.045	
HRB500						
HRBF500						≤0.55
HRB500E						
HRBF500E						
HRB600	≤0.28					≤0.58

采用上述工艺对棒材冷却过程温度进行控制时，所生产的 HRB400E 螺纹钢化学成分范围见表 7-7。将表 7-5 抽检产品的成分与表 7-7 中产品成分对比，发现微合金化元素 V 的用量较未采用该工艺对轧后冷却温度控制时下降明显，达到了该企业对于 V 添加的既定目标，即 ϕ18 mm 不加或者较之前少加微合金化元素 V；ϕ22~25 mm 的 V 添加量降至 0.005%~0.015%；ϕ28~32 mm 的 V 添加量降至 0.010%~0.020%。

表 7-7　未实现温度精准控制时 **HRB400E** 螺纹钢的化学成分　（质量分数,%)

直径 ϕ/mm	C	Si	Mn	P、S	V
12	0.22~0.25	0.50~0.60	1.45~1.55	<0.045	0.015~0.025
14~18	0.22~0.25	0.50~0.60	1.45~1.55	<0.045	0.020~0.030
20	0.22~0.25	0.50~0.60	1.45~1.55	<0.045	0.025~0.035
22~25	0.22~0.25	0.50~0.60	1.45~1.55	<0.045	0.030~0.040
28~32	0.21~0.25	0.50~0.60	1.45~1.55	<0.045	0.035~0.045

在生产中加入 V 元素可以使螺纹钢达到提高强度又不降低塑性、韧性的目的。采用本研究开发的温度预测模型对棒材冷却过程温度实现精准控制后，生产的 HRB400E 螺纹钢在各项力学性能和化学成分均满足新国标的同时，减少了 V 元素的添加量，降低了生产成本。

参 考 文 献

[1] 王国栋. 轧制技术的创新与发展：东北大学 RAL 研究成果汇编 [M]. 北京：冶金工业出版社，2015：83-90.

[2] 刘永泰，孟宪珩，孟英骁. 提高热轧钢筋质量满足市场需求 [J]. 钢铁，2000，35（12）：69-72.

[3] 吕王彪. 细晶高强钢筋的组织及性能研究 [D]. 沈阳：东北大学，2010.

[4] Sellars C M. Computer modelling of hot-working processes [J]. Metal Science Journal, 2013, 1（4）：325-332.

[5] Kebriaei R, Vladimirov I N, Reese S. Material modeling and numerical analysis of the heat treatment in high carbon steels-application to ring rolling [J]. Key Engineering Materials, 2013, 554/555/556/557（2）：2338-2347.

[6] 管晓光，唐广波，程杰锋，等. GCr15 轴承钢棒材热连轧过程温度场模拟 [J]. 上海金属，2006，28（4）：52-56.

[7] 吕军义，章静，阎军，等. 高速线材热连轧过程温度场数值模拟 [J]. 塑性工程学报，2007（6）：32-36.

[8] 王国栋. 以超快速冷却为核心的新一代 TMCP 技术 [J]. 上海金属，2008，30（2）：1-5.

[9] 龚章辉. 棒材穿水冷却工艺及其实验研究 [D]. 马鞍山：安徽工业大学，2017.

[10] 曾庆波. 72A 高碳钢轧制过程中的温度模拟研究 [D]. 武汉：武汉科技大学，2008.

[11] 郏启友. 高铬和钼 HRB400 螺纹钢轧制过程温度场模拟 [J]. 安徽工业大学学报（自然科学版），2011，28（4）：362-365.

[12] 陈超超，邵健，何安瑞. 热轧带钢温度场在线计算方法研究 [J]. 机械工程学报，2014，50（14）：135-142.

[13] 刘相华，赵启林，黄贞益. 人工智能在轧制领域的应用进展 [J]. 轧钢，2017，34（4）：1-5.

[14] Aistleitner K, Haas W, Mattersdorfer L G, et al. Neural network for identification of roll eccentricity in rolling mills [J]. Journal of Materials Processing Technology, 1996, 60（1/2/3/4）：387-392.

[15] Mehmed K. Data mining：Concepts, models, methods, and algorithms [J]. Transactions, 2005, 36（5）：495-496.

[16] 张兴中，黄文，刘庆国. 传热学 [M]. 北京：国防工业出版社，2011：1.

[17] 刘良林，王全凤，林煌斌. BP 神经网络参数设定及应用 [J]. 基建优化，2007（2）：101-103.

［18］周志华. 机器学习［M］. 北京：清华大学出版社，2016：100-101.

［19］殷复莲. 数据分析与数据挖掘实用教程［M］. 北京：中国传媒大学出版社，2017：234-240.

［20］王国胤. 大数据挖掘及应用［M］. 北京：清华大学出版社，2017：214-221.

［21］戴海涛，唐作其，张正平. 基于 Mean Shift 聚类的图像分割研究［J］. 通信技术，2011，44（12）：117-120.

［22］Cheng Y. Mean shift, mode seeking, and clustering［J］. IEEE Transactions on Pattern Analysis and Machine Intelligence，2002，17（8）：790-799.

［23］赵军生. 基于 Mean-Shift 算法的目标跟踪研究［D］. 西安：西安电子科技大学，2012.

索　引